Gestaltung und Bewertung von skalierbaren Technologieketten für die Großserienproduktion von Brennstoffzellen

Development and Assessment of Scalable Technology Chains for Large-Scale Fuel Cell Production

Von der Fakultät für Maschinenwesen
der Rheinisch-Westfälischen Technischen Hochschule Aachen
zur Erlangung des akademischen Grades eines
Doktors der Ingenieurwissenschaften
genehmigte Dissertation

vorgelegt von

Hans Christoph Schön

Berichter:

Univ.-Prof. Dr.-Ing. Achim Kampker, MBA
Univ.-Prof. Dr.-Ing. Thomas Bergs

Tag der mündlichen Prüfung: 02. Februar 2022

ERGEBNISSE AUS DER ELEKTROMOBILPRODUKTION

Christoph Schön

Gestaltung und Bewertung von skalierbaren Technologieketten für die Großserienproduktion von Brennstoffzellen

Herausgeber:
Univ.-Prof. Dr.-Ing. Achim Kampker, MBA

Band 20

PEM | RWTH AACHEN UNIVERSITY

Bibliografische Information der Deutschen Nationalbibliothek
Die Deutsche Nationalbibliothek verzeichnet diese Publikation in der Deutschen Nationalbibliografie; detaillierte bibliografische Daten sind im Internet über https://portal.dnb.de abrufbar.

Christoph Schön:

Gestaltung und Bewertung von skalierbaren Technologieketten für die Großserienproduktion von Brennstoffzellen

1. Auflage, 2022

Gedruckt auf holz- und säurefreiem Papier, 100% chlorfrei gebleicht.

Apprimus Verlag, Aachen, 2022
Wissenschaftsverlag des Instituts für Industriekommunikation und Fachmedien an der RWTH Aachen
Steinbachstr. 25, 52074 Aachen
Internet: www.apprimus-verlag.de, E-Mail: info@apprimus-verlag.de

Druck: CPI Druckdienstleistungen GmbH, Ferdinand-Jühlke-Straße 7 I 99095 Erfurt

ISBN 978-3-98555-056-2

D 82 (Diss. RWTH Aachen University, 2022)

Vorwort

Die vorliegende Arbeit entstand während meiner Zeit als wissenschaftlicher Mitarbeiter am Chair of Production Engineering of E-Mobility Components (PEM) der RWTH Aachen.

An erster Stelle danke ich Herrn Professor Achim Kampker, Inhaber des Lehrstuhls, herzlichst für die Möglichkeit zur Promotion und das Vertrauen in meine Arbeit und meine Person. Hervorheben möchte ich das von ihm geschaffene einzigartige Umfeld der Elektromobilitätsforschung in Aachen, welches Leistungsbereitschaft und persönliche Entwicklung fördert und mich während meiner Zeit am Lehrstuhl stets inspiriert hat. Ebenfalls danke ich Herrn Professor Thomas Bergs für die Übernahme des Koreferats sowie Herrn Professor Johannes Henrich Schleifenbaum für die Übernahme des Vorsitzes und Frau Professor Katharina Schmitz für die Übernahme des Beisitzes.

Wesentlich zur Entstehung dieser Arbeit beigetragen hat der intensive Austausch mit den Kolleginnen und Kollegen am PEM. Ein besonderer Dank gilt Dr. Peter Ayvaz, auf dessen vertrauensvolle und konstruktive Unterstützung ich mich stets verlassen konnte. Herzlichst danke ich Mario Kehrer, Marc Locke, Dr. Ruben Förstmann, Christian Offermanns, Dr. Kim Kreisköther und Benjamin Dorn für das Entstehen von Freundschaften in der unvergesslichen Zeit in- und außerhalb des Büros. Große Freude hat mir der Aufbau der Gruppe Fuel Cell bereitet, sodass stellvertretend den ersten Mitarbeitern Philipp Reims, Sebastian Hagedorn und Sebastian Biegler für ihre Beiträge zum Erfolg der Gruppe mein Dank gilt. Weiterhin danke ich Dr. Heiner Heimes, Dr. Mathias Ordung und Dr. Marius Schumacher, die mich bereits in frühen Phasen auf dem Weg zur Promotion stets bestärkt haben. Außerdem möchte ich mich bei meinen studentischen Mitarbeitenden und Abschlussarbeitenden für ihren unermüdlichen Einsatz bedanken.

Abschließend gebührt mein Dank meiner Familie und meinen Freunden für die vielfältige Unterstützung, zu der auch gemeinsame Zeit zur Erholung zählte. Vor allem danke ich meinen Eltern dafür, den Grundstein für meinen Bildungsweg gelegt und mir diesen so ermöglicht zu haben. Meiner Oma danke ich für ihr stets offenes Ohr und aufrichtiges Interesse an meiner Arbeit. Zudem danke ich meiner Schwester für viele hilfreiche Gespräche und wünsche ihr auf ihrem verbleibenden Weg an der RWTH Aachen mindestens ebenso großen Erfolg.

Zug, im Februar 2022

Kurzfassung

Zur Dekarbonisierung des Verkehrssektors werden elektrifizierte Antriebstechnologien benötigt. PEM-Brennstoffzellen können hier insbesondere für den Einsatz in Premium-Personenfahrzeugen sowie Nutzfahrzeugen eine sinnvolle Lösung darstellen, da sie die Vorteile einer kurzen Betankungszeit und hohen Reichweite vereinen. Trotz dieser Vorteile und zahlreicher F&E-Aktivitäten konnte die Brennstoffzelle jedoch bisher keinen signifikanten Marktanteil erreichen, was zu einem nennenswerten Anteil auf prozessseitige Hemmnisse bei der Industrialisierung zurückzuführen ist. Von hoher Kritikalität ist vor allem die Skalierbarkeit der Produktion in Bezug auf die Stückzahl, welche in bisherigen Forschungsarbeiten nur unzureichend berücksichtigt wird. Somit bestehen große Unsicherheiten bezüglich der geeigneten Fertigungstechnologien für den Markthochlauf, was Investitionen erschwert und die Marktdurchdringung von Brennstoffzellen verzögert.

Mit dieser Arbeit soll durch eine Quantifizierung und Mitigation der Unsicherheiten über die Eignung einer Technologiekette für den Aufbau einer Großserienproduktion ein Beitrag geleistet werden, Verzögerungen zu begrenzen und den Marktdurchbruch zu beschleunigen. Die übergeordnete Zielsetzung besteht darin, die Potenziale einer systematischen Gestaltung und Bewertung von skalierbaren Technologieketten aller Fertigungsansätze für eine erleichterte Entscheidungsfindung zum Aufbau einer Großserienproduktion von Brennstoffzellen erkennbar und nutzbar zu machen.

Dazu wird eine Methodik entwickelt, welche in vier Module gegliedert ist. Das Initiierungsmodul abstrahiert vom Produktdesign ausgehend die Problemstellung und kann als Vorbereitung für die anschließende Gestaltung, Bewertung und Interpretation von Technologieketten verstanden werden. Ergebnis des Gestaltungsmoduls ist eine Menge an kompatiblen Technologieketten zur Fertigung von Brennstoffzellen, welche als Input für das Bewertungsmodul dient. In diesem werden monetäre und nicht-monetäre Bewertungsergebnisse zur Skalierungseignung der Technologieketten erzielt. Das Interpretationsmodul führt diese von der abstrakten auf eine anwendungsbezogene Ebene zurück und unterstützt so die Entscheidungsfindung. Abschließend wird die Methodik anhand eines Beispiels aus der industriellen Praxis validiert.

Abstract

In order to decarbonize the transport sector, electrified drive technologies are needed. PEM fuel cells can be a viable solution in this respect, particularly for use in premium passenger vehicles as well as commercial vehicles, as they combine the advantages of a short refueling time and long range. Despite these advantages and numerous R&D activities, however, fuel cells have not yet been able to achieve a significant market share, which is partially due to process-related barriers to industrialization. A critical issue is the scalability of production with respect to the number of units, which has been only poorly taken into account in previous research efforts. Thus, substantial uncertainties exist with regard to suitable production technologies for market ramp-up, which impedes investments and delays the market penetration of fuel cells.

By quantifying and mitigating uncertainties about the suitability of a technology chain for large-scale production, this work aims to contribute to limiting delays and accelerating market breakthrough. The overall objective is to recognize potentials of a systematic design and evaluation of scalable technology chains of all manufacturing approaches and use these for a facilitated decision making regarding the setup of large-scale fuel cell production.

Therefore, a methodology is developed, which is divided into four modules. The initiation module abstracts the problem based on the product design and serves as preparation for the subsequent design, evaluation and interpretation of technology chains. The result of the design module is a set of compatible technology chains for fuel cell manufacturing, which forms the input for the evaluation module. This module produces monetary and non-monetary evaluation results for the technology chains' suitability for scale-up. Within the interpretation module, the results are transferred from an abstract to an application-oriented level, thus supporting the decision-making process. Finally, the methodology is validated using a practical example.

Inhaltsverzeichnis

Abbildungsverzeichnis

Tabellenverzeichnis

Abkürzungsverzeichnis

AHP	Analytischer Hierarchieprozess (engl. analytic hierarchy process)
bel	Zutrauen (engl. belief), im Kontext der DST
BOP	Balance-of-Plant
bpa	Basic probability assignment, im Kontext der DST
BPP	Bipolarplatte
CCM	Katalysatorbeschichtete Membran (engl. catalyst-coated membrane)
CBF	Kumulierte Zutrauensfunktion (engl. cumulative belief function), im Kontext der DST
CDF	Kumulierte Verteilungsfunktion (engl. cumulative distribution function), im Kontext der DST
CPF	Kumulierte Plausibiltätsfunktion (engl. cumulative plausibility function), im Kontext der DST
CNC	Rechnergestützte numerische Steuerung (engl. computerized numerical control)
CVM	Zellspannungsüberwachung (engl. cell voltage monitoring)
DIN	Deutsches Institut für Normung
DML	Dedizierte Fertigungslinie (engl. dedicated manufacturing line)
DMM	Domain Mapping Matrix
DOE	Energieministerium der Vereinigten Staaten von Amerika (engl. U.S. Department of Energy)
DSM	Design Structure Matrix
DST	Evidenztheorie von Dempster und Shafer (engl. Dempster-Shafer Theory of Evidence)
F&E	Forschung und Entwickung
FCEV	Brennstoffzellenfahrzeug (engl. fuel cell electric vehicle)
FMS	Flexibles Produktionssystem (engl. flexible manufacturing system)
FTE	Vollzeitäquivalent (engl. full time equivalent)
GDE	Gasdiffusionselektrode
GDL	Gasdiffusionslage (engl. gas diffusion layer)
HSC	Kohlenstoffträgermaterial mit großer Oberfläche (engl. high surface carbon)
ID	Identifikationsnummer
KMU	Kleine und mittlere Unternehmen
LKW	Lastkraftwagen
LT-PEM	Niedertemperatur-Polymer-Elektrolyt-Membran (engl. low temperature polymer electrolyte membrane)

MADM	Multi-Attribut-Entscheidungsfindung (engl. multi attribute decision making)
MCDM	Multikriterielle Entscheidungsfindung (engl. multi criteria decision making)
MCS	Monte-Carlo-Simulation
MODM	Multi-Ziel-Entscheidungsfindung (engl. multi objective decision making)
MEA	Membran-Elektroden-Einheit (engl. membrane electrode assembly)
NSTF	Nanostrukturiertes Dünnfilmverfahren (engl. nanostructured thin films)
PEM	Polymer-Elektrolyt-Membran, im Kontext des Brennstoffzellen-Typs
PEM	Production Engineering of E-Mobility Components, im Kontext des Lehrstuhls der RWTH Aachen
PEN	Polyethylennaphthalat
PET	Polyethylenterephthalat
PFSA	Perfluorsulfonsäure (engl. perfluorosulfonic acid)
PKW	Personenkraftwagen
pl	Plausibilität (engl. plausibility), im Kontext der DST
PTFE	Polytetrafluorethylen (Handelsname Teflon)
PVD	Gasphasenabscheidung (engl. physical vapor deposition)
RMS	Rekonfigurierbares Produktionssystem (engl. reconfigurable manufacturing system)
RRP	Rank reversal problem
SE	Systems Engineering
TCO	Gesamtanschaffungs- und Betriebskosten (engl. total cost of ownership)
VDI	Verein Deutscher Ingenieure

Symbolverzeichnis

Lateinische Zeichen

$a_{i,j}$	Binärer Eintrag einer Adjazenzmatrix in Zeile i und Spalte j
$A(G)$	Adjazenzmatrix eines Graphen
A_i	Fokalelement, im Kontext der DST
$b_{i,j}$	Binärer Eintrag einer Beziehungsmatrix in Zeile i und Spalte j
$B(e^*)$	Beziehungsmatrix eines Teilfertigungsansatzes
B_j	Fokalelement, im Kontext der DST
c	Anzahl paralleler Fertigungsressourcen
$d_{i,j}$	Binärer Eintrag einer Interdependenzmatrix in Zeile i und Spalte j
D	Interdependenzmatrix
e	Kante (engl. edge) eines Graphen
E	Menge der Kanten eines Graphen
e^*	Teilfertigungsansatz, modelliert als Kantengruppe im Fertigungsgraphen
E^*	Menge der Teilfertigungsansätze
f	Funktion
f_w	Wertfunktion
G	Graph
i	Fortlaufende Zählvariable, kontextabhängig
j	Fortlaufende Zählvariable, kontextabhängig
k	Fortlaufende Zählvariable, kontextabhängig
K	Renormalisierungskonstante, im Kontext der DST
l	Fortlaufende Zählvariable, kontextabhängig
m	Fortlaufende Zählvariable, kontextabhängig
n	Fortlaufende Zählvariable, kontextabhängig
N	Summe aller absoluten Werte (Anzahl aller Kugeln im Urnenmodell) bei der Diskretisierung
n_{mc}	Anzahl der Ziehungen im Sinne von gleichartigen Zufallsexperimenten im Kontext der MCS
n_p	Lebensdauer einer Fertigungsressource in Vielfachen der Planungsperiode
n_{sim}	Anzahl von Simulationsläufen im Kontext der MCS
p	Planungsperiode als zeitlicher Horizont der Bewertung
$q_{i,j}$	Binärer Eintrag einer Sequenzmatrix in Zeile i und Spalte j
$Q(e^*)$	Sequenzmatrix eines Teilfertigungsansatzes
r	Fertigungsressource
R	Menge der Fertigungsressourcen

s	Fertigungsschritt
S	Menge der Fertigungsschritte
t	Fertigungstechnologie
T	Menge der Fertigungstechnologien
U	Umgebung
v	Fertigungsteilaufgabe, modelliert als Knoten (engl. vertice) eines Graphen
$\overline{v}$	Startknoten eines Teilfertigungsansatzes
v^*	Zielknoten eines Teilfertigungsansatzes
V	Menge der Fertigungsteilaufgaben bzw. Knoten eines Graphen
v_k	Verschnitt eines Fertigungsmaterials, bewertet für Einzeltechnologie
w	Gewichtung eines Attributs
W	Weg durch einen Graphen
X_{ans}	Anschaffungspreis (Zufallsgröße)
X_{ene}	Energie- bzw. Betriebsmittelkostensatz (Zufallsgröße)
X_{mat}	Materialkostensatz (Zufallsgröße)
X_{per}	Personalkostensatz (Zufallsgröße)
X_{rest}	Restwert (Zufallsgröße)
X_{wzg}	Werkzeugkosten (Zufallsgröße)
y	Diskrete Stückzahl, welche durch Technlogiekette zu fertigen ist
Y	Zu fertigende Stückzahl (Zufallsgröße)
z	Ausbringungsmenge einer Fertigungsressource pro Planungsperiode

Griechische Zeichen

α	Anforderung
β	Anzahl der maximal veränderbaren Fertigungsressourcen bei einem Wechsel der Fertigungsfolge
γ_{ene}	Bedarf an Energieträger bzw. Betriebsmittel
γ_{mat}	Bedarf an Material
γ_{per}	Bedarf an Personal
γ_{war}	Bedarf an Wartung
ϵ	Fertigungsansatz
η_{qua}	Qualität, bewertet für Einzeltechnologie (Zufallsgröße)
H_{qua}	Nutzenwert zur Qualität, bewertet für Technologiekette (Zufallsgröße)
η_{rei}	Reifegrad, bewertet für Einzeltechnologie (Zufallsgröße)
H_{rei}	Nutzenwert zum Reifegrad, bewertet für Technologiekette (Zufallsgröße)
H_{ska}	Nutzenwert zum Skalierungspotenzial, bewertet für Technologiekette (Zufallsgröße)
H_{ska}^{max}	Obere Schranke des Nutzenwerts Skalierungspotenzial
H_{ver}	Nutzenwert zum Veränderungsgrad, bewertet für Technologiekette (Zufallsgröße)
H_{ver}^{max}	Obere Schranke des Nutzenwerts Veränderungsgrad

Θ	Umfang des Urteilsvermögens, im Kontext der DST
κ_{inv}	Stückbezogene Investitionskosten, bewertet für Einzeltechnologie (Zufallsgröße)
K_{inv}	Investitionskostenwert, bewertet für Technologiekette (Zufallsgröße)
K_{ges}	Gesamtkostenwert, bewertet für Technologiekette (Zufallsgröße)
κ_{mat}	Stückbezogene Materialkosten, bewertet für Einzeltechnologie (Zufallsgröße)
K_{mat}	Materialkostenwert, bewertet für Technologiekette (Zufallsgröße)
κ_{per}	Stückbezogene Personalkosten, bewertet für Einzeltechnologie (Zufallsgröße)
K_{per}	Personalkostenwert, bewertet für Technologiekette (Zufallsgröße)
κ_{son}	Stückbezogene sonstige Kosten, bewertet für Einzeltechnologie (Zufallsgröße)
K_{son}	Sonstiger Kostenwert, bewertet für Technologiekette (Zufallsgröße)
λ_{ges}	Gesamter Skalierungseignungsgrad einer Technologiekette (skalare Größe)
Λ_H	Nicht-monetärer Eignungsgrad zur Skalierung einer Technologiekette (Zufallsgröße)
Λ_K	Monetärer Eignungsgrad zur Skalierung einer Technologiekette (Zufallsgröße)
μ	Erwartungswert einer Zufallsgröße
ν_s	Abtastrate bei der Diskretisierung
σ	Standardabweichung
τ	Technologiekette
T	Menge der Technologieketten
φ	Fertigungsfolge
φ^*	Beste Fertigungsfolge
φ_u	Fertigungsfolge in Umgebung U
Φ	Menge der Fertigungsfolgen
ψ	Fertigungsschrittfolge
Ψ	Menge der Fertigungsschrittfolgen

1 Einleitung

Die fortschreitende Verknappung fossiler Ressourcen, welche zudem bei ihrer Verbrennung klimaschädliche Emissionen freisetzen, führen zu einer stark ansteigenden Bedeutung der Dekarbonisierung durch Elektrifizierung von bisher fossil-basierten Technologien.[1] Eine der größten Herausforderungen, vor der unser Planet heute steht, betrifft die anthropogene Klimakrise und deren untrennbaren Zusammenhang mit dem gegenwärtigen und zukünftigen Energiebedarf der Menschheit.[2] Der Verkehrssektor ist für ca. ein Fünftel der globalen CO_2-Emissionen verantwortlich, wovon ca. 45% auf den straßengebundenen Personen- und 29% auf den Gütertransport zurückgehen.[3] Insgesamt wird demnach ein Anteil von ca. 15% der gesamten CO_2-Emissionen vom straßengebundenen Verkehr verursacht, sodass der Bedarf nach neuen, sauberen Antriebstechnologien offensichtlich ist. Hinzu kommen höhere Anforderungen und Regulierungen in Bezug auf Luftqualität in den wachsenden und sich verdichtenden Städten. Daher sprechen neben der durch den exzessiven Ausstoß von Treibhausgasen vorangetriebenen Erderwärmung weitere Vorteile für emissionsfreie Fahrzeuge.[4] Nicht zuletzt ist von hoher Bedeutung, inwiefern sich die Industrie auf neue Technologien einstellen und hieraus neue Wertschöpfungsketten entwickeln kann, um auch sozioökomomische Hürden zu überwinden.[5] Die Welt braucht ein Gesamtkonzept nachhaltiger Mobilität.[6]

1.1 Ausgangssituation und Problemstellung

Als die beiden aussichtsreichsten Technologien im Bereich der alternativen Fahrzeugantriebe werden batteriebetriebene Fahrzeuge (engl. „battery electric vehicles", BEV) und Brennstoffzellenfahrzeuge (engl. „fuel cell electric vehicles", FCEV) gesehen.[7] Da FCEV im Betrieb außer Wasser keinerlei Abgase ausstoßen, ist ihr Potenzial in Bezug auf CO_2-Reduktion und Verbesserung der innerstädtischen Luftqualität dem der BEV gleichzusetzen.[8] Vorteilhaft erweisen sich FCEV in der höheren Energiespeicherdichte des Wasserstoff-Tanksystems im Vergleich zu Batteriesystemen in BEV, für das zudem die Betankungszeit nur wenige Minuten beträgt.[9] Für

[1] Vgl. Kampker (Elektromobilproduktion) 2014, S. 1.
[2] Vgl. Edwards et al. (Hydrogen and fuel cells) 2008, S. 1.
[3] Vgl. Ritchie (CO2 emissions from transport) 2020, S. 1.
[4] Vgl. Bollmann et al. (From CO2 neutral fuels to emission-free driving) 2017, S. 10f.
[5] Vgl. Edwards et al. (Hydrogen and fuel cells) 2008, S. 1.
[6] Vgl. Kampker et al. (Elektromobilität) 2018, S. 15.
[7] Vgl. Adolf et al. (Energie der Zukunft) 2017, S. 45f.
[8] Vgl. Miotti et al. (Integrated environmental and economic assessment) 2017, S. 95; vgl. Salchenegger (Emissionen von Wasserstofffahrzeugen) 2006, S. 13.
[9] Vgl. Adolf et al. (Energie der Zukunft) 2017, S.45.

beide Arten von Elektrofahrzeugen gilt, dass der Markterfolg im Wesentlichen von ihrer Wettbewerbsfähigkeit gegenüber Fahrzeugen mit konventionellem Antrieb abhängt.[10] Für mobile Anwendungen sind aufgrund ihrer Eigenschaften wie Betriebstemperatur und Effizienz nahezu ausschließlich Polymer-Elektrolyt-Membran(PEM)-Brennstoffzellen relevant, andere Typen von Brennstoffzellen spielen hier eine stark untergeordnete Rolle.[11] Potenziale innerhalb der mobilen Anwendungen ergeben sich dabei im straßengebundenen Verkehr zum einen für den Bereich der PKW, insbesondere in der Oberklasse, sowie für leichte und schwere Nutzfahrzeuge, da hier auch größere Reichweiten emissionsfrei zu realisieren sind, welche rein batterieelektrisch aus Gewichtsgründen in absehbarerer Zukunft nicht erreichbar erscheinen.[12]

Die Brennstoffzellentechnologie ist Gegenstand zahlreicher Forschungsaktivitäten der vergangenen Jahrzehnte,[13] und die Zahl der veröffentlichten Patente ist stetig gestiegen: Insgesamt wurden im Jahr 2019 oder früher 839.367 Patente mit dem Stichwort „fuel cell" beim Europäischen Patentamt veröffentlicht, was gegenüber der Anzahl von 633.160 Patenten mit dem Stichwort „lithium ion battery" im identischen Zeitraum hoch erscheint. Trotz der Stärken der FCEV konnten sie jedoch bisher keinen signifikanten Marktanteil erreichen.[14]

Bestehende Hemmnisse für einen großflächigen Durchbruch der Brennstoffzellentechnologie wurden am Chair of Production Engineering of E-Mobility Components (PEM) der RWTH Aachen in einer Expertenstudie untersucht. Aus qualitativen Experteninterviews identifizieren KAMPKER ET AL. organisatorische, ökonomische und technologische Faktoren, die die Marktdurchdringung einer Brennstoffzelle hemmen.[15] Um die technologischen Faktoren tiefer zu verstehen, wurde aufbauend auf den Erkenntnissen eine quantitative fragebogenbasierte Erhebung mit $n = 54$ Teilnehmenden aus Industrie und Forschung durchgeführt.

Aus Sicht der technologischen Hemmnisse kann zwischen produkt- und prozessbezogenen Faktoren unterschieden werden. Auf der Produktseite steht die für die Marktdurchdringung erforderliche Funktionalität der Brennstoffzellen im Vordergrund, zunächst ohne Berücksichtigung der kostengünstigen Herstellbarkeit. Auf der Prozessseite ist die Herstellbarkeit von Brennstoffzellen von besonderem Interesse, da diese für eine Großserienproduktion gegeben sein muss.

Produktseitig haben viele Herausforderungen, die für eine zuverlässige und alltagstaugliche Brennstoffzelle relevant sind, in den letzten Jahren erhebliche Entwicklungsfortschritte erfahren. Das Problem des Einfrierens von Restwasser in der Brennstoffzelle bei Temperaturen unter $0° C$, das zu irreversiblen Schäden an der Membran führen kann, ist heute weitgehend gelöst.[16] Auch das in den letzten Jahren häufig zitierte Problem eines hohen Edelmetallanteils im Katalysator, der sich auch deutlich auf die Kosten auswirken würde, ist nicht mehr die zentrale Herausforderung: So gibt Daimler an, dass der Platingehalt des Stacks im GLC F-Cell ab 2018 um 90% geringer gegenüber dem Stack der B-Klasse aus dem Jahr 2010 ausfällt,[17] sodass dieser in der

[10] Vgl. Kampker et al. (Elektromobilität) 2018, S. 1.
[11] Vgl. Abschnitt 2.1.
[12] Vgl. Bollmann et al. (From CO2 neutral fuels to emission-free driving) 2017, S. 26f.
[13] Vgl. Pollet et al. (Current status) 2012, S. 239–242.
[14] Vgl. Kampker et al. (Challenges towards large-scale fuel cell production) 2020, S. 29289.
[15] Vgl. ebd. 2020, S. 29291.
[16] Vgl. Wang et al. (Progress on design and development) 2018, S. 205–2013.
[17] Vgl. Daimler AG (Mobility of the Future) 2016, S. 6.

gleichen Größenordnung liegt wie die Platinmenge in konventionellen Verbrennungsfahrzeug-Abgasreinigungsanlagen. Die Korrosionsbeständigkeit von metallischen Bipolarplatten liegt auf einem Niveau, das die in Automobilanwendungen geforderte Lebensdauer von 5.000 – 6.000 Betriebsstunden voll erfüllt und je nach Auslegung auch für im Nutzfahrzeugbereich deutlich höhere Lebensdaueranforderungen von $\geq$ 20.000 Betriebsstunden ausreichend erscheint.[18] Somit sind produktseitige Hindernisse nicht mehr ausschlaggebend für die Industrialisierung von Brennstoffzellen. Diese Schlussfolgerung bestätigen die Ergebnisse der quantitativen Befragung und sind in Abbildung 1.1 dargestellt. Fünf wesentliche Produktherausforderungen wurden hinsichtlich ihres Ausmaßes als Hemmnis für eine Großserienproduktion von Brennstoffzellen bewertet. Im Durchschnitt sehen nur 26% der Teilnehmenden diese als „in hohem Maße" oder „in sehr hohem Maße" hemmend.[19]

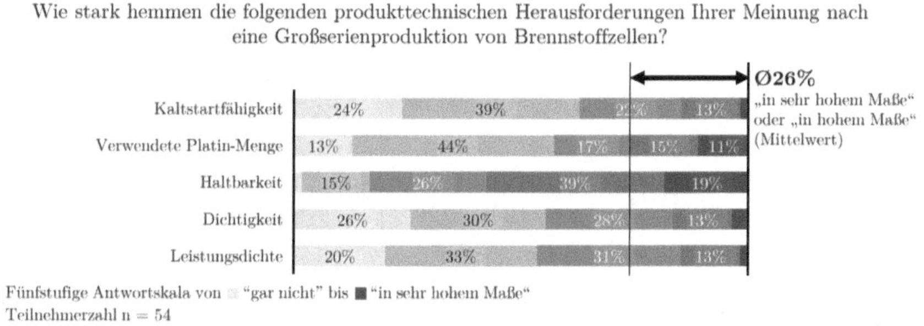

Abb. 1.1: Studienergebnis: Hemmnisse der Marktdurchdringung von Brennstoffzellen aus Produktsicht

Im Gegensatz zu den produkttechnischen Herausforderungen gibt es eine Vielzahl von ungelösten prozesstechnischen Herausforderungen, die derzeit als Hemmnisse für die Großserienproduktion von Brennstoffzellen angesehen werden können. Heutige Fertigungsprozesse für Brennstoffzellen sind oft aus dem Labormaßstab abgeleitet, wo meist nur wenige Zellen gebaut werden und daher die Geschwindigkeit der Produktion keine wesentliche Rolle spielt. Aus diesem Grund sind in vielen Produktionsschritten immer noch manuelle Prozesse erforderlich. Die Frage, welche Fertigungstechnologien tatsächlich geeignet sind, eine Großserienfertigung abzubilden, ist noch nicht systematisch beantwortet. Mit steigender Stückzahl bereits im unteren bis mittleren fünfstelligen Bereich an Stacks[20] pro Jahr müssen manuelle Prozesse vollständig eliminiert werden. Eine vollständig aufeinander abgestimmte Prozesskette kann durch kontinuierliche Techniken erreicht werden, wofür Rolle-zu-Rolle-Prozesse geeignet erscheinen. Zudem muss die hohe Varianz in der Qualität der Bauteile für die Großserienproduktion reduziert werden. Der Reifegrad der Produktion reicht noch nicht aus, um eine konstante Qualität zu

[18] Vgl. Kampker et al. (Challenges towards large-scale fuel cell production) 2020, S. 29293.
[19] Vgl. ebd. 2020, S. 29292f.
[20] Für Erläuterungen der Begriffe Brennstoffzellenstack und -system siehe Abschnitt 2.2.

erreichen, was unter anderem an den manuellen Prozessen liegt. Dies führt zu Inhomogenitäten in der Leistung der Zellen. Ein weiterer, oft vernachlässigter Faktor sind die notwendigen Handhabungsschritte zwischen den Wertschöpfungsprozessen: Lose Teile wie Membran-Elektroden-Einheiten oder Bipolarplatten müssen sicher gegriffen und ausreichend schnell bewegt werden, ohne die Komponenten zu beschädigen. Die quantitativen Befragungsergebnisse bestätigen, dass die Hemmnisse für den Durchbruch der Brennstoffzelle vor allem auf produktionsbezogene Herausforderungen zurückzuführen sind. Bei der Bewertung von fünf produktionsbezogenen Herausforderungen sahen durchschnittlich 45% diese als „in hohem Maße“ oder „in sehr hohem Maße“ hinderlich an, wie in Abbildung 1.2 dargestellt, was im Vergleich zu den produktbezogenen Herausforderungen 73% höher ist. Als besonders kritisch wurden die Skalierbarkeit der Produktion in Bezug auf die Stückzahl mit 62% bewertet.[21]

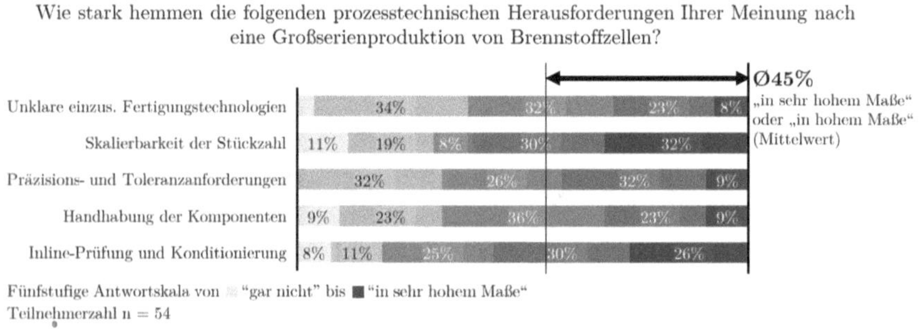

Abb. 1.2: Studienergebnis: Hemmnisse der Marktdurchdringung von Brennstoffzellen aus Prozesssicht

Bei steigender Nachfrage ist das Produkt Brennstoffzelle demnach technologisch ausreichend reif für eine Großserienproduktion, jedoch müssen Herausforderungen in der Produktion gelöst werden. Dabei ist in Industrie und Forschung kein ausreichendes Wissen vorhanden, wie die Produktionstechnik für große Stückzahlen aussehen sollte. Der Lösungsraum für die Großserienfertigung ist eingeschränkt, da dieser häufig auf Fertigungsansätzen aus dem Labormaßstab basiert, welche durch „try-and-error“ entstanden sind. Die Studienergebnisse belegen, dass die sich ergebenden Unsicherheiten, welche Technologiekette am besten für den Aufbau einer Großserienfertigung von Brennstoffzellen geeignet ist, deren Aufbau verzögern: 60% stimmen dieser Aussage voll oder eher zu, wie Abbildung 1.3 zeigt.

[21] Vgl. Kampker et al. (Challenges towards large-scale fuel cell production) 2020, S. 29293f.

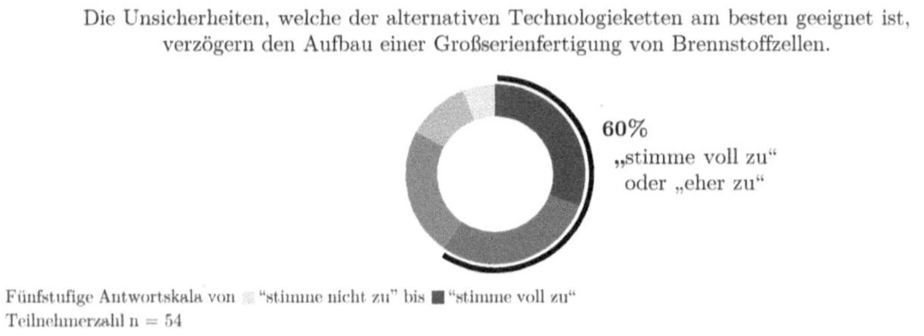

Abb. 1.3: Studienergebnis: Unsicherheit über Eignung alternativer Technologieketten

Für die Praxis fehlt daher ein Konzept, um systematisch die möglichen Fertigungsansätze und Technologieketten für die Herstellung des komplexen Produkts Brennstoffzelle zu gestalten. Außerdem fehlt eine Bewertbarkeit, um anschließend eine Aussage darüber zu erhalten, welche der Technologieketten und damit auch Fertigungsansätze für eine stückzahl-skalierbare Produktion in welchem Maße geeignet sind. Zusammenfassend können somit Potenziale durch eine systematische Gestaltung und Bewertung von skalierbaren Technologieketten aller Fertigungsansätze nicht genutzt werden.

1.2 Zielsetzung der Arbeit

Basierend auf der Ausgangssituation und der im vorherigen Abschnitt beschriebenen Problemstellung ergibt sich als Ziel dieser Arbeit das Schaffen eines integrativen Verständnisses der Produktion von Brennstoffzellen sowie der Aufbau einer Methodik, die für die Anwendenden einen Mehrwert auf dem Weg zur Großserienproduktion von Brennstoffzellen bietet. Durch eine Quantifizierung und Mitigation der Unsicherheiten über die Eignung einer Technologiekette für den Aufbau einer Großserienproduktion soll ein Beitrag geleistet werden, Verzögerungen zu begrenzen und den Marktdurchbruch zu beschleunigen. Die übergeordnete Zielsetzung der Arbeit lässt sich damit wie folgt formulieren:

> **Zielsetzung**
> Ziel dieser Arbeit ist, die Potenziale einer systematischen Gestaltung und Bewertung von skalierbaren Technologieketten aller Fertigungsansätze für eine erleichterte Entscheidungsfindung zum Aufbau einer Großserienproduktion von Brennstoffzellen erkennbar und nutzbar zu machen.

Um qualifizierte Aussagen hinsichtlich der Eignung verschiedener Technologieketten in Bezug auf ihre Skalierung hin zu einer Großserienproduktion von Brennstoffzellen zu erhalten, wird in dieser Arbeit eine Methodik konzeptioniert und detailliert. Diese soll einen Leitfaden bilden, welche technische und ökonomische Entscheidungsträger:innen in Unternehmen unterstützt.

Zu den dabei adressierten Unternehmen zählen sowohl Hersteller von Brennstoffzellenstacks oder -stackkomponenten, welche vor der Aufgabe stehen, eine durchgängige Fertigungslinie zu implementieren, als auch Maschinen- und Anlagenbauer, welche sich strategisch mit ihren Kompetenzen zur Integration einzelner Fertigungsverfahren im Kontext der Brennstoffzellenproduktion positionieren möchten. Für die Erarbeitung der übergeordneten Zielsetzung lassen sich daher folgende Teilziele formulieren:

- Untersuchung des industriellen Umfelds der Brennstoffzellenproduktion zur Vertiefung des Verständnisses der Herausforderungen und Bedürfnisse.
- Identifikation und Einordnung wissenschaftlicher Forschungsergebnisse sowie allgemein anerkannter Methoden und mathematischer Werkzeuge.
- Erarbeitung eines konsistenten Modells zur Verortung relevanter Informationen in einer eineindeutigen Struktur.
- Entwicklung eines konsistenten Lösungsvorgehens zur Gestaltung und Bewertung alternativer skalierbarer Technologieketten.
- Unterstützung bei der Nutzung der Ergebnisse im Anwendungszusammenhang.

Für ein zielgerichtetes Forschungsvorgehen bietet sich die Formulierung einer Forschungsfrage an.[22] Anhand der zuvor beschriebenen Zielsetzung wird für diese Dissertationsschrift die Hauptforschungsfrage wie folgt formuliert:

Forschungsfrage
Wie kann die Gestaltung und Bewertung von skalierbaren Technologieketten zur Herstellung des komplexen Produkts Brennstoffzelle methodisch durchgeführt werden?

1.3 Forschungskonzeption

Die wissenschaftliche Forschung ist ein strukturierter, jedoch häufig unbestimmter Prozess mit dem Ziel, neue Erkenntnisse zu gewinnen. Ein wissenschaftlicher Forschungsprozess wird häufig mit der Metapher einer Reise interpretiert.[23] Der Forschende startet an einem bekannten Ort, um zu neuen Welten aufzubrechen. Im Verlauf der Reise erkundet er so unerschlossene Gebiete und beschreitet neue Wege. Auf diese Weise wird die Wissenschaft um neue Wirklichkeiten erweitert. Im Folgenden werden einige Grundlagen kurz vorgestellt, auf denen der Forschungsprozess für diese Arbeit basiert.

1.3.1 Einordnung in die Wissenschaftssystematik

Die Systematik der Wissenschaft nach Ulrich und Hill unterscheidet die Formal- und Realwissenschaften, wie in Abbildung 1.4 dargestellt.[24] In den Formalwissenschaften steht die

[22] Vgl. Kubicek (Heuristische Bezugsrahmen) 1977, S. 14f.
[23] Vgl. Binder und Kantowsky (Technologiepotentiale) 1996, S. 3; vgl. Voet (Baukastensysteme für die Fabrikplanung), S. 6; vgl. Schumacher (Proaktive Resequenzierung) 2019, S. 7.
[24] Vgl. Ulrich und Hill (Wissenschaftstheoretische Grundlagen) 1976, S. 305f.

Konstruktion von Sprachen im Vordergrund, „d.h. von Zeichensystemen mit Regeln zur Verwendung dieser Zeichen“[25]. Hierzu zählen die Philosophie, die Logik und die Mathematik. Die Realwissenschaften widmen sich hingegen wahrnehmbaren Wirklichkeitsausschnitten mit dem Ziel, diese zu beschreiben, zu erklären und zu gestalten. Diese lassen sich weiter unterteilen in die „reinen“ Realwissenschaften, bei denen als Grundlagenwissenschaften die Erklärung von empirischen Wirklichkeitsausschnitten im Vordergrund steht, und die „angewandten“ Realwissenschaften, welche als Handlungswissenschaften menschliche Handlungsalternativen analysieren. Die klassischen Naturwissenschaften Biologie, Chemie und Physik können dabei den Grundlagenwissenschaften zugeordnet werden, während Sozialwissenschaften und Betriebswirtschaftslehre zu den Handlungswissenschaften zählen. Im technischen Bereich umfassen die Handlungswissenschaften nach ULRICH UND HILL auch die Ingenieurwissenschaften,[26] je nach Zielsetzung werden die Ingenieurwissenschaften auch an der Schnittstelle zwischen Grundlagen- und Handlungswissenschaften eingeordnet.[27]

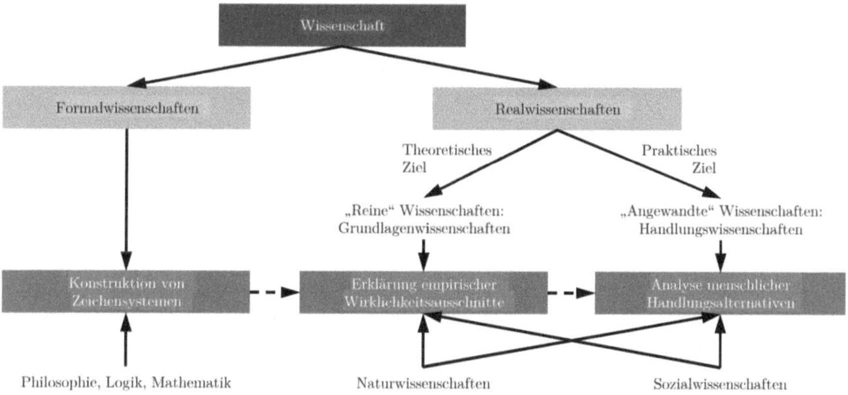

Abb. 1.4: Wissenschaftssystematik nach ULRICH UND HILL

Die zuvor erläuterte Zielsetzung dieser Arbeit liegt in der systematischen Gestaltung und Bewertung von skalierbaren Technologieketten zum Aufbau einer Großserienproduktion von Brennstoffzellen. Dabei soll die zu erarbeitende Methodik eine erleichterte Entscheidungsfindung unterstützen. Die Zielsetzung lässt einen starken Bezug zu den Ingenieurwissenschaften und der Betriebswirtschaftslehre erkennen, sodass diese Arbeit den Handlungswissenschaften zugeordnet wird. Jedoch kommen „Realwissenschaften [...] ohne Formalwissenschaften nicht

[25] ebd. 1976, S. 305.
[26] Vgl. ebd. 1976, S. 305.
[27] Vgl. Heimes (Methodik zur Auswahl von Fertigungsressourcen) 2014, S. 4f.; vgl. Nowacki (Szenariobasierte Konfiguration der Produktmixflexibilität) 2015, S. 9f.; vgl. Sarovic (Gestaltung variantenrobuster Produkt-Produktionssysteme) 2018, S. 4; vgl. Schumacher (Proaktive Resequenzierung) 2019, S 7.

aus“[28], sodass während des gesamten Forschungsprozesses verschiedene Grundlagen und Methoden aus den Formal- und Naturwissenschaften herangezogen werden.

1.3.2 Forschungsmethodologisches Vorgehen

In der von KUHN als solche bezeichneten normalen Wissenschaft stützt sich die Forschung auf eine oder mehrere vergangene wissenschaftliche Erkenntnisse, die eine bestimmte wissenschaftliche Fachgemeinschaft eine Zeit lang als Grundlage für ihre weitere Arbeit anerkennt. Eine solche Erkenntnis bezeichnet KUHN als Paradigma, wenn sie zwei Charakteristika vereint: Zum einen eine hinreichende Einzigartigkeit, um eine dauerhafte Gruppe von Unterstützern anzuziehen, zum andere eine genügende Offenheit, um darin verschiedene Probleme lösen zu können.[29] Metaphorisch lösen erfolgreiche Forschende der normalen Wissenschaft demnach auf Expertenniveau Puzzle innerhalb ihrer Diszplin, verfolgen jedoch nicht das Ziel, unerwartete Neuheiten zu entdecken.[30] Demgegenüber werden wissenschaftliche Revolutionen durch ein wachsendes Bewusstsein eingeleitet, dass ein bestehendes Paradigma nicht länger adäquat für die Erforschung eines Ausschnitts der Wirklichkeit funktioniert, zu dem dieses Paradigma selbst zuvor beigetragen hatte. Auf diese Weise kann ein Paradigmenwechsel entstehen.[31]

Dem Forschungsprozess dieser Arbeit kann in diesem Sinne eine puzzle-lösende Tätigkeit zugeschrieben werden, sodass auch dieser auf einem Paradigma aufbauen muss. Hierzu wird der systemtheoretische Ansatz nach ULRICH ET AL. herangezogen,[32] welcher für reale Problemstellungen im Umfeld der Ingenieurwissenschaften und Betriebswirtschaftslehre als wissenschaftlich anerkannte Grundlage eingestuft werden kann.[33] Nach ULRICH ET AL. beginnt und endet der Forschungsprozess in der Praxis.[34] Mittels eines iterativen Lernprozesses werden das theoretische Verständnis und das zurückgeführte Erfahrungswissen in neue Erkenntnisse überführt.[35] Der Aufbau der Arbeit folgt dabei der angewandten Wissenschaft im Theorie- und Praxisbezug und wird im folgenden Abschnitt dargestellt.

1.4 Aufbau der Arbeit

In Anlehnung an die sieben Phasen der angewandten Forschung nach ULRICH ET AL. wird der Grobaufbau der Dissertation abgeleitet.[36] Dieser ist in Abbildung 1.5 dargestellt.

[28] Ulrich und Hill (Wissenschaftstheoretische Grundlagen) 1976, S. 306.
[29] Vgl. Kuhn (Structure of scientific revolutions) 1970, S. 10–12.
[30] Vgl. ebd. 1970, S. 35–37.
[31] Vgl. ebd. 1970, S. 92–95.
[32] Vgl. Ulrich et al. (Management) 1984, S. 192.
[33] Vgl. Heimes (Methodik zur Auswahl von Fertigungsressourcen) 2014, S. 5f.; vgl.Sarovic (Gestaltung variantenrobuster Produkt-Produktionssysteme) 2018, S. 5; vgl. Schumacher (Proaktive Resequenzierung) 2019, S. 7.
[34] Vgl. Ulrich et al. (Management) 1984, S. 192.
[35] Vgl. Kubicek (Heuristische Bezugsrahmen) 1977, S. 12.
[36] Vgl. Ulrich et al. (Management) 1984, S. 193.

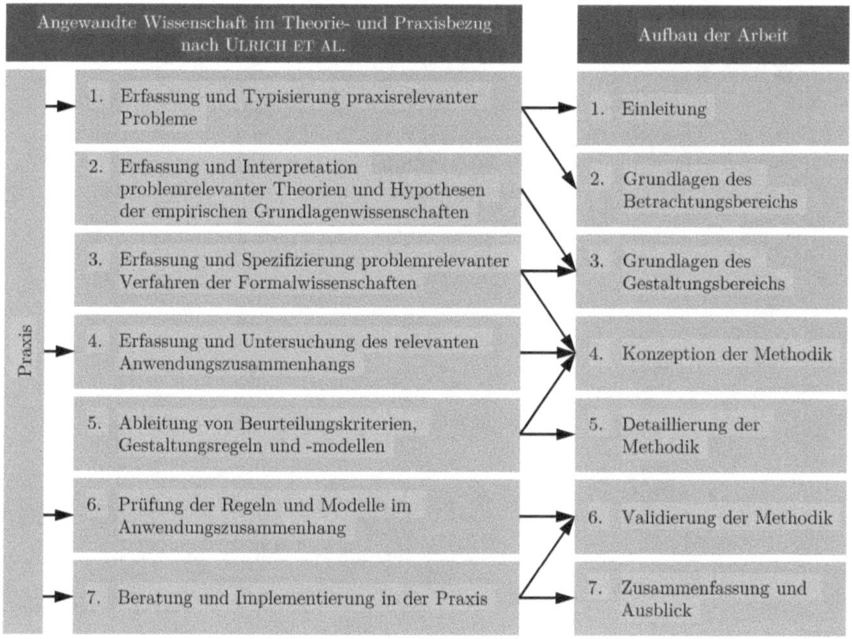

Abb. 1.5: Struktur der Arbeit

Im vorliegenden Kapitel 1 wird mit der Ausgangssituation und Zielsetzung sowie der Forschungskonzeption die weitere Bearbeitung des Themas eingeleitet. Kapitel 2 dient der Schaffung der Grundlagen des Betrachtungsbereichs und dem Aufzeigen des praktischen Handlungsbedarfs. Der Betrachtungsbereich wird auf PEM-Brennstoffzellen und ihre Anwendungen eingegrenzt. Anschließend werden die übergeordnete Wertschöpfung von Brennstoffzellen und bestehende Ansätze zu deren Fertigung auf technischer Ebene vorgestellt. In Kombination mit den dabei in der heutigen Praxis dominierenden Kosten- und Stückzahlstrukturen werden die Kernherausforderungen beschrieben. Damit ergibt sich der Handlungsbedarf aus der Praxis. In Kapitel 3 werden die allgemeinen Grundlagen des Gestaltungsbereichs herausgearbeitet. Basierend auf dem Handlungsbedarf aus der Praxis werden zunächst inhaltliche und formale Anforderungen an die Methodik abgeleitet. Nach der Erläuterung von Grundlagen zur Skalierbarkeit im Forschungsfeld der Technologieplanung werden analytische und heuristische Methoden, welche zur Lösungsfindung beitragen können, vorgestellt. Abschließend folgt eine kritische Würdigung bestehender Forschungsergebnisse, welche den aufgestellten Anforderungen gegenübergestellt werden. Damit ergibt sich der Handlungsbedarf aus der Theorie. Kapitel 4 dient der Konzeption der Methodik unter Berücksichtigung der formulierten Handlungsbedarfe und Anforderungen. Dazu werden zunächst Grundlagen der Modellbildung und des Systems Engineering als Orientierung eingeführt, um anschließend den Aufbau der Methodik zu konkretisieren. Abschließend werden die Lösungshypothesen vorgestellt und in einen Ablauf überführt. Kapitel 5 beschreibt die methodischen Schritte im Detail, welche in vier Module mit jeweils mehreren Phasen gegliedert sind. Besonderer Fokus liegt hierbei auf dem zweiten und dritten Modul, in denen skalierbare Technologieketten gestaltet und bewertet werden. In Kapitel 6 wird die Methodik softwareseitig implementiert und anhand eines realen Beispiels aus einem am PEM durchgeführten Industrieprojekt angewendet und kritisch reflektiert. In Kapitel 7 werden die wesentlichen Ergebnisse der Dissertation zusammengefasst sowie Limitationen und weitere Forschungsbedarfe aufgezeigt.

2 Grundlagen der Brennstoffzellentechnik in der Praxis

Die Brennstoffzellentechnik stellt den Betrachtungsbereich der vorliegenden Arbeit dar. In diesem Kapitel werden deren Grundlagen mit dem Ziel erläutert, die Herstellung und Anwendung in der heutigen labor- und industrieseitigen Praxis tiefergehend zu analysieren und daraus resultierende Herausforderungen und Handlungsbedarfe zu identifizieren. In Abschnitt 2.1 wird der Betrachtungsbereich zunächst schärfer eingegrenzt, indem Typen und Anwendungen von Brennstoffzellen ihrer potenziellen Marktentwicklung gegenübergestellt werden. Die Produktarchitektur der für Mobilitätsanwendungen relevanten PEM-Brennstoffzelle auf Basis ihres Funktionsprinzips sowie die übergeordnete Struktur in ihrer Wertschöpfung ist Gegenstand von Abschnitt 2.2. Anschließend erläutert Abschnitt 2.3 bestehende Ansätze zur Fertigung von Brennstoffzellen, bevor in Abschnitt 2.4 auf Kosten- und Stückzahlstrukturen in ebendieser eingegangen wird. Auf Basis der zusammengetragenen Erkenntnisse wird abschließend in Abschnitt 2.5 der Handlungsbedarf aus der Praxis postuliert, aus welchem Anforderungen an die Theorie abgeleitet werden.

2.1 Eingrenzung des Betrachtungsbereichs

Die Entdeckung des Funktionsprinzips der Brennstoffzelle geht auf Christian Friedrich Schönbein und Sir William Grove zurück und wird mit dem Jahr 1839 datiert.[37] Kern des Prinzips ist die exotherme Umwandlung der chemischen Energie eines Brennstoffs mithilfe eines Oxidationsmittels in elektrische Energie. Trotz dieses über 180 Jahre alten Wissens erfolgte der erste kommerzielle Einsatz der Brennstoffzelle erst in der zweiten Hälfte des 20. Jahrhunderts im Gemini-Raumfahrtprogramm der NASA.[38] Seitdem sind verschiedene Typen von Brennstoffzellen für eine Vielzahl von Anwendungen weiterentwickelt worden, von Brennstoffzellen mit einer Leistung von wenigen Watt für tragbare Anwendungen bis hin zu mehreren hundert Kilowatt für Anwendungen im Transportwesen.[39]

[37] Vgl. Grove (On voltaic series) 1839; vgl. Kurzweil (Brennstoffzellentechnik) 2016, S. 3f.
[38] Vgl. Hamacher (Wasserstoff als strategischer Sekundärenergieträger) 2017, S. 16; vgl. Elter (Polymer Electrolyte Fuel Cell Systems) 2019, S. 99f.
[39] Vgl. Mohrdieck et al. (Mobile Anwendungen) 2017, S. 67f.; vgl. Elter (Polymer Electrolyte Fuel Cell Systems) 2019, S. 100.

2.1.1 Typen und Anwendungen von Brennstoffzellen

Die verschiedenen Brennstoffzellentypen können insbesondere nach ihrem Elektrolyten und ihrer Betriebstemperatur, aber auch nach den Reaktionsedukten und -produkten unterschieden werden.[40] Die gängigen Typen von Brennstoffzellen sind mit ihren anoden- und kathodenseitigen ein- und ausgehenden Medien, dem Ionentransport sowie der Betriebsstemperatur in Abbildung 2.1 in Anlehnung an KAMPKER ET AL. zusammengefasst.[41]

Brennstoffzellen-Typ		Anode ein / aus	Ionen-Transport	Kathode ein / aus	Temp. [°C]
SOFC	Solid Oxide Fuel Cell	H_2 (Erdgas) + CO / $H_2O + CO_2$	← O^{2-}	O_2 (Luft)	900
MCFC	Molten Carbonate Fuel Cell	H_2 (Erdgas) + CO / $H_2O + CO_2$	← CO_3^{2-}	O_2 (Luft) + CO_2	650
PAFC	Phosphoric Acid Fuel Cell	H_2	H^+ →	O_2 (Luft) / H_2O (gasförmig)	220
HT-PEMFC	High Temperature Polymer Electrolyte Membrane Fuel Cell	H_2	H^+ →	O_2 (Luft) / H_2O (gasförmig)	160
DMFC	Direct Methanol Fuel Cell	CH_3OH / CO_2	H^+ →	O_2 (Luft) / H_2O (flüssig)	90
LT-PEMFC	Low Temperature Polymer Electrolyte Membrane Fuel Cell	H_2	H^+ →	O_2 (Luft) / H_2O (flüssig)	80
AFC	Alkaline Fuel Cell	H_2 / H_2O	← OH^-	O_2 (Luft)	

Abb. 2.1: Typen von Brennstoffzellen

Für mobile Anwendungen hat sich aufgrund verschiedener Vorteile nahezu ausschließlich die Polymer-Elektrolyt-Membran-Brennstoffzelle in der Niedertemperatur-Ausführung (engl. low

[40] Vgl. Tschöke (Die Elektrifizierung des Antriebsstrangs) 2015, S. 107; vgl. Kurzweil (Brennstoffzellentechnik) 2016, S. 5–7; vgl. Hamacher (Wasserstoff als strategischer Sekundärenergieträger) 2017, S. 16f.; vgl. Kampker et al. (Produktion von Brennstoffzellenkomponenten) 2020, S. 4.

[41] Vgl. ebd. 2020, S. 4.

temperature polymer electrolyte membrane fuel cell, LT-PEM) durchgesetzt. Diese arbeitet bei ca. $80-90°C$ und benötigt reinen Wasserstoff[42] als Brennstoff. Die Betrachtung in dieser Arbeit konzentriert sich daher auf LT-PEM-Brennstoffzellen als Teil des elektrischen Antriebsstrangs von Fahrzeugen. Im Folgenden wird somit Brennstoffzelle synonym zu LT-PEM-Brennstoffzelle verwendet, sofern nicht explizit anders gekennzeichnet.

Anwendungspotenziale besitzen vor allem straßengebundene Fahrzeuge. Dies schließt den Sektor der Personenfahrzeuge ein, wo die Akzeptanz von FCEVs noch gering ist, der Brennstoffzelle aber insbesondere im Premiumsegment langfristig vielversprechende Zukunftschancen zugeschrieben werden.[43] Kurz- und mittelfristig wird jedoch erwartet, dass der Nutzfahrzeugbereich die wichtigste Anwendung für Brennstoffzellen sein wird, da dieser einige vorteilhafte Unterschiede zum PKW-Segment aufweist.[44] Mit den absehbaren Weiterentwicklungen der nächsten beiden Jahrzehnte im Batteriebereich sind die im LKW-Fernverkehr benötigten hohen gravimetrischen Energiedichten nicht zu erreichen.[45] Zudem ist Bauraum für die Brennstoffzelle und insbesondere für Wasserstofftanks in LKW und Bussen leichter verfügbar als in PKW.[46] Zusätzlich erscheint auch das industrielle Umfeld bereit: Aufgrund der geringeren Fertigungsvolumen von Nutzfahrzeugen fällt das Fehlen einer funktionierenden Brennstoffzellen-Massenproduktion weniger ins Gewicht.[47] Auch in leichten Nutzfahrzeugen bietet die Brennstoffzelle den Vorteil einer höheren Reichweite, bspw. im Betrieb als Range-Extender.[48] Brennstoffzellenbusse sind bereits heute vergleichsweise weit verbreitet und in Produktion und Betrieb erprobt,[49] sodass Erkenntnisse aus diesen Erfahrungen auf andere Fahrzeuge übertragbar sind.[50] Über den straßengebundenen Verkehr hinaus bieten Brennstoffzellen auch Anwendungsmöglichkeiten im Bahn-, Schiffs- und Flugverkehr, sowohl als Hauptantrieb als auch als Hilfsaggregat.[51] Die anzahlmäßig größte Anwendung von Brennstoffzellenfahrzeugen besteht im Bereich der Intralogistik. Hier bieten Brennstoffzellen in Gabelstaplern oder Palettenwagen den Vorteil einer hohen Verfügbarkeit mit geringen Nebenzeiten und Betriebskosten.[52]

2.1.2 Aktuelle und zukünftige Marktentwicklung

Mit insgesamt ca. 1.000 zugelassenen Brennstoffzellenfahrzeugen bis Mitte 2019 in Europa,[53] ca. 4.700 Stück in Japan und ca. 10.300 Stück in den USA bis Anfang 2021,[54] die meisten

[42] Zu Reinheitsanforderungen an Wasserstoff für den Einsatz in PEM-Brennstoffzellen siehe Deutsches Institut für Normung (DIN EN 17124: Wasserstoff als Kraftstoff) 2019.
[43] Vgl. Bollmann et al. (From CO2 neutral fuels to emission-free driving) 2017, S. 6.
[44] Vgl. Lee et al. (Life-cycle implications) 2018, S. 4–6; vgl. Gnann et al. (Brennstoffzellen-Lkw) 2017, S. 47f.
[45] Vgl. Staffell et al. (The role of hydrogen) 2019, S. 467.
[46] Vgl. Bruijn (The current status of fuel cell technology) 2005, S. 144.
[47] Vgl. Staffell et al. (The role of hydrogen) 2019, S. 483.
[48] Vgl. Kampker et al. (Challenges towards large-scale fuel cell production) 2020, S. 29290.
[49] Vgl. Adolf et al. (Energie der Zukunft) 2017, S. 43; vgl. Eudy und Post (Fuel Cell Buses in U.S. Transit Fleets) 2018, S. vi.
[50] Vgl. State of California - Air Resources Board (Technology Assessment) 2015.
[51] Vgl. Adolf et al. (Energie der Zukunft) 2017, S. 38–42.
[52] Vgl. Wei et al. (Fuel Cell Systems) 2019, S. 28; Nase et al. (Impact of Fuel Cell Technology) 2020, S. 5.
[53] Vgl. MacCharles et al. (Fueling the Future of Mobility) 2020, S. 20.
[54] Vgl. California Fuel Cell Partnership (FCEV Sales) 2021.

davon in Kalifornien, kann der Brennstoffzellenmarkt bisher nicht als Massenmarkt bezeichnet werden. Für eine dauerhafte Marktdurchdringung muss die Brennstoffzelle wirtschaftlich sein. Subventionen zur Beschleunigung des Markthochlaufs müssen langfristig durch stabile Geschäftsmodelle ersetzt werden, da ein echter Durchbruch nur mit wettbewerbsfähigen Kosten erreicht werden kann. Ein signifikanter Anstieg der Nachfrage ist zu erwarten, wenn die Gesamtanschaffungs- und Betriebskosten (engl. total cost of ownership, TCO), bestehend aus Herstellung, Nutzung und Entsorgung, ein vergleichbares Niveau wie bei etablierten Technologien erreichen. Ein großer Hebel zur Senkung der Gesamtkosten sind dabei Skaleneffekte. Im heutigen Produktionsumfeld weist der Großteil der Brennstoffzellenhersteller eine Ausbringung von weniger als 100 bis zu einigen 1.000 Stacks[55] pro Jahr auf, was zu hohen Kosten von ca. 400–490 €/kW auf Stackebene führt.[56] Durch die Skalierung einer Produktionslinie auf sechsstellige Stückzahlen pro Jahr könnten die Produktionskosten auf Stackebene laut Prognose des Energieministeriums der USA (engl. U.S. Department of Energy, DOE) in den Bereich von etwa 19–22 $/kW gesenkt werden.[57]

Weltweit haben verschiedene Regierungen in ihren Ländern politische Ziele für die Marktdurchdringung von Brennstoffzellenfahrzeugen gesetzt oder Roadmaps zur Einhaltung der Klimaziele in Auftrag gegeben. China, wo bisher nur rund 3.000 FCEV ausschließlich im Nutzfahrzeugbereich verkauft sind, plant, 40.000 Personen- sowie 10.000 Nutzfahrzeuge bis 2025 und insgesamt eine Million Fahrzeuge mit Brennstoffzelle im Jahr 2030 im Einsatz zu haben.[58] In Japan soll die Zahl der FCEV auf 800.000 Personenfahrzeuge und 1200 Busse bis zum Jahr 2030 erhöht werden.[59] Für die USA werden auf dem Weg in eine Wasserstoffwirtschaft 1,2 Millionen FCEV bis 2030 vorgeschlagen, wobei zunächst 150.000 leichte und schwere Nutzfahrzeuge bis 2025 die Vorreiter darstellen.[60] Für Europa wird eine Flotte von 3,7 Millionen Personenfahrzeugen, 500.000 leichten Nutzfahrzeugen, 45.000 schwereren LKWs und Bussen bis 2030 gefordert, zudem können Brennstoffzellen-Züge bis 2030 rund 570 Dieselzüge ersetzen.[61]

Privatwirtschaftliche Analysen versuchen, die erwartete, zukünftige Marktentwicklung von Brennstoffzellenfahrzeugen zu prognostizieren. Je nach Interessens- und Informationslage kommen diese zu unterschiedlichen Aussagen, welche schwierig direkt miteinander vergleichbar sind. Dabei ist ein verstärkter Fokus auf den Nutzfahrzeugbereich erkennbar. Das Beratungsunternehmen Roland Berger geht von kumuliert 110.000 schweren LKW mit Brennstoffzelle bis 2030 in Europa aus. Damit besitzen diese insgesamt einen Marktanteil von 17% der Neuzulassungen bzw. 1,7% am Gesamtmarkt der schweren LKW in Europa. Die jährlichen Verkaufszahlen werden in verschiedenen Szenarien vorgestellt, wobei 59.182 LKW im Basisszenario, hingegen 95.339 LKW im optimistischen Szenario avisiert werden.[62] Die Firma Strategy& schätzt

[55] Für Erläuterungen der Begriffe Brennstoffzellenstack und -system siehe Abschnitt 2.2.
[56] Vgl. Kampker et al. (Challenges towards large-scale fuel cell production) 2020, S. 29292; siehe auch Abschnitt 2.4.
[57] Vgl. James et al. (Mass Production Cost Estimation) 2017, S. 30.
[58] Vgl. Society of Automotive Engineers of China (Hydrogen Fuel Cell Vehicle Technology Roadmap) 2018, S. 14; MacCharles et al. (Fueling the Future of Mobility) 2020, S. 14 & 20.
[59] Vgl. Hydrogen and Fuel Cell Strategy Council (Strategic Road Map) 2019, S. 24.
[60] Vgl. N.N. (Road Map to a US Hydrogen Economy), S. 70–73.
[61] Vgl. Fuel Cells and Hydrogen 2 Joint Undertaking (Hydrogen Roadmap Europe) 2019, S. 9.
[62] Vgl. Ruf et al. (Fuel Cells Hydrogen Trucks) 2020, S. 171–174.

ebenfalls die Marktanteile von FCEV in Europa ab und sieht diese bei 5% in 2030 mit einem Sprung auf 15% in 2035 für leichte Nutzfahrzeuge, 4% respektive 15% für mittelschwere LKW und 2% respektive 18% für schwere LKW.[63] Die Boston Consulting Group zeigt eine relative Einordnung der Stückzahl für Europa, USA und China. Für Europa wird der Marktanteil bei leichten Nutzfahrzeugen mit 4%, für mittelschwere LKW je nach Einsatzgebiet mit 4–5% und für schwere LKW mit 6–7% im Jahr 2030 abgeschätzt. Die Durchdringung für die USA fällt für diese Fahrzeugklassen mit 1%, 2–6% respektive 4-7% etwas geringer aus. Für China wird mit 3%, 3–11% respektive 11-20% der größte Markt vorausgesagt, gleichzeitig jedoch auch die größte Spannweite.[64] Der Verband Deutscher Maschinen- und Anlagenbauer geht in einer gemeinsamen Studie mit der FEV Consulting von global insgesamt einer Million verkaufter PKW und leichter Nutzfahrzeuge im Jahr 2030 aus, mit einer Vervielfachung auf 11 Millionen im Jahr 2040.[65] Abbildung 2.2 stellt die für einen Vergleich geeigneten Informationen gegenüber und zeigt die prognostizierten Anteile von Nutzfahrzeugen mit Brennstoffzelle an den insgesamt in Europa verkauften Einheiten je Fahrzeugklasse im Jahr 2030.

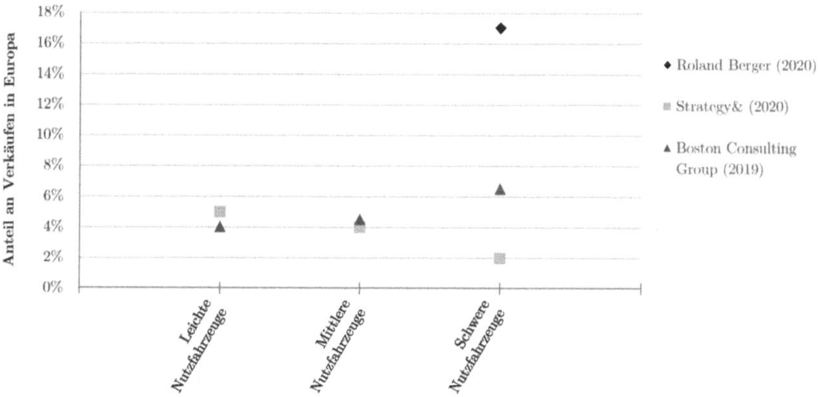

Abb. 2.2: Prognostizierte Anteile von verkauften Nutzfahrzeugen mit Brennstoffzelle in Europa 2030 nach Fahrzeugklasse

2.2 Produktarchitektur und übergeordnete Wertschöpfung von Brennstoffzellen

Die Produktarchitektur einer Brennstoffzelle wird maßgeblich durch deren Funktionsprinzip bestimmt. Unterabschnitt 2.2.1 beschreibt das Funktionsprinzp der für diese Arbeit fokussierten

[63] Vgl. Neuhausen et al. (Zero-emission trucking) 2020, S. 28.
[64] Vgl. Jentzsch et al. (The Future of Commercial Vehicles) 2019, S. 3-4.
[65] Vgl. Nase et al. (Impact of Fuel Cell Technology) 2020, S. 4.

PEM-Brennstoffzelle. Die zu deren Realisierung benötigten übergeordneten Wertschöpfungsschritte in der Herstellung sind Inhalt von Unterabschnitt 2.2.2. An verschiedenen Stellen in der Produktarchitektur besteht eine Vielzahl von Möglichkeiten, wie die benötigten Funktionen physisch umgesetzt werden können. Diese Freiheitsgrade in der Produktarchtitektur werden abschließend in Unterabschnitt 2.2.3 diskutiert.

2.2.1 Grundlegendes elektrochemisches Funktionsprinzip

Die Brennstoffzelle ist ein Spezialfall eines galvanischen Elements, bei dem im Gegensatz zu einem Akkumulator die Reaktionsedukte kontinuierlich zugeführt und die Reaktionsprodukte kontinuierlich abgeführt werden.[66] Die Umwandlung der chemischen Energie in elektrische Energie wird auch als kalte Verbrennung bezeichnet. Das Funktionsprinzip und die Gleichungen der ablaufenden Reaktionen in der Brennstoffzelle zeigt Abbildung 2.3.[67]

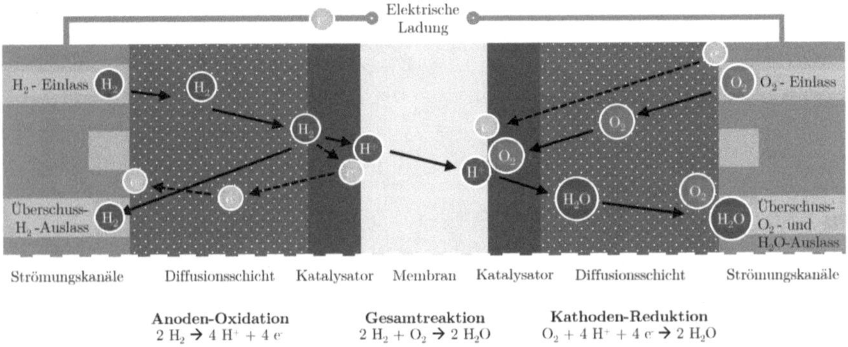

Abb. 2.3: Funktionsprinzip der PEM-Brennstoffzelle

Der Wasserstoff wird dabei an der Anode zugeführt. Auf dem Weg zur anodenseitigen Reaktionszone, welche durch die Dreiphasengrenze zwischen Elektrolyt, Katalysator und Wasserstoff gebildet wird, ist eine möglichst homogene Verteilung des Wasserstoffs angestrebt, was i.A. durch Strömungskanäle und Diffusionsschichten realisiert wird. Der Wasserstoff wird katalytisch oxidiert, indem unter Abgabe von Elektronen H^+-Ionen gebildet werden. Die Protonen wandern durch die Polymer-Elektrolyt-Membran zur Kathode, während diese für Elektronen nicht leitfähig ist. Kathodenseitig wird der Brennstoffzelle saubere Luft oder, falls entsprechend ausgelegt, reiner Sauerstoff zugeführt und ebenfalls möglichst homogen in die Reaktionszone gebracht. Der (Luft-)Sauerstoff wird mithilfe der auf einen äußeren Stromkreis gezwungenen Elektronen reduziert und bindet die Protonen, sodass Wasser als Reaktionsprodukt entsteht.

[66] Vgl. Kurzweil (Brennstoffzellentechnik) 2016, S. 17.
[67] Vgl. Kampker et al. (Produktion von Brennstoffzellenkomponenten) 2020, S. 4.

Im äußeren Stromkreis kann somit ein Verbraucher bedient werden.[68] Eine auf diese Weise aufgebaute Zelle besitzt durch ihr elektrochemisches Potenzial eine reversible Zellspannung von ca. $1,23V$, welche sich bei Anlegen einer äußeren Last verringert. Der Zusammenhang zwischen Spannung und Stromdichte wird durch die Polarisationskurve beschrieben, auf welcher die Betriebspunkte der Brennstoffzelle verortet werden können.[69] Für Anwendungen im Transportsektor werden einzelne Brennstoffzellen meist mit einer Nennspannung von $650 - 700mV$ ausgelegt. Durch Verschaltung in Serie wird eine für die Nutzung im Fahrzeug ausreichend hohe Spannung erzielt.[70]

2.2.2 Wertschöpfungsschritte in der Herstellung

Die Realisierung der Brennstoffzelle als physisches Produkt erfordert entsprechende Komponenten, welche jeweils ihren Anteil an der Funktionserfüllung besitzen. Bis zur für Mobilitätsanwendungen funktionsfähigen Brennstoffzelle sind mehrere Produktions- und Integrationsstufen notwendig, sodass die Herstellung in drei übergeordnete Schritte unterteilt werden kann. Diese umfassen (1) die Fertigung von Brennstoffzellenstack-Komponenten, (2) die Assemblierung der Komponenten zu einem Stack sowie die (3) Montage von mechanischen, thermischen und elektrischen Peripherie-Aggregaten (sog. Balance-of-Plant, BOP) zu einem Gesamtsystem.[71]

(1) Der erste Schritt beinhaltet die Produktion der Komponenten der jeweiligen Einzelzellen, welche direkt an der Reaktion beteiligt sind. Im Speziellen zählen hierzu meist Bipolarplatten (BPP) und Membran-Elektroden-Einheiten (engl. membrane electrode assembly, MEA), welche auch als Wiederholteile bezeichnet werden.[72]

(2) Im zweiten Schritt werden die Wiederholteile, d.h. die einzelnen Brennstoffzellen, gestapelt, sodass der Brennstoffzellenstack entsteht. Dies entspricht elektrisch einer Verschaltung in Serie, sodass sich die Anzahl der Zellen je Stapel nach der benötigten Nennspannung der jeweiligen Anwendung richtet; ferner steigt sowohl mit der Anzahl an Zellen als auch der aktiven Reaktionsfläche je Zelle die elektrische Leistung eines Stacks. Für Fahrzeuge kann hier i.A. von einigen hundert Zellen je Stack ausgegangen werden. Der Stack schließt mit Stromkollektoren und Endplatten ab. In der Regel erfolgt abschließend eine Konditionierung des Brennstoffzellenstacks, d.h. die Einstellung verschiedener Leistungsparameter durch erstmalige Inbetriebnahme mit Wasserstoff.[73]

(3) Im dritten Schritt werden die Peripherie- oder Nebenaggregate des Brennstoffzellenstacks montiert, welche den Betrieb des Stacks erst ermöglichen. In systematischer Reihenfolge

[68] Vgl. Dicks und Rand (Fuel Cell Systems Explained) 2018, S. 3; vgl. Kampker et al. (Produktion von Brennstoffzellenkomponenten) 2020, S. 4.

[69] Tiefergehende elektrochemische Ausführungen sind nicht Fokus dieser Arbeit. Für ausführliche Erläuterungen siehe bspw. Kurzweil (Brennstoffzellentechnik) 2016, S. 28–30, 100–104; Kunze-Liebhäuser et al. (Fuel Cell Comparison) 2019, S. 15.

[70] Vgl. Mohrdieck et al. (Mobile Anwendungen) 2017, S. 78f.

[71] Vgl. Kampker et al. (Produktion von Brennstoffzellenkomponenten) 2020, S. 2–5.

[72] Vgl. Mohrdieck et al. (Mobile Anwendungen) 2017, S. 79–81.

[73] Vgl. las Heras et al. (From the cell to the stack) 2018, S. 39; vgl. Kampker et al. (Produktion von Brennstoffzellensystemen) 2020, S. 4–5.

werden u.a. Luftkreislauf, Luftbefeuchter, Kühlkreisläufe, Wasserstoffkreislauf, Systemsteuerung und die Sensorik montiert.[74] Am Ende erfolgt eine End-of-Line-Prüfung zur Sicherstellung der Funktionalität im Fahrzeugbetrieb. Nachfolgend kann das Brennstoffzellensystem in ein Fahrzeug integriert werden.[75]

Im Betrachtungsbereich dieser Arbeit stehen der Brennstoffzellenstack und dessen Komponenten im Fokus, wobei je nach Auslegung verschiedene Dimensionierungen und Produktdesigns eingeschlossen sind. Die Herstellung des Stacks und dessen Komponenten erfolgt bisher nicht oder stark begrenzt im industriellen Maßstab, sodass eine zukünftige Kostenreduktion maßgeblich durch die Skalierbarkeit adressiert werden kann.[76] Diese besitzt daher hohe Relevanz im Sinne der eingangs in Abschnitt 1.2 formulierten Forschungsfrage. Zwar besitzt die BOP aus Kosten- und Montagesicht ebenfalls Optimierungspotenziale für das Gesamtsystem Brennstoffzelle, jedoch befindet sich die BOP im Vergleich zum Stack aufgrund von Ähnlichkeiten zu bereits bestehenden Massenmarktprodukten auf einem technisch reiferen Entwicklungsstand. Für den Aufbau des Brennstoffzellensystems sind weitgehend lediglich Montageschritte erforderlich, sodass skalierbare Fertigungstechnologien eine untergeordnete Rolle spielen. Im Rahmen dieser Arbeit wird die BOP daher nicht explizit in den Betrachtungsbereich einbezogen. Im Folgenden wird Brennstoffzelle synonym zu Brennstoffzellenstack verwendet.

2.2.3 Freiheitsgrade in der Produktarchitektur

Die Produktarchitektur weist sowohl in Bezug auf die Gestaltung der einzelnen Zellen als auch des Stacks unterschiedliche Freiheitsgrade auf. Die zu realisierenden Teilfunktionen der eingesetzten Einzelkomponenten erfordern teils grundlegend verschiedene Werkstoffe.[77] Auch in Bezug auf die Dimensionierung und konstruktive Lösung existieren unterschiedliche Konzepte.

Um diese Freiheitsgrade in der Produktarchitektur systematisch beschreiben zu können, werden verschiedene Möglichkeiten des durch die Funktionalität und die Reihenfolge bei der Herstellung bedingten Aufbaus der Wiederholteile vorgestellt. Hierfür wird der Begriff Schneidung verwendet. Neben den im Folgenden als materialorientiert und funktional bezeichneten Schneidungen sind weitere Alternativen denkbar. In Abbildung 2.4 sind die Kernkomponenten in einer möglichen Auslegungsweise, aus der diese beiden Schneidungen erkennbar sind, dargestellt.[78]

[74] Vgl. Mohrdieck et al. (Mobile Anwendungen) 2017, S. 81–84.
[75] Vgl. Kampker et al. (Produktion von Brennstoffzellensystemen) 2020, S. 3–5.
[76] Vgl. las Heras et al. (From the cell to the stack) 2018, S. 30f.
[77] Vgl. Kurzweil (Brennstoffzellentechnik) 2016, S. 87–97.
[78] Eigene Darstellung i.A.a. KAMPKER ET AL., S. 3.

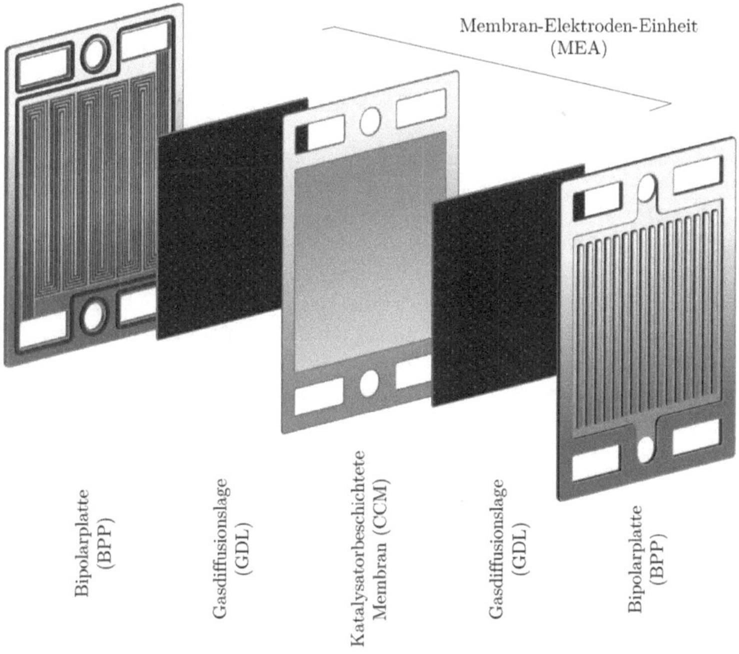

Abb. 2.4: Wiederholteile der PEM-Brennstoffzelle

Maßgeblich durch die forschungslaborseitige Gestaltung und Herstellung geprägt, sind die Wiederholteile MEA und BPP heute häufig in Form von separaten, einzelnen Blättern anzutreffen, was im Rahmen dieser Arbeit als materialorientierte Schneidung bezeichnet wird. Die MEA besteht dabei im Kern aus einer Membran, welche ionen- jedoch nicht elektronenleitfähig sein muss. Sie wird daher auch Protonenaustauschmembran genannt. Zudem muss diese im Bereich der Betriebstemperatur chemisch stabil sein. In der Regel kommen Polymere auf Basis von Polytetrafluorethylen (PTFE) als Grundgerüst und Perfluorsulfonsäuren (engl. perfluorosulfonic acid, PFSA) als Seitenketten mit dem Handelsnamen Nafion zum Einsatz.[79] Auf beiden Seiten der Membran befindet sich eine katalytische Schicht, in der Edelmetalle, heute vor allem Platin, eine wichtige Rolle einnehmen.[80] Wird die Katalysator-Schicht auf die Membran aufgetragen, kann das entstehende Einzelblatt als katalysatorbeschichtete Membran (engl. catalyst-coated membrane, CCM) bezeichnet werden,[81] jedoch bestehen auch andere Möglichkeiten des Schicht-

[79] Vgl. Frölich (Der Decal-Prozess) 2014, S. 9; vgl. Toupin et al. (Techno-Economics) 2016, S. 2–5; vgl. James et al. (Mass Production Cost Estimation) 2017, S. 110f.

[80] Vgl. Frölich (Der Decal-Prozess) 2014, S. 11f.; vgl. Kurzweil (Brennstoffzellentechnik) 2016, S. 90f.

[81] Alternativ ist auch die Bezeichnung 3-Lagen-MEA gebräuchlich. Der Begriff MEA ist im Forschungsumfeld nicht eineindeutig und teilweise missverständlich definiert.

aufbaus[82]. Zur Erhöhung der mechanischen Stabilität sowie der Abdichtung und elektrischen Isolation der Einzelzellen wird die CCM häufig in einen Rahmen eingefasst, welcher als Subgasket bezeichnet wird.[83] An den Katalysator schließt auf beiden Seiten eine Gasdiffusionsschicht (engl. gas diffusion layer, GDL) an, welche zur möglichst homogenen Verteilung des jeweiligen Mediums dient.[84] Die GDL muss elektrisch leitfähig, thermisch stabil und leitfähig sowie in saurer Umgebung chemisch stabil sein, daher kommt häufig ein Kohlenstoffpapier oder -vlies zum Einsatz.[85] An die Bipolarplatte bestehen ebenfalls Anforderungen hinsichtlich einer hohen elektrischen und thermischen Leitfähigkeit, mechanischen Stabilität sowie geringen Korrosivität. Daher haben sich einerseits metallbasierte, meist Edelstahl oder Titan, und graphitbasierte Grundmaterialien durchgesetzt. Die BPP verteilt die Medien gleichmäßig und sorgt außerdem für den Abtransport von Wärme aus der Zelle. Um eine aktive Kühlung zu ermöglichen, besteht eine Bipolarplatte aus zwei Halbplatten, zwischen denen sich Kühlkanäle befinden. Die Halbplatten können miteinander verbunden werden, sodass eine vollständige Bipolarplatte entsteht. Auf diese Weise bestehen die BPP und die MEA als separate Einzelblätter, welche abwechselnd gestapelt das Brennstoffzellenstack bilden.[86]

Im Unterschied zur materialorientierten Schneidung wird im Folgenden eine funktionale Schneidung der Brennstoffzelle vorgestellt. Hierbei wird eine in Bezug auf ihr Funktionsprinzip echte einzelne Brennstoffzelle aufgebaut. Anstelle einer gefügten Bipolarplatten werden lediglich Halbplatten verwendet, welche je Seite auf die MEA aufgebracht werden. Auf diese Weise entsteht ein Einzelblatt, dessen Struktur als Sandwich bezeichnet werden kann. Das Brennstoffzellenstack entsteht dabei durch Stapelung des stets gleichen Einzelblatts, was Vorteile für die Großserienfertigung verspricht.[87]

Weitere Schneidungen oder gänzlich veränderte Architekturen der Brennstoffzelle sind denkbar. So versprechen zweidimensionale Bipolarplatten den Entfall der aufwändigen Metallumformung und eine Kostensenkung.[88] Demgegenüber werden von komplexen 3D-Strömungsfeldern wesentliche Verbesserungen der Zellleistung und Betriebsstabilität bei hoher Stromdichte erwartet.[89] Auch neuartige runde, quadratische und oktogonale kanalförmige Architekturen zeigen verbesserte Strömungseigenschaften.[90] Abbildung 2.5 fasst die beschriebene Auswahl möglicher Freiheitsgrade auf Ebene der Wiederholteile zusammen. Diese Auswahl kann mit einer Vielzahl weiterer Produktinnovationen fortgesetzt werden.[91]

---

[82] Vgl. Abschnitt 2.3.
[83] Die eingefasste CCM kann auch als 5-Lagen-MEA bezeichnet werden.
[84] Wird die GDL mit der CCM gefügt, wird diese auch als 7-Lagen-MEA bezeichnet.
[85] Vgl. Kurzweil (Brennstoffzellentechnik) 2016, S. 88f.; vgl. Schweiss (Kohlenstofftechnologie für Gasdiffusionsschichten) 2018, S. 2–12.
[86] Vgl. Kurzweil (Brennstoffzellentechnik) 2016, S. 96–97; vgl. James et al. (Mass Production Cost Estimation) 2017, S. 102; vgl. Mohr (Optimierung von Brennstoffzellen-Bipolarplatten) 2018, S. 9f.
[87] Vgl. James (Fuel Cell Systems Analysis) 2019, S. 18; außerdem Expertengespräch mit dem Leiter Prototypenbau Brennstoffzelle eines Fahrzeugherstellers.
[88] Vgl. Hasegawa und Fujieda (Fuel cell and vehicle) 2010; vgl. James (Fuel Cell Systems Analysis) 2019, S. 17–19; vgl. Förstmann (Forschungs-Roadmap für die Industrialisierung) 2019, S. 28.
[89] Vgl. Kim et al. (Modeling two-phase flow) 2017, S. 419–421.
[90] Vgl. Torkavannejad et al. (Novel architectures) 2015.
[91] Für einen Ausblick auf zukünftige Innovationen und Weiterentwicklungen siehe auch Wang et al. (Progress on design and development) 2018, S. 221.

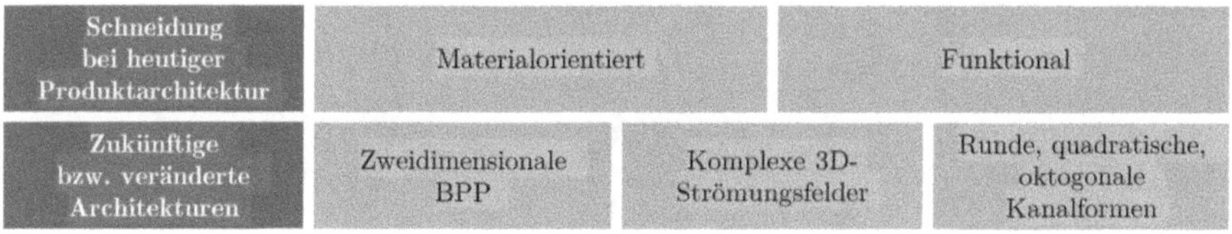

Abb. 2.5: Mögliche Freiheitsgrade in der Produktarchitektur der Wiederholteile

Auf der Ebene des Stacks bestehen Freiheitsgrade u.a. im Hinblick auf Stackaufbau und -format, Verspannmechanismen oder Durchströmungsrichtung. Auch komplett neuartige Stackdesigns sind denkbar. In Bezug auf den Stackaufbau ist die große Mehrheit heute erhältlicher Stacks fortlaufend mit Wiederholteilen gestapelt. Fortlaufend meint hier, dass die gesamte Anzahl der Zellen physisch und elektrisch ohne Unterbrechung direkt aufeinander folgt. Im Gegensatz dazu sind modularisierte Stackaufbauten möglich, indem eine bestimmte Anzahl von einzelnen Zellen zu einem standardisierbaren Modul zusammengefasst wird. Dies ermöglicht bspw. eine höhere Flexibilität zu unterschiedlichen Leistungsklassen, ohne eine vollständige Neuentwicklung durchführen zu müssen.[92] Als neuartiges, technisch bisher noch unausgereiftes Stackformat ist eine zylindrische Brennstoffzelle denkbar, welche statt seriell verschalteter Einzelblätter eine Analogie zur klassischen Batteriezelle bildet.[93] Zur Verspannung des Stacks, welche für niedrige Kontaktwiderstände, gute Dichtigkeit und langfristig stabile Reaktionsbedingungen unabdingbar ist, können verschiedene Wirkmechanismen zum Einsatz kommen. Zugstäbe mit Gewinde bieten den Vorteil der einfachen Montage einer lösbaren Verbindung, jedoch erfordern diese zusätzlichen Bauraum und nur eine eingeschränkt homogene Krafteinleitung. Spannbänder hingegen sind bauraumsparend und in der Montage gut automatisierbar, stellen jedoch meist nicht lösbare Verbindungen dar.[94] Zudem kann die Durchströmung des Stacks auf verschiedene Arten ausgeführt werden. Hierbei besitzt die U-förmige Durchströmung den Vorteil, nur einseitige Medienanschlüsse am Stack zu erfordern, während die Z-förmige Durchströmung leichte Vorteile bei der Verteilung der Gase aufweist.[95] Abbildung 2.6 fasst die beschriebene Auswahl möglicher Freiheitsgrade auf Ebene des Stacks zusammen.

[92] Expertengespräch mit deutschen Maschinen- und Anlagenbauern.

[93] Vgl. Suseendiran et al. (Development of cylindrical PEM fuel cells) 2020, S. 10550f.

[94] Vgl. Kampker et al. (Produktion von Brennstoffzellensystemen) 2020, S. 9.

[95] Vgl. Mustata et al. (Distribution of air flow) 2009, S. 185–188; vgl. Mohr (Optimierung von Brennstoffzellen-Bipolarplatten) 2018, S. 13.

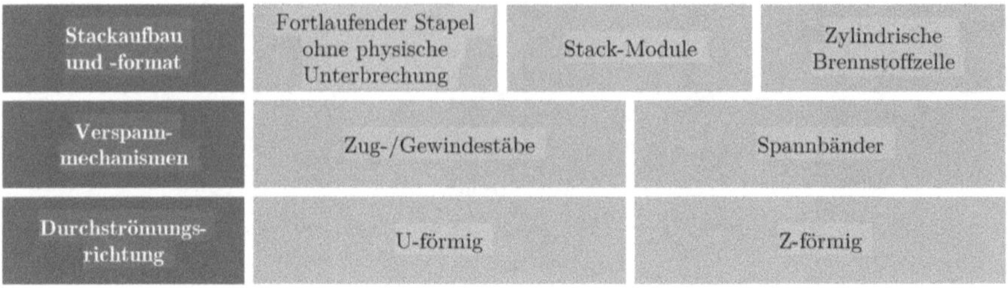

Abb. 2.6: Mögliche Freiheitsgrade in der Produktarchitektur des Stacks

2.3 Bestehende Ansätze zur Fertigung von Brennstoffzellen

Zur Fertigung von Brennstoffzellen existieren verschiedene Ansätze und Vorgehensweisen.[96] Die im vorherigen Abschnitt erläuterten Komponenten weisen dabei unterschiedliche Anforderungen in Bezug auf Funktionalität, Materialien und Geometrien auf. Zur Realisierung dieser Funktionalitäten sind mehrere Schritte der Herstellung erforderlich, für welche wiederum mehrere Fertigungstechnologien möglich sind. Diese bieten nach dem heutigen Stand der Erkenntnisse jeweils eigene Vor- und Nachteile, sodass noch keine etablierte Prozesskette für eine industrialisierte Fertigung existiert.

Entlang der materialorientierten Schneidung[97] des Produkts Brennstoffzelle wird in diesem Abschnitt ein möglicher Weg zur Herstellung der Wiederholteile Bipolarplatte und Membran-Eletroden-Einheit sowie des Stacks näher erläutert. Darüberhinaus sind Ansätze für die funktionsorientierte Schneidung sowie völlig andere Wege der Herstellung einer Brennstoffzelle denkbar, welche insbesondere für die in Unterabschnitt 2.2.3 beschriebenen oder neuartigen Produktarchitekturen erforderlich sind.

2.3.1 Fertigung der Bipolarplatte

Je nach zu prozessierendem Grundmaterial unterscheidet sich die Herstellung der Bipolarplatte für die metallische und die graphitische Ausführung übergreifend, zudem besteht eine Vielzahl an Freiheitsgraden bei der Fertigung innerhalb einer jeweiligen Variante selbst. Ein möglicher Ansatz zur Herstellung der metallischen BPP, welcher jedoch in allgemeiner Form auch für die graphitische Variante gültig sein kann, ist in Abbildung 2.7 in Anlehnung an KAMPKER ET AL. dargestellt.[98] Den allgemeinen Herstellungsschritten Beschichten, Formen, Vereinzeln & Beschneiden, Fügen, Dichtheit prüfen sowie Dichtung aufbringen werden Fertigungstechnologien sowie alternative Lösungen zugeordnet. Die Auswahl möglicher für die Realisierung einsetzbarer Technologien orientiert sich am aktuellen Stand der Technik und enthält nur Technologien,

[96] Vgl. Mehta und Cooper (Review and analysis) 2003, S. 32–35.
[97] Vgl. Unterabschnitt 2.2.3.
[98] Vgl. Kampker et al. (Produktion von Brennstoffzellenkomponenten) 2020, S. 4.

welche in Gesprächen mit Experten aus Forschung und Industrie diskutiert wurden, erhebt jedoch keinen Anspruch auf Vollständigkeit. Die dargestellten alternativen Lösungen spiegeln weitere Freiheitsgrade wider, welche bspw. in einer veränderten Reihenfolge oder in unter bestimmten Annahmen zusätzlichen bzw. entfallenden Schritten bestehen. Im Folgenden wird die Herstellung sequentiell anhand ausgewählter Fertigungstechnologien erläutert.

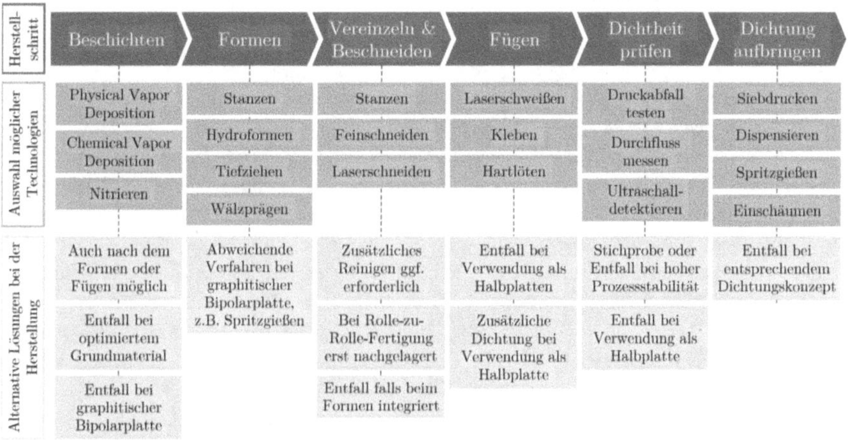

Abb. 2.7: Möglicher Ansatz zur Herstellung der BPP

Das Beschichten dient zum Schutz des Rohmaterials der BPP sowie der Brennstoffzelle insgesamt. Durch die feuchte, korrodierende Umgebung können Metallionen aus der BPP gelöst werden, welche die Funktionsfähigkeit von Membran und Katalysator senken. Die sich auf der BPP bildende Oxidschicht erhöht den Kontaktwiderstand. Starke Korrosion reduziert die Leistungsfähigkeit der Brennstoffzelle. Im Folgenden wird exemplarisch eine Beschichtungsmethode mittels physikalischer Gasphasenabscheidung (engl. physical vapor deposition, PVD) dargestellt. Das von TreadStone Technologies, Inc. geschützte LiteCell-Beschichtungsverfahren ist seit 2011 etabliert und demonstriert.[99] Dabei werden zwei Beschichtunsvorgänge nacheinander ausgeführt, um die Vorteile einer preiswerten, nicht leitenden, korrosionsbeständigen Schicht mit einer leitenden, hochwertigen Schicht auf lediglich 2 – 6% der Oberfläche zu verbinden. Zuerst wird eine kontinuierliche Korrosionsschutzschicht mittels PVD aufgetragen, beispielsweise per Unterdruck- oder Vakuumabscheidung. Als Schutzmaterial werden Metalloxide wie Titandioxid (TiO_2) verwendet. Anschließend werden leitende Kontaktpunkte aus Gold aufgetragen, welche die Schutzschicht durchdringen. Die hohe elektrische Leitfähigkeit von Gold ermöglicht trotz der geringen Kontaktflächen hohe Stromflüsse. Die nur stellenweise Auftragung reduziert die benötigte Goldmenge und damit die Materialkosten.[100] Alternative Lösungen zum Beschichten bestehen u.a. in der Reihenfolge. Schon beschichtete Metalle können preiswert eingekauft

[99] Vgl. Wang (Development of Low Cost PEMFC) 2011, S. 2–10.
[100] Vgl. ebd. 2011, S. 2–10.

werden. Die nachfolgenden Form- und Fügeschritte können aber die Oberfläche beschädigen und damit den Korrosionsschutz reduzieren. Um dies zu verhindern, kann die BPP erst nach dem Umformen beschichtet werden, jedoch ist in diesem Fall mit einem kostenintensiveren Bearbeitungsschritt für die Beschichtung zu rechnen. Im Fokus aller Überlegungen bezüglich der Bearbeitung der BPP sind daher die Faktoren Kosten, Gewicht, Form und Langlebigkeit abzuwägen. Über die Notwendigkeit eines Korrosionsschutzes für Edelstahl besteht Uneinigkeit in der Industrie; insbesondere neuartige Legierungen versprechen, eine Beschichtung obsolet zu machen.[101] Bei der graphitischen BPP entfällt der gesamte Schritt.

Das Formen der BPP, welche zunächst als Halbplatte erzeugt wird, kann mittels Stanzen erfolgen. Dabei werden Metallbleche unter hohem Druck und Geschwindigkeit zwischen Presse und Werkzeug plastisch in die gewünschte Form und Größe gebracht. Dieses Fertigungsverfahren ist etabliert und ermöglicht eine preisgünstige, schnelle und gleichmäßige Massenproduktion von BPP. Inbesondere durch Folgeverbundwerkzeuge können mehrere Prozessschritte nacheinander ausgeführt werden, was die Ausbringung erhöht. Dabei wird ein gewickeltes Stahlband in eine Stanzmaschine eingeführt, in der das Blech mittels Indexsystem fortlaufend durch mehrere Stationen geführt wird. Nachteilig kann sich jedoch ein hoher Werkzeugverschleiß auswirken. Als alternatives Fertigungsverfahren wird Hydroformen gehandelt. Dadurch werden bessere Oberflächeneigenschaften, genauere Dicken und engere Toleranzen möglich, gleichzeitig gilt ein geringerer Werkzeugverschleiß als vielversprechend. Die Technologie ist jedoch noch nicht in gleichem Maße etabliert und zeigt bisher längere Prozesszeiten gegenüber dem Stanzen.[102]

Beim Vereinzeln wird aus dem Stahlband die einzelne BPP auf ihre Endkontur gebracht. Hierzu bietet sich, insbesondere bei einer hydrogeformten BPP, das Laserschneiden an. Ein Laserstrahl wird dabei durch eine Linse fokussiert und trennt das Material mithilfe des exakt einstellbaren Energieeintrags auf. Ein zweidimensional bewegliches Portal oder eine Remote-Laser-Optik ermöglichen hohe Schneidgeschwindigkeiten.[103] Alternativ kann der Schritt beim Stanzen in den Umformprozess integriert werden, sodass er in diesem Fall, ähnlich zu einer spritzgegossenen oder -geprägten graphitischen BPP, entfällt.

Beim Fügen werden jeweils zwei Halbplatten zur BPP verbunden und die entstehenden Kanäle gegeneinander abgedichtet. Dies kann mittels Klebeverfahren, Schweißverfahren oder Dichtungselementen erfolgen. Das Laserschweißen bietet Vorteile bezüglich einer hohen Konsistenz und Reproduzierbarkeit, zudem zeigen die so aufgebrachten Schweißnähte einen geringen Verschleiß. Die Möglichkeit, dieses Fertigungsverfahren einfach zu automatisieren und hohe Schweißgeschwindigkeiten zu erreichen, ist für die Massenproduktion besonders relevant.[104]

[101] Vgl. Dur et al. (Effect of manufacturing process sequence) 2014, S. 790; vgl. Förstmann (Forschungs-Roadmap für die Industrialisierung) 2019, S. 24; vgl. Song et al. (Review on current research) 2020, S. 6–8.

[102] Vgl. Dundar et al. (Corrosion resistance characteristics) 2010, S. 3547; las Heras et al. (From the cell to the stack) 2018, S. 42; vgl. Kampker et al. (Produktion von Brennstoffzellenkomponenten) 2020, S. 19; vgl. Song et al. (Review on current research) 2020, S. 6f.

[103] Vgl. Kampker et al. (Produktion von Brennstoffzellenkomponenten) 2020, S. 20.

[104] Vgl. Patwa et al. (Laser Welding) 2010, S. 5; vgl. Pakmanesh und Shamanian (Effects of Process Parameters) 2017, S. 2389.

Dabei wird durch punktuelle Erwärmung des Metalls auf seine Schmelztemperatur mit einem fokussierten Laserstrahl eine stoffschlüssige Verbindung erzeugt. Eine Schutzgasatmosphäre kann zur Verhinderung von Korrosion und Kontamination eingesetzt werden. Dabei sind Schweißgeschwindigkeiten von bis zu $60m/min$ realistisch, um je nach Auslegung der BPP mehrere Meter Schweißnahtlänge in wenigen Sekunden zu erzielen.[105] Wird die BPP nicht als verbundenes Bauteil, sondern in Form von Halbplatten weiterverwendet, bspw. für den oben beschriebenen funktional geschnittenen Ansatz, entfällt der Schritt des Fügens. In diesem Fall ist jedoch ein alternatives Dichtkonzept erforderlich, welches die entfallene Abdichtfunktion der Verschweißung zwischen den Halbplatten kompensiert.

Das Prüfen der Dichtheit dient zur Qualitätskontrolle nach dem Fügen, um Undichtigkeiten frühzeitig zu entdecken. Mit dem Druckabfall-Verfahren kann die Übertrittsrate jeweils bilateral zwischen Anodenseite, Kathodenseite, Volumen der Kühlung und der Umgebung bestimmt werden. Dazu wird Luft als Prüfmedium in den Prüfling eingeleitet, sodass Leckagen durch Abfall des Luftdrucks im System detektiert werden können. Bisher sind keine einheitlichen Prüfanforderungen für BPP festgeschrieben, jedoch wird von einer Prüfsensibilität von mindestens $3 \cdot 10^{-2}$ $mbar\ L/s$ ausgegangen. Zur Erhöhung der Testgeschwindigkeit sind parallele Tests mehrerer BPP in einem Prüfsystem möglich.[106] Im heutigen industriellen Umfeld wird eine 100%-Prüfung durchgeführt, jedoch ist für die Massenproduktion eine Prozessstabilität anzustreben, welche stichprobenartige Prüfungen $< 1\%$ zulässt.[107] Auch dieser Schritt des Dichtheit Prüfens entfällt zunächst bei Weiterverwendung als Halbplatte.

Abschließend wird auf jede Seite der BPP eine Dichtung aufgebracht, um die Strömungskanäle der Anoden- und Kathodenseite in Kombination mit dem Subgasket der CCM nach außen abzudichten. Beim Siebdruckverfahren wird das Dichtungsmaterial per Düse zunächst auf ein feinmaschiges Gewebe aufgetragen und durch eine Kunststoffrakel durch die Bildbereiche gepresst. Überschüssiges Dichtungsmaterial wird durch die Rakel an den Rand des Siebs befördert, sodass es für den nächsten Druckvorgang zur Verfügung steht.[108] Alternativ kann es für andersartige Dichtkonzepte sinnvoll sein, keine Dichtung auf die BPP aufzubringen, sodass dieser Schritt entfällt.

Anhand der hier erläuterten sechs allgemeinen Schritte bei der Herstellung einer BPP ist ersichtlich, dass viele verschiedene Ansätze und Fertigungstechnologien existieren. Allein die für Abbildung 2.7 ausgewählten, in der heutigen Brennstoffzellenforschung und -fertigung vermehrt diskutierten Fertigungstechnologien bieten theoretisch insgesamt $3 \cdot 4 \cdot 3 \cdot 3 \cdot 3 \cdot 4 = 1.296$ Kombinationsmöglichkeiten zur Bildung einer Technologiekette zur Herstellung metallischer BPP. Zusätzliche Varianten entstehen durch die alternativen Lösungen, welche aufgrund grundlegender Unterschiede bei der Fertigung graphitischer Platten nicht quantitativ abgeschätzt werden können.

[105] Vgl. James et al. (Mass Production Cost Estimation) 2018, S. 157–161; vgl. Kampker et al. (Produktion von Brennstoffzellenkomponenten) 2020, S. 21.

[106] Vgl. James et al. (Mass Production Cost Estimation) 2018, S. 160; vgl. Kampker et al. (Produktion von Brennstoffzellenkomponenten) 2020, S. 22.

[107] Vgl. Nelissen (Formed Metal Fuel Cell Bipolar Plates) 2017, S. 442f.; vgl. James et al. (Mass Production Cost Estimation) 2018, S. 160.

[108] Vgl. Kampker et al. (Produktion von Brennstoffzellenkomponenten) 2020, S. 23.

2.3.2 Fertigung der Membran-Elektroden-Einheit

Wie in Unterabschnitt 2.2.3 erläutert, umfasst die Membran-Elektroden-Einheit (MEA) in der Regel die Protonenaustauschmembran, je Seite eine Katalysatorschicht sowie je Seite eine Gasdiffusionsschicht. Zum Aufbau einer solchen MEA dominieren zwei Ansätze, einerseits die katalysatorbeschichtete Membran (CCM) zur anschließenden Verbindung mit einer GDL und andererseits die Gasdiffusionselektrode (GDE) zur anschließenden Verbindung mit einer Membran. Die beiden Konzepte fasst Abbildung 2.8 zusammen.

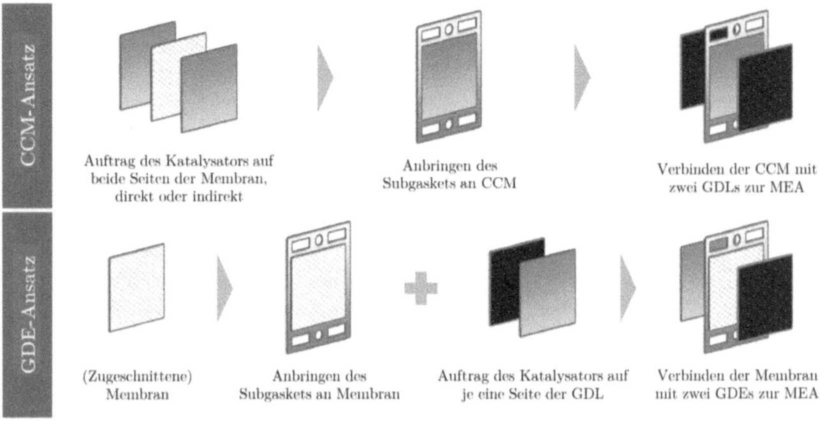

Abb. 2.8: Schematisches Vorgehen des CCM- und GDE-Ansatzes zur Herstellung der MEA

Beim CCM-Ansatz wird die Membran mit einer Katalysatortinte beschichtet und anschließend mit der GDL zu einer MEA gefügt. Je nach Art der Katalysatorbeschichtung kann dieser Ansatz weiter in den CCM-Direkt-Ansatz und CCM-Indirekt-Ansatz unterteilt werden. Bei Verfolgung des direkten Ansatzes wird der Katalysator direkt auf die Membran aufgetragen. Aufgrund der hohen Hydrophilie der Membran ist ein beschädigungsfreier Prozess jedoch sehr anspruchsvoll, sodass beim indirekten Ansatz zunächst eine Trägerfolie (engl. decal) mit dem Katalysator beschichtet wird. Durch Kalandern oder Heißpressen der Folie mit der Membran erfolgt anschließend die Übertragung des Katalysators auf die Membran, während die Decalfolie ähnlich wie ein Abziehbild wieder entfernt wird. Die CCM wird in einem letzten Schritt mit der GDL zu einer MEA verbunden. Der GDE-Ansatz beschreibt das Beschichten der GDL mit dem Katalysator. Die GDE wird anschließend mit einer Membran zu einer MEA gefügt. Der Beschichtungsprozess ist im GDE-Ansatz damit weniger aufwändig, jedoch können die Poren der GDL leichter verstopfen.[109] Neben diesen beiden vermehrt angewendeten Ansätzen sind weitere Varianten und Konzepte Gegenstand von Forschung und Entwicklung, bspw. vollständig mittels Trockenbeschichtung, Dünnschichtverfahren oder anderen additiver Fertigungsverfahren

[109] Vgl. Frölich (Der Decal-Prozess) 2014, S. 87–89; vgl. Kampker et al. (Produktion von Brennstoffzellenkomponenten) 2020, S. 9.

aufgebaute MEA.[110] Aufgrund einer im heutigen Umfeld wahrgenommenen häufigeren Anwendung wird der indirekte CCM-Ansatz im Folgenden näher vorgestellt. Ein möglicher Weg zur Herstellung der CCM ist in Abbildung 2.7 in Anlehnung an KAMPKER ET AL. dargestellt.[111]

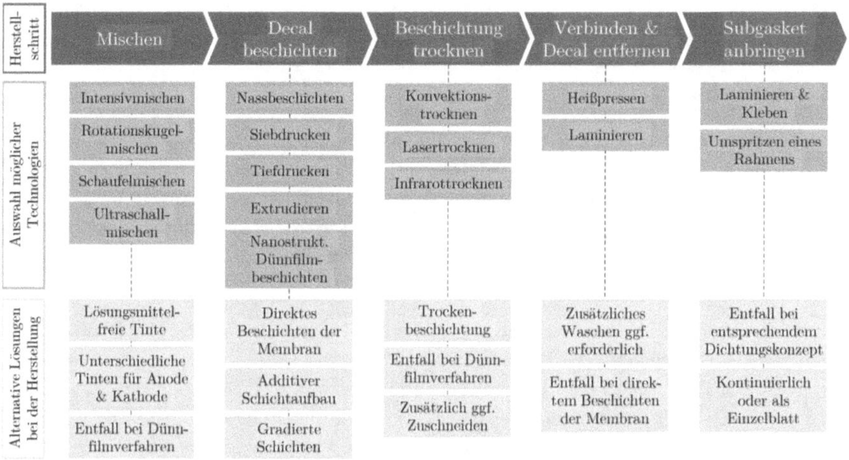

Abb. 2.9: Möglicher Ansatz zur Herstellung der CCM

Den allgemeinen Herstellungsschritten Mischen, Decal beschichten, Beschichtung trocknen, Verbinden & Decal entfernen sowie Subgasket anbringen werden Fertigungstechnologien und alternative Lösungen zugeordnet. Analog zu den Erläuterungen zur BPP orientiert sich die Auswahl möglicher Technologien am aktuellen Stand der Technik und enthält nur Technologien, welche in Gesprächen mit Experten aus Forschung und Industrie diskutiert wurden, erhebt jedoch keinen Anspruch auf Vollständigkeit. Die dargestellten alternativen Lösungen spiegeln weitere Freiheitsgrade wider.

Beim Mischen erfolgt die Herstellung der Katalysatortinte, wobei aufgrund unterschiedlicher Anforderungen separate Rezepturen für Anode und Kathode hergestellt werden. In beiden kommt ein Edelmetall wie Platin, Platin-Ruthenium oder Platin-Kobalt auf einem Kohlenstoffträgermaterial mit großer Oberfläche (engl. high surface carbon, HSC) zum Einsatz. Dieses Pulver wird mit weiteren Teilen Kohlenstoff, Ionomer und Lösungsmittel wie Wasser oder Isopropanol in einem Mischer durch Energieeintrag eines rotierenden Werkzeugs zu einer möglichst homogenen Katalysatortinte verarbeitet.[112] Bestrebungen zur Verbesserung bestehen von lösungsmittelfreien Tinten bis hin zu gänzlich trockenen Verfahren, bspw. entfällt das Mischen

[110] Vgl. Frölich (Der Decal-Prozess) 2014, S. 88; vgl. Mo et al. (Additive manufacturing) 2016, S. 3131–3134.
[111] Vgl. Kampker et al. (Produktion von Brennstoffzellenkomponenten) 2020, S. 4.
[112] Vgl. Jia et al. (Improved Oxygen Reduction Activity) 2015, S. 178; vgl. Kampker et al. (Produktion von Brennstoffzellenkomponenten) 2020, S. 6.

im herkömmlichen Sinn beim nanostrukturierten Dünnfilmverfahren (engl. nanostructured thin films, NSTF).[113]

Beim Decal Beschichten wird die jeweilige Katalysatortinte für Anode und Kathode auf je eine Trägerfolie, meist aus PTFE, aufgebracht. Die Nassbeschichtung mittels Schlitzdüse ermöglicht eine kontinuierliche, berührungsfreie, gleichmäßige und dosierte Auftragung der Katalysatorschicht über die gesamte Membran und ist als kontinuierliches Rolle-zu-Rolle-Verfahren für die Industrialisierung geeignet.[114]

Die jeweilige Katalysatorschicht muss anschließend getrocknet werden, sodass eine definierte Restfeuchte erreicht werden kann. Dies kann in einem Konvektionsofen mittels umströmender Luft mit definierten Temperaturzonen erfolgen.[115] In der Regel werden zusätzliche Systeme zur Qualitätskontrolle nachgeschaltet.[116] Sofern der nächste Schritt des Verbindens & Decal Entfernens nicht kontinuierlich, sondern stückweise durchgeführt wird, ist ein zusätzlicher Vereinzelungs- bzw. Schneidprozess erforderlich.

Per Heißpressen wird die getrocknete Katalysatorschicht vom Decal auf die Membran übertragen, sodass eine Verbindung der Schichten erzeugt wird. Das Decal wird anschließend entfernt. Der Schritt kann kontinuierlich durchgeführt werden, sodass Kathoden- und Anoden-Schicht parallel je einer Seite der Membran zugeführt und im Verbund zwischen ein Walzenpaar gebracht werden. Das temperierte Walzenpaar erwärmt die Membran auf ihre Glasübergangstemperatur und erzeugt einen konstanten Liniendruck, sodass eine gute Übertragbarkeit ermöglicht wird. Druck und Temperatur haben außerdem einen starken Einfluss auf die Güte der entstehenden mechanischen und elektrischen Verbindung.[117] Anschließend kann ein zusätzliches Säurewaschen der gefügten CCM zur Verringerung von Kontaminationen und Erhöhung der Leistungsfähigkeit durchgeführt werden.[118]

Auf jeder einzelnen CCM wird ein eigener Dichtungsrahmen, das Subgasket, angebracht. Hierdurch werden die Strömungskanäle nach außen abgedichtet, die einzelnen Zellen elektrisch isoliert und dem mechanischen Versagen des Stacks vorgebeugt. Die Dichtungen bestehen aus dünnen Polymerfolien, bspw. auf Basis von Polyethylenterephthalat (PET) oder Polyethylennaphthalat (PEN). Angepasst an die Maße der CCM werden diese so zugeschnitten, dass jeweils zwei Dichtungen wie Fensterrahmen beidseitig die CCM umschließen. Die beiden Lagen werden aufeinander, sowie an den Rand der CCM, laminiert. Die einander abgewandten Seiten der Dichtungslagen werden durch Wülste aus dünnen Klebetropfen mit den angrenzenden BPPs verbunden. Das Profil der BPP wird an den Kontaktflächen erhöht, um die Menge des benötigten Dichtungsmaterials zu minimieren und eine durchgehend geschlossene äußere Seite des

[113] Vgl. Frölich (Der Decal-Prozess) 2014, S. 88.
[114] Vgl. Crone (Slot Die Coating) 2016, S. 4; vgl. Bodner et al. (Enabling industrial production of electrodes) 2019, S. 12797.
[115] Vgl. Kampker et al. (Produktion von Brennstoffzellenkomponenten) 2020, S. 7.
[116] Vgl. Ulsh (Development of Real-Time Characterization Tools) 2018, S. 17–19.
[117] Vgl. Frölich (Der Decal-Prozess) 2014, S. 95–99; vgl. Kampker et al. (Produktion von Brennstoffzellenkomponenten) 2020, S. 8.
[118] Vgl. James et al. (Mass Production Cost Estimation) 2018, S. 131–133.

Stacks sicherzustellen.[119]

Die hier erläuterten fünf allgemeinen Schritte bei der Herstellung einer CCM zeigen, dass viele verschiedene Ansätze und Fertigungstechnologien existieren. Mit den für Abbildung 2.9 ausgewählten Fertigungstechnologien, welche für die ersten drei Schritte separat für Anode und Kathode benötigt werden, ergeben sich theoretisch insgesamt $2 \cdot (4 \cdot 5 \cdot 3) \cdot 2 \cdot 2 = 480$ Kombinationsmöglichkeiten zur Bildung einer Technologiekette. Aufgrund verschiedener Abhängigkeiten ist dies eine näherungsweise Abschätzung, wobei zusätzliche Varianten durch die alternativen Lösungen entstehen, welche nicht quantifiziert werden.

Die Membran[120] selbst sowie die GDL[121] werden im Rahmen dieses Kapitels für eine kompakte Darstellung des Stands der Technik als Zulieferkomponenten angenommen. Deren Alternativen zur Herstellung erweitern den Lösungsraum für eine Technologiekette zur Fertigung der gesamten MEA zusätzlich.

2.3.3 Fertigung des Stacks

Aus den Wiederholteilen Bipolarplatte und Membran-Elektroden-Einheit wird mithilfe zusätzlicher Komponenten der Stack aufgebaut. Je nach Produktgestalt zählen zu diesen Komponenten bspw. End- bzw. Spannplatten, Stromkollektoren, Dichtungen, eine Medienzuführung, ein Gehäuse und elektronische Geräte. Einen möglichen Weg zur Herstellung des Stacks mit den allgemeinen Herstellungsschritten Vormontieren & Stapeln, Komprimieren, Verspannen, Dichtheit prüfen, Finalisieren sowie Einfahren & Prüfen in Anlehnung an KAMPKER ET AL. zeigt Abbildung 2.10.[122]

---

119 Vgl. Chen et al. (High-rate roll-to-roll stack and lamination) 2016, S. 176f.; vgl. Iverson et al. (Fuel Cell Subassemblies) 2016; vgl. Kampker et al. (Produktion von Brennstoffzellenkomponenten) 2020, S. 10.

120 Für vertiefende Erläuterungen zur Herstellung der Membran siehe bspw. Toupin et al. (Techno-Economics) 2016; James et al. (Mass Production Cost Estimation) 2018, S. 109–116.

121 Für vertiefende Erläuterungen zur Herstellung der GDL siehe bspw. Schweiss (Kohlenstofftechnologie für Gasdiffusionsschichten) 2018; Kampker et al. (Produktion von Brennstoffzellenkomponenten) 2020, S. 11–16.

122 Vgl. Kampker et al. (Produktion von Brennstoffzellensystemen) 2020, S. 5–6.

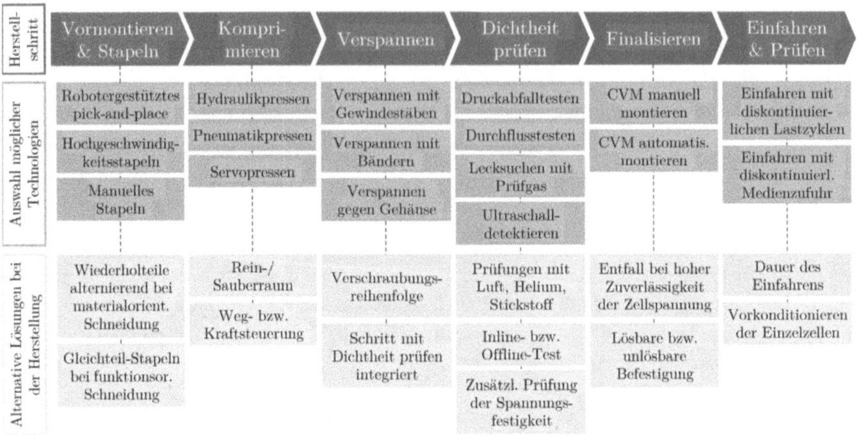

Abb. 2.10: Möglicher Ansatz zur Herstellung des Brennstoffzellenstacks

Zunächst ist eine Vormontage der Wiederholteile MEA und BPP möglich, sodass anschließend ein stets gleiches Wiederholteil vorliegt. In Vorbereitung zum Stapeln werden eine Endplatte und ein Stromkollektor montiert, wobei ggf. eine entsprechende Vorrichtung zum Einsatz kommt. Die Wiederholteile werden anschließend je nach Ansatz alternierend oder als Gleichteil gestapelt. Bei heutigen Stückzahlen übernimmt häufig ein Pick-and-Place-Roboter das Stapeln, für die industrielle Großserienproduktion wird diese Technologie jedoch für zu langsam betrachtet, sodass bspw. bahngeführte Lösungen zum Hochgeschwindigkeitsstapeln Gegenstand der Forschung sind. Nach dem Stapeln der Wiederholteile wird der Stack wiederum mit Stromkollektor und Endplatte sowie ggf. Medienzuführung und Dichtung abgeschlossen.[123]

Beim Komprimieren wird der Stack verpresst, sodass die einzelnen Komponenten gestaucht werden, um für eine höhrere Dichtheit des Stacks sowie verringerte Kontaktwiderstände zwischen den Komponenten zu sorgen. Dabei ist die Kombination aus Presskraft und -weg regelungstechnisch abzubilden, da die Gleichmäßigkeit der Verpressung hohe Relevanz für die resultierende Leistungsdichte und Lebensdauer des Stacks besitzt.[124]

Durch das Verspannen wird der komprimierte Stack in seiner Position fixiert. Hierbei können je nach Produktgestalt verschiedene Konzepte verfolgt werden, bspw. das Verspannen mittels Gewinde-Zugstäben oder mittels Spannbändern. Zugstäbe werden durch die an den Endplatten vorgesehenen Bohrungen geführt und gegen die Endplatten verschraubt. Alternativ werden

[123] Vgl. Porstmann et al. (Overcoming the Challenges) 2019, S. 6–8; vgl. Kampker et al. (Produktion von Brennstoffzellensystemen) 2020, S. 7.

[124] Vgl. Lai et al. (Stack Compression) 2004, S. 1–4; vgl. James et al. (Mass Production Cost Estimation) 2018, S. 161–165; vgl. Porstmann et al. (Overcoming the Challenges) 2019, S. 7–9.

Spannbänder kraftschlüssig mittels Schellen, stoffschlüssig bspw. mittels Schweißen oder formschlüssig bspw. durch Crimpen an ihren Enden miteinander verbunden.[125]

Um die Dichtheit des Stacks zu prüfen, kann eine Druckabfall- oder eine Durchflussprüfung durchgeführt werden. In einer Inline- oder Offline-Teststation werden die Medienzuführungen des Stacks mit Prüfgasquellen verbunden. Für den Druckabfalltest werden alle Ausgänge des Stacks verschlossen, das zu prüfende Volumen mit Prüfgas geflutet und anschließend der Druckabfall über ein Zeitintervall gemessen. In der Regel werden Anoden-, Kathoden- und Kühlmittelvolumen separat geprüft.[126] Zu diesem Schritt kann auch eine Prüfung der Spannungsfestigkeit zählen.[127]

Beim Finalisieren werden weitere Montageumfänge bearbeitet, wie die Installation einer Zellspannungsüberwachung (engl. cell voltage monitoring, CVM). Dazu wird jede Bipolarplatte einzeln unter Verwendung eines Epoxidharzes kontaktiert. Zudem werden bspw. Stromschienen für den Leistungsausgang des Stacks mit den Stromkollektoren verschraubt und der Stack in ein Gehäuse montiert.[128] Damit ist die Montage des Stacks abgeschlossen.

Der letzte Schritt beinhaltet das Einfahren & Prüfen des montierten Stacks. Bei der auch als Konditionierung des Stacks bezeichneten erstmaligen Inbetriebnahme mit Reaktionsmedien wird die Leistung des Stacks eingestellt. Die genauen Wirkmechanismen sind heute noch nicht vollständig verstanden, sicher ist jedoch ein Aktivierungsvorgang der MEA, welcher auch Break-In genannt wird. Dabei werden Reste der Lösungsmittel aus der Produktion ausgewaschen, die aktive Fläche des Katalysators erhöht und die relative Feuchtigkeit eingestellt. Die durch die Polarisationskurve[129] beschriebene Leistungskennlinie der Brennstoffzelle wird aufgezeichnet. Die Zellspannung steigt dabei degressiv mit der Einfahrzeit, sodass ein Kompromiss aus akzeptabler Prozesszeit und erreichtem Leistungsniveau getroffen werden muss.[130]

Auch für den Stack existieren damit verschiedene Wege der Herstellung. Die in Abbildung 2.10 ausgewählten Fertigungstechnologien bieten näherungsweise theoretisch insgesamt $3 \cdot 3 \cdot 3 \cdot 4 \cdot 2 \cdot 2 = 432$ Kombinationsmöglichkeiten zur Bildung einer Technologiekette. Mit Einbezug der alternativen Lösungen ist in der Realität von noch deutlich mehr Möglichkeiten zur Herstellung des Stacks auszugehen.

125 Vgl. James et al. (Mass Production Cost Estimation) 2018, S. 164f.; vgl. Kampker et al. (Produktion von Brennstoffzellensystemen) 2020, S. 9.
126 Vgl. ebd. 2020, S. 10.
127 Vgl. Ekdunge (Towards zero emissions) 2019, S. 8.
128 Vgl. Kampker et al. (Produktion von Brennstoffzellensystemen) 2020, S. 11.
129 Vgl. Unterabschnitt 2.2.1.
130 Vgl. Yuan et al. (A review of accelerated conditioning) 2011, S. 9097f.; Ekdunge (Towards zero emissions) 2019, S. 10f.; vgl. Kim et al. (Development of Optimal Conditioning Method) 2020, S. 1–4.

2.4 Kosten- und Stückzahlstrukturen in der Fertigung von Brennstoffzellen

Eines der größten Hemmnisse für die Industrialisierung von Brennstoffzellen stellen deren Kosten dar, welche vor allem die bei der Anschaffung einer Brennstoffzelle dominierenden Material- und Fertigungskosten, jedoch ebenso die im Betrieb auftretenden Kosten für Wartung und Reparatur sowie den Energieträger Wasserstoff umfassen.[131] Aus techno-ökonomischen Gründen sind insbesondere die Herstellkosten eines derartigen Systems eng mit der produzierten Stückzahl verknüpft, sodass Kosten und Stückzahl nicht vollkommen unabhängig voneinander betrachtet werden können.[132]

2.4.1 Beispielrechnung für Stückzahlen in der Großserienproduktion

Auf dem Weg zur Großserienproduktion ist insbesondere die Herstellung der Wiederholteile Bipolarplatte und Membran-Elektroden-Einheit von technologischer Relevanz, wie in den vorherigen Abschnitten erläutert. Für eine genauere Einordnung ist die Bezeichnung Großserie zu konkretisieren, eine allgemeingültige Definition existiert jedoch nicht. Im Automotive-Segment wird von einer Mittel- oder Großserie bei mindestens 10.000 Stück pro Jahr[133] oder 1.000 Stück pro Monat[134] gesprochen. Im Rahmen dieser Arbeit bezeichnet eine Großserienproduktion daher ein Fertigungssystem mit einer Ausbringung einer fünf- bis sechsstelligen Anzahl an Brennstoffzellenstacks pro Jahr. Für einen Überblick über benötigte Produktionsvolumen der Wiederholteile wird eine Beispielrechnung in Anlehnung an SCHÖN durchgeführt, um die Dimension einer dazu geeigneten Fertigung einordnen zu können.[135]

Produktseitig wird ein Brennstoffzellenstack mit einer Leistung von ca. $100kW$ angenommen, welches mit 400 einzelnen Brennstoffzellen eine Nennspannung von ca. $400 \cdot 650mV = 260V$ erzeugt. Dieses soll mit metallischen Bipolarplatten analog zu den Ausführungen in Abschnitt 2.3 aufgebaut werden. Bei 500.000 Stacks pro Jahr mit je 400 einzelnen BPP ergibt sich ein Bedarf von 200 Mio. BPP pro Jahr. Mit 250 Arbeitstagen im Jahr und Fertigung in drei Schichten rund um die Uhr ergibt sich eine Taktzeit von $0,108s$ je BPP. Mit zwei Halbplatten pro BPP müssen 18,52 fehlerfreie Halbplatten je Sekunde hergestellt werden. Gegenüber dem heutigen industriellen Umfeld mit Taktzeiten von einigen Sekunden für die Fertigung einer Bipolarplatte entspricht dies einer Steigerung um ein bis zwei Größenordnungen. Die Beispielrechnung fasst Tabelle 2.1 der Übersichtlichkeit halber zusammen.

[131] Vgl. Wang (Barriers of scaling-up fuel cells) 2015, S. 510f.; vgl. Wang et al. (Progress on design and development) 2018, S. 354; vgl. Wei et al. (Fuel Cell Systems) 2019, S. 29.
[132] Vgl. Kampker et al. (Challenges towards large-scale fuel cell production) 2020, S. 29292.
[133] Vgl. Lässig et al. (Serienproduktion von hochfesten Faserverbundbauteilen) 2012, S. 25.
[134] Vgl. N.N. (Serienfertigung) 2019; vgl. N.N. (Serienfertigung) 2021.
[135] Vgl. Schön (Technology trends) 2019, S. 7.

Annahme	Berechnete Größe	Bezugsgröße	Wert	Einheit
Gesamtbedarf an Stacks		pro Jahr	500.000	
Anzahl an BPP		je Stack	400	
	Gesamtbedarf an BPP	pro Jahr	200.000.000	
Arbeitstage		pro Jahr	250	
Gesamtarbeitszeit		pro Arbeitstag	24	h
	Benötigte Taktzeit	je BPP	0,108	s
Halbplatten		je BPP	2	
	Herzustellende Halbplatten	pro Sekunde	18,52	

Tab. 2.1: Beispielrechnung zur Stückzahl an BPP in der Großserienfertigung

Für die Abschätzung des Bedarfs an Membran-Elektroden-Einheiten wird der CCM-Ansatz nach Abschnitt 2.3 herangezogen. Bei 500.000 Stacks pro Jahr mit je 400 einzelnen MEA und $300cm^2$ aktiver Fläche je MEA ergibt sich ein Bedarf von $6 \cdot 10^6 m^2$ MEA und damit auch CCM pro Jahr.[136] Mit 250 Arbeitstagen im Jahr und Fertigung in drei Schichten rund um die Uhr müssen $1000m^2$ fehlerfreie CCM je Stunde ausgebracht werden. Können mehrere Zellen parallel über eine Breite von insgesamt $1m$, beide Seiten separat und nacheinander, beschichtet werden, ist eine kontinuierliche Beschichtungsgeschwindigkeit von $33,3m/min$ erforderlich. Gegenüber dem heutigen industriellen Umfeld mit Beschichtungsgeschwindigkeiten von einigen Metern pro Minute entspricht dies einer Steigerung um einige hundert Prozent. Beschichtungsgeschwindigkeiten von ca. $80m/min$ werden bspw. in der Batterieproduktion erreicht und somit anlagentechnisch machbar. Tabelle 2.2 der Übersichtlichkeit halber zusammen.

Annahme	Berechnete Größe	Bezugsgröße	Wert	Einheit
Gesamtbedarf an Stacks		pro Jahr	500.000	
Anzahl an MEA		je Stack	400	
Aktive Fläche		je MEA	300	cm^2
	Gesamtbedarf an MEA	pro Jahr	6.000.000	m^2
	Gesamtbedarf an CCM	pro Jahr	6.000.000	m^2
Arbeitstage		pro Jahr	250	
Gesamtarbeitszeit		pro Arbeitstag	24	h
	Herzustellende CCM	je Stunde	1.000	m^2
Beschichtungsbreite			1	m
	Ben. Beschichtungsgeschwindigkeit		33,3	m/min

Tab. 2.2: Beispielrechnung zur Ausbringung an CCM in der Großserienfertigung

136 Die hier dargestellte vereinfachte Beispielrechnung vernachlässigt mögliche Überlappungen und Verschnitt.

2.4.2 Absolute und relative Kostenbetrachtungen

Parallel zur verstärkten Erforschung und Weiterentwicklung der Brennstoffzelle aus technischer Sicht in den vergangenen ca. zwei Jahrzehnten ist auch die Kostensicht Gegenstand zahlreicher Untersuchungen.[137] Im Auftrag des DOE sind mehrere teils jährliche Studien zur Kostenanalyse erschienen, welche dediziert die Kosten entlang des Herstellungsprozesses von Brennstoffzellen bottom-up zusammenstellen.[138] Einer Top-Down-Betrachtung des bestehenden Systems im Toyota Mirai[139] widmet sich JAMES.[140] Parameterbasierte Kostenmodellierungen mithilfe von Methoden wie Lernkurven oder Regression liefern TSUCHIYA UND KOBAYASHI[141] oder WEHRHAHN[142]. Zwar bieten Letztere valide methodische Ansätze, jedoch werden diese aufgrund ihrer nicht mehr gesicherten Aktualität in Bezug auf die Brennstoffzelle im Folgenden nicht weiter berücksichtigt.

YANG analysiert die Kosten für ein Brennstoffzellensystem mit einer elektrischen Nettoleistung von $80kW_{net}$ für ein theoretisches Produktionsvolumen von 500.000 Systemen pro Jahr. Die Kosten für das Stack summieren sich auf $29,88\$/kW_{net}$ und zeichnen damit für ca. 50% der Gesamtsystemkosten von $59,30\,\$/kW_{net}$ verantwortlich.[143] In der zuletzt erschienenen Kostenanalyse des DOE betrachten JAMES ET AL. ebenfalls ein Brennstoffzellensystem mit einer elektrischen Nettoleistung von $80kW_{net}$ für ein theoretisches Produktionsvolumen von 500.000 Systemen pro Jahr, wobei drei Szenarien bezogen auf den Fortschritt der Produkttechnologie gebildet werden. Für das Stack im Produkttechnologieszenario 2020 ergeben sich $15,51\,\$/kW_{net}$, was lediglich rund 37% der hier vergleichsweise optimistischen Gesamtsystemkosten von $41,60\,\$/kW_{net}$ beträgt.[144] Auch THOMPSON ET AL. schätzen die Kosten für ein Brennstoffzellensystem mit einer elektrischen Nettoleistung von $80kW_{net}$ für ein theoretisches Produktionsvolumen von 500.000 Systemen pro Jahr ab. Die Stackkosten betragen hier $19,14\,\$/kW_{net}$ und liegen damit zwischen den Werten der beiden zuvor genannten Studien. Die Gesamtsystemkosten verteilen sich damit zu 44% auf den Stack und zu 56% auf die BOP.[145]

Die detailliertere Kostenstruktur innerhalb des Stacks mit $80kW_{net}$ Leistung bei einer jährlichen Stückzahl von 500.000 Stacks fasst Abbildung 2.11 zusammen.[146] Aus allen drei Analysen geht die Katalysatorschicht mit einem Anteil von ca. 50% der Kosten des Stacks als größter Kostentreiber hervor, gefolgt von der Bipolarplatte mit einem Anteil von 22 – 24%. Die weiteren Stackkomponenten, zu denen bspw. Endplatten, Stromkollektoren und Dichtungen gehören, spielen nur eine untergeordnete Rolle.

[137] Vgl. Wei et al. (Fuel Cell Systems) 2019, S. 29.
[138] Vgl. James et al. (Mass Production Cost Estimation) 2016; vgl. James et al. (Mass Production Cost Estimation) 2017; vgl. James et al. (Mass Production Cost Estimation) 2018.
[139] Modelljahr 2014.
[140] Vgl. James (Fuel Cell Vehicle and Bus Cost Analysis) 2016, S. 16.
[141] Vgl. Tsuchiya und Kobayashi (Mass Production Cost) 2004.
[142] Vgl. Wehrhahn (Kosten von Brennstoffzellensystemen) 2008.
[143] Vgl. Yang (PEM Fuel Cell System) 2015, S. 9f.
[144] Vgl. James et al. (Mass Production Cost Estimation) 2018, S. 39f.
[145] Vgl. Thompson et al. (Direct hydrogen fuel cell electric vehicle cost analysis) 2018, S. 310.
[146] Eigene Darstellung mit Daten aus Yang (PEM Fuel Cell System) 2015, S. 9; James et al. (Mass Production Cost Estimation) 2018, S. 39; Thompson et al. (Direct hydrogen fuel cell electric vehicle cost analysis) 2018, S. 310.

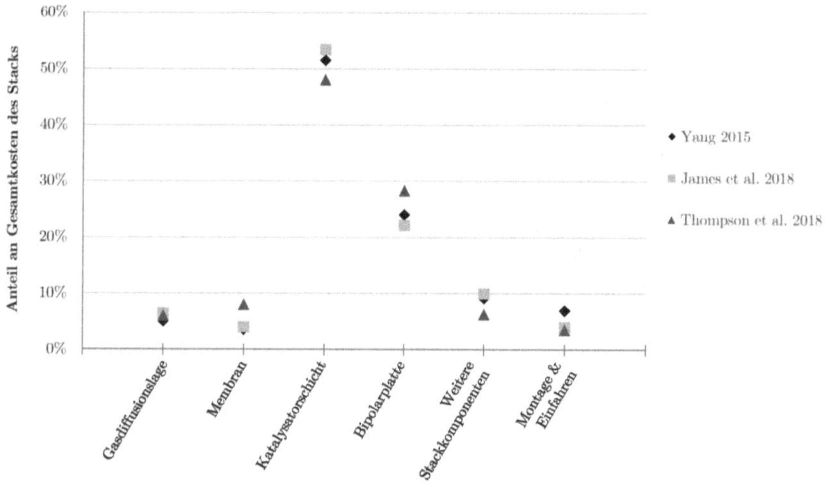

Abb. 2.11: Anteile an den Gesamtkosten eines Stack mit $80kW_{net}$ bei 500.000 Stück p.a.

Im Vergleich mit einem konventionellen Antriebsstrang mit Verbrennungsmotor, dessen Kosten im Bereich von $44 - 55€/kW$ liegen,[147] zeigen die Analysen, dass mit einer skalierten Brennstoffzellenproduktion das Erzielen vergleichbarer Kosten realistisch ist. Jedoch sind diese theoretischen Betrachtungen noch weit von der heutigen Produktionslandschaft entfernt, sodass bei den vorherrschenden Stückzahlen von weniger als einhundert bis zu einigen tausend Stacks pro Jahr mit sehr unterschiedlichen, kaum standardisierten Varianten die Kosten auf Stack- und Systemebene deutlich höher liegen.[148] Die von James et al. analog zur oben erläuterten Kostenanalyse durchgeführten Betrachtung von 1000 Stacks pro Jahr zeigt einen Kostenpunkt von $106,25\,\$/kW_{net}$. Zudem ist hier das Verhältnis aus Stack- zu BOP-Kosten mit 63% zu 37% nahezu exakt umgekehrt.[149] Eine Top-Down-Analyse, die für das Toyota Mirai Brennstoffzellensystem durchgeführt wurde, schätzt einen Preispunkt von $200\,\$/kW$ auf Systemebene,[150] jedoch wird allgemein angenommen, dass Toyota sowie andere Hersteller ihre FCEV heute nicht kostendeckend verkaufen, sodass tatsächliche Kosten darüber liegen dürften. Basierend auf der in Abschnitt 1.1 vorgestellten Expertenstudie geben Kampker et al. die heute tatsächlichen Kosten mit $400 - 490€/kW$ auf Stackebene an.[151]

147 Vgl. Neuhausen et al. (Staying profitable in the) 2020, S. 6.
148 Vgl. Kampker et al. (Challenges towards large-scale fuel cell production) 2020, S. 29292.
149 Vgl. James et al. (Mass Production Cost Estimation) 2018, S. 39.
150 Vgl. James (Fuel Cell Vehicle and Bus Cost Analysis) 2016, S. 16.
151 Vgl. Kampker et al. (Challenges towards large-scale fuel cell production) 2020, S. 29292.

2.5 Handlungsbedarf aus der Praxis

Das übergeordnete Ziel dieser Arbeit, welches im Aufbau einer Methodik zur Gestaltung und Bewertung von Technologieketten auf dem Weg zur Großserienproduktion von Brennstoffzellen liegt, wurde in Kapitel 1 motiviert. Dazu wurde eine Forschungsfrage formuliert, welche diese Zielsetzung durch die Gestaltung und Bewertung von skalierbaren Technologieketten konkretisiert. Um diesen Handlungsbedarf herzuleiten und durch die Analyse des heutigen Produktionsumfelds zur Brennstoffzelle präzise zu belegen, wurden in Kapitel 2 die mit der Fertigung von Brennstoffzellen verbundenen Herausforderungen aufgezeigt.

In Abschnitt 2.1 wurde der aktuelle Markt zu Brennstoffzellen sowie dessen aus diversen Perspektiven prognostizierte zukünftige Entwicklung beschrieben. Dazu wurden verschiedene Anwendungsbereiche betrachtet, in denen Brennstoffzellen für elektrifizierte Antriebe eine Relevanz zugesprochen wird. Hierbei wurde deutlich, dass die Bedeutung der Brennstoffzelle in allen Anwendungsbereichen zunehmen wird, wobei Unterschiede je nach Anwendung, bspw. Personenkraftwagen oder Nutzfahrzeugen, zu erwarten sind. In welcher Größenordnung und in welcher Geschwindigkeit sich die Brennstoffzelle für diese Anwendungen tatsächlich durchsetzen wird, ist jedoch noch mit erheblichen Unsicherheiten behaftet. Als Anforderung an die Theorie ergibt sich hieraus, dass die zu fertigende Stückzahl als eine wesentliche Gestaltungs- und Bewertungsgröße zu berücksichtigen ist. Die Theorie muss eine Planbarkeit ohne eine in engen Grenzen festzulegende Stückzahl ermöglichen. Eine signifikante Steigerung der Stückzahl soll ebenso abgebildet werden können wie die damit verbundene Unsicherheit bei der Festlegung. Die zukünftige Nachfrage ist von einer Vielzahl von Einflüssen abhängig, welche durch die Technologie Brennstoffzelle selbst kaum oder gar nicht beeinflussbar sind, bspw. politische Entscheidungen, unternehmerischen Strategien und gesellschaftliche Rahmenbedingungen. Die Methodik muss daher einen Ansatz bieten, verschiedene Szenarien, für welche sich die Eintrittswahrscheinlichkeiten aufgrund dieser vielschichtigen Dynamik nicht ohne Weiteres a priori festlegen lassen, einzubeziehen.

Anschließend wurde in Abschnitt 2.2 die Produktarchitektur von Brennstoffzellen detailliert betrachtet. Zur Erläuterung der technischen Grundlagen sowie des Funktionsprinzips wurden die einzelnen Komponenten zu dessen physikalischer Umsetzung dargestellt. Die Analyse zeigte, dass eine allgemeingültige Produktarchitektur von Brennstoffzellen nicht existiert. Vielmehr bestehen verschiedene Möglichkeiten, die Teilfunktionen für eine ordnungsgemäße Gesamtfunktionalität der Brennstoffzelle durch die Auslegung unterschiedlicher Einzelkomponenten zu erfüllen. Allen denkbaren Produktarchitekturen ist dabei gemein, dass die in ein und derselben Brennstoffzelle eingesetzten Einzelkomponenten in ihren Eigenschaften sehr heterogen ausgeprägt sind und aus grundsätzlich verschiedenen Werkstoffen bestehen. Diese Eigenschaften stehen in starker Wechselwirkung mit der Produktion, durch welche ebendiese Eigenschaften erzeugt werden. Dabei wurde deutlich, dass das Produkt Brennstoffzelle kein klassisches Bauteil aus dem Maschinenbau ist, sondern in seinem Aufbau, welcher i.A. unter der Zielgröße Volumeneffizienz gestaltet wird, erhebliche Komplexität besitzt. Eine große Anzahl an Teilkomponenten mit gänzlich verschiedenen, nicht-trivialen Eigenschaften muss synchronisiert betrachtet werden. Als Anforderung an die Theorie wird daher abgeleitet, dass diese eine systematisch-hierarchische Dekomposition der Produktarchitektur unterstützen muss. Nur mit einer systematischem, d.h. strukturierten und konsistenten Beschreibung möglicher Einzelkomponenten kann überhaupt die Basis geschaffen werden, um die zugehörige Herstellung dieser Komponenten auf vergleichbare Weise zu untersuchen. Diese Beschreibung benötigt zudem eine Hierarchie, um von Detailausprägungen stets auf allgemeinere Eigenschaften schließen und Gruppierungen auf das Gesamtprodukt zurückführen zu können. Als weitere Anforderung an die Theorie ergibt sich der Einbezug eines heterogenen Technologie-Kompetenzspektrums, welcher in den unterschiedlichen Eigenschaften und Materialien der Komponenten begründet ist. Zudem sollte die Theorie ein Instrument vorsehen, welches die technische Realisierbarkeit dieser Eigenschaften in generischer Form sicherstellt, da nur so Produkte hergestellt werden, die schlussendlich funktionsfähig sind.

In Abschnitt 2.3 wurde die Betrachtung auf die Produktion von Brennstoffzellen fokussiert. Anhand der Erläuterungen wurde verdeutlicht, dass die Fertigung von Brennstoffzellen anhand verschiedener Ansätze erfolgen kann. Die Fertigung ist dabei eng verknüpft mit den jeweils zu fertigenden Komponenten und deren während der Herstellung entstehenden Zwischenzuständen. Jedoch ist auch bei der Herstellung einer bestimmten Komponente die Abfolge der Fertigungstechnologien weder in ihrer Auswahl noch in ihrer Reihenfolge fest etabliert. Zwar haben sich verschiedene Lösungen als technisch besser oder schlechter durchführbar erwiesen, eine Standard- oder industrieseitige Referenz-Technologiekette kann dabei jedoch nicht identifiziert werden. Neben reifen, erprobten Fertigungstechnologien sind auch Ansätze mit neuen Technologien in der Diskussion, welche noch einen geringen Reifegrad aufweisen. Ohne Anspruch auf Vollständigkeit wurden 1.296 Möglichkeiten zur Herstellung der metallischen BPP, 480 Möglichkeiten zur Herstellung der CCM und 432 Möglichkeiten zur Herstellung des Stacks theoretisch ermittelt. Aus der Vielzahl der aufgezeigten Ansätze und Technologien kann gefolgert werden, dass keine Eindeutigkeit der Technologiekette zur Fertigung von Brennstoffzellen existiert. Vor allem in Bezug auf eine Großserienproduktion besteht erhebliche Unsicherheit über die zum Einsatz kommenden Fertigungstechnologien. Als Anforderung an die Theorie kann auch hier gefolgert werden, dass zunächst eine systematisierende Beschreibung der Alternativen bei der Herstellung einer Brennstoffzelle unterstützt werden muss. Darauf aufbauend ist eine Berücksichtigung von Technologien unterschiedlicher Reifegrade auf theoretischer Ebene notwendig. Insbesondere bei unreifen, aber zukunftsträchtigen Technologien ist eine Aussage über ihre mögliche zukünftige Entwicklung und damit industrielle Eignung erstrebenswert, da sie nur so sinnvoll in die Überlegungen einbezogen werden können. Daher wird als weitere Anforderung die Verankerung der Unsicherheit in Bezug auf zukünftige Technologien abgeleitet. Da sich gewisse gegenseitige Kombinationen einiger Technologien in der Abfolge bei der Fertigung stark beeinflussen oder sogar ausschließen können, wird als letzte Anforderungen die Berücksichtigung von Interdependenzen zwischen den Fertigungstechnologien gestellt.

Die Kernherausforderung der Marktdurchdringung von Brennstoffzellen, welche in den aktuell hohen Kosten liegt, wurde in Abschnitt 2.4 aufgearbeitet. Trotz einer ausgeprägten Studienlandschaft zu den Material- und Produktionskosten von Brennstoffzellen ist ein direkter Rückschluss auf in der heutigen Industrie tatsächlich enstehende Kosten nicht oder nur bedingt möglich. Sicher ist hier ein signifikanter Einfluss von Skaleneffekten, sodass die Kosten bei steigender herzustellender Stückzahl erheblich sinken können. In welcher Form und zu welchem Zeitpunkt dies erfolgen kann, ist jedoch stark umstritten. Dies ist insbesondere auf die bisher nur im Prototypen- oder höchstens Kleinserienmaßstab hergestellten Brennstoffzellen heutiger Hersteller zurückzuführen. Basierend auf Fertigungstechnologien, welche sich dabei bspw. aus Laboren in Forschungseinrichtungen durch „try-and-error" als machbar für die Herstellung einer Brennstoffzelle herausgestellt haben, ist der Lösungsraum für die Großserienproduktion stark eingeschränkt. Als Anforderung an die Theorie wird daher die Möglichkeit einer offenen Lösungsfindung, d.h. ohne Notwendigkeit einer bekannten Referenz-Fertigung, welche als Absprungbasis für die Gestaltung einer Fertigung einer höheren Skalierungsstufe dienen würde, formuliert. Bei der Berücksichtigung monetärer Zielgrößen ist dabei von inhomogenen Informationsquellen auszugehen, sodass deren Unterstützung als eine weitere Anforderung an die Theorie abgeleitet wird.

Abbildung 2.12 fasst die zentralen Herausforderungen, welche in Abschnitt 2.1 bis Abschnitt 2.4 aus der Praxis hergeleitet wurden, samt ihrer zugeordneten Anforderungen an die Theorie zusammen. In Abschnitt 3.1 werden die Anforderungen an die Methodik näher erläutert. Insgesamt hat das nachfolgende Kapitel 3 zum Ziel, bestehende Forschungsergebnisse in Bezug auf die Erfüllung dieser Anforderungen zu untersuchen und zu bewerten.

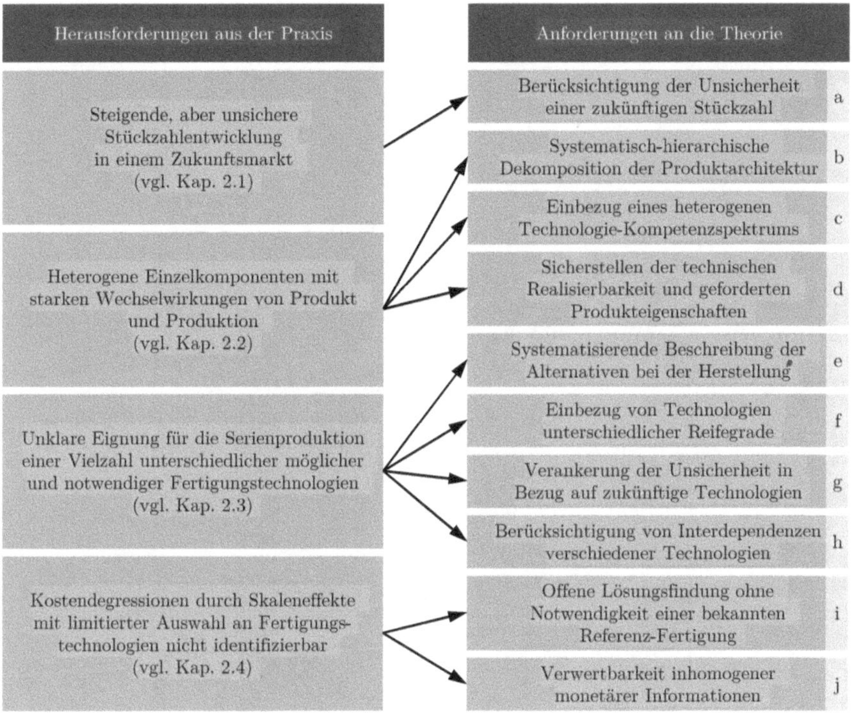

Abb. 2.12: Herausforderungen aus der Praxis

3 Grundlagen der Technologieplanung in der Theorie

Ziel dieses Kapitels ist die Herleitung des Handlungsbedarfs aus der Theorie, nachdem im vorangegangenen Kapitel 2 der Handlungsbedarf aus der Praxis dargestellt wurde. Dazu werden in Abschnitt 3.1 ausgehend von den in Abschnitt 2.5 hergeleiteten Anforderungen an die Theorie zunächst inhaltliche Anforderungen an die Methodik konsolidiert. In Abschnitt 3.2 wird anschließend die Standardliteratur aus dem Forschungsfeld der Technologieplanung aufgearbeitet, welches den Gestaltungsbereich dieser Arbeit bildet. Bestehende quantitative und heuristische Methoden und Werkzeuge, welche zur Gestaltung und Bewertung von Technologieketten dienlich sind, werden in Abschnitt 3.3 vorgestellt. Für eine Einordnung bestehender Forschungsergebnisse zur Gestaltung und Bewertung von Technologieketten sowie angrenzender, verwandter Arbeiten werden diese in Abschnitt 3.4 tiefergehend analysiert und im Hinblick auf ihre jeweilige Erfüllung der inhaltlichen Anforderungen an die Methodik untersucht. Abschließend wird in Abschnitt 3.5 der Handlungsbedarf aus der Theorie abgeleitet.

3.1 Anforderungen an die Methodik

Für eine zielgerichtete, ergebnisorientierte und zugleich lösungsoffene Forschung bietet sich die Formulierung von Anforderungen an.[152] So kann sichergestellt werden, dass die in Kapitel 4 und Kapitel 5 zu entwickelnde Methodik tatsächlich eine Gültigkeit für die bestehenden Herausforderungen aus Praxis und Theorie bietet. Dabei kann zwischen inhaltlichen und formalen Anforderungen unterschieden werden. Die inhaltlichen Anforderungen dienen gleichzeitig als Kriterien für die Einordnung der bestehenden Forschungsergebnisse in Abschnitt 3.4.

3.1.1 Inhaltliche Anforderungen

Die aus den Herausforderungen aus der Praxis abgeleiteten Anforderungen an die Theorie liegen bisher als Sammlung vor, jedoch ohne mögliche Überschneidungen zu prüfen oder verwandte Anforderungen zu gruppieren. Daher werden die Anforderungen an die Theorie zu inhaltlichen Anforderungen an die Methodik überführt und auf eine handhabbare Anzahl reduziert. Dabei werden Überschneidungen und Ähnlichkeiten berücksichtigt und die Anforderungen einem

[152] Vgl. Sarovic (Gestaltung variantenrobuster Produkt-Produktionssysteme) 2018, S. 73.; vgl. Voet (Baukastensysteme für die Fabrikplanung), S. 101.

Objekt- und Zielbereich zugeordnet.[153] Der Objektbereich bezieht sich auf die Ausgangssituation und beinhaltet die Anforderungen, die durch die Eigenschaften der grundlegenden Planungsaufgabe sowohl auf Produkt- als auch auf Fertigungsebene bestimmt werden. Anhand dieser kann beurteilt werden, inwiefern die bestehenden Forschungsarbeiten für die Betrachtungsobjekte in dieser Arbeit Gültigkeit besitzen. Im Zielbereich werden Anforderungen in Bezug auf die Ergebnisse der Methodik formuliert, indem die für diese Arbeit relevanten Merkmale und Kriterien bei der Gestaltung und Bewertung von Technologieketten skizziert werden. Anhand dieser kann eine Aussage getroffen werden, ob und in welchem Grad die untersuchten Forschungsergebnisse die Zielsetzungen der Methodik dieser Arbeit erfüllen.

3.1.1.1 Anforderungen des Objektbereichs

Die erste Anforderung des Objektbereichs (A1) liegt in der Anwendbarkeit der Methodik für eine initiale Auslegung der Fertigung. Dies ist insbesondere in Abgrenzung zu einer Anpassungs- oder Erweiterungsplanung einer bereits bestehenden Fertigung zu verstehen. Zwar ist die Nutzung der Methodik für eine Anpassung oder Erweiterung nicht explizit ausgeschlossen, sondern kann auch in diesen Fällen an geeigneten Stellen herangezogen werden, jedoch ist eine offene, unvoreingenommene Lösungsfindung essentiell, um eine möglichst hohe Objektivität zu gewährleisten. Zusätzlich muss die Methodik abbilden können, dass das in dieser Fertigung herzustellende Produkt einem zukünftig stark steigenden Marktbedarf unterliegt. Somit reichen Ansätze, bei denen lediglich von einem volatilen Marktbedarf innerhalb vordefinierter Grenzen ausgegangen wird, in der Regel nicht aus.

Sowohl aus der Produkt- als auch aus der Fertigungssicht folgt die zweite Anforderung (A2), welche eine Systematisierung der Produktarchitektur und zugehöriger Herstellungs-Alternativen fordert. Die Bündelung dieser beiden Anforderungen macht deutlich, dass die Beschreibung der Systemelemente, aus welchen sich die Produktarchitektur zusammensetzt, sowie die möglichen Wege zu deren Herstellung nicht nur jeweils für sich, sondern auch zueinander in Konsistenz erfolgen muss. So kann ein Ordnungsrahmen aufgespannt werden, welcher die gesamte Gestaltung und Bewertung von Technologieketten überspannt und in dem sich alle Detailbetrachtungen derer wiederfinden.

Als dritte Anforderung (A3) wird die Möglichkeit zur Anwendung bekannter sowie Einführung neuer Fertigungstechnologien definiert. Die Methodik muss so konzeptioniert werden, dass insbesondere alle verschiedenen Fertigungsverfahren aus der DIN 8580 eingebunden werden können.[154] Gleichzeitig soll die Methodik auch den Fall berücksichtigen, dass Fertigungsverfahren in ihrer bekannten, klassischen Form für die Herstellung einer Komponente aus dem Betrachtungsbereich nicht ausreichend sind und somit neue Fertigungstechnologien erfordern, welche einen potenziell hohen Innovationsgrad besitzen, sich aber u.U. noch in einem Stadium geringer Reife befinden.

---

[153] In Anlehnung an Sarovic (Gestaltung variantenrobuster Produkt-Produktionssysteme) 2018, S. 73–75.

[154] Für die Systematik der Fertigungsverfahren siehe Deutsches Institut für Normung (DIN 8580: Fertigungsverfahren) 2003.

Zusammengefasst lauten die Anforderungen im Objektbereich:

A1. Anwendbarkeit für eine initiale Auslegung der Fertigung bei steigendem Marktbedarf
A2. Systematisierung der Produktarchitektur und zugehöriger Herstellungsalternativen
A3. Möglichkeit zur Anwendung bekannter sowie Einführung neuer Fertigungstechnologien

3.1.1.2 Anforderungen des Zielbereichs

Die vierte Anforderung (A4), gleichzeitig erste Anforderung des Zielbereichs, adressiert die Eignung für eine Serienproduktion. Die zu gestaltenden Technologien, welche innerhalb einer solchen Serienproduktion zum Einsatz kommen sollen, müssen dabei miteinander kompatibel sein, d.h. die Methodik muss ein Instrument vorsehen, welches Kombinationen von sich wechselseitig stark negativ beeinflussenden oder sogar ausschließenden Technologien innerhalb einer Technologiekette nicht zulässt. Vorherrschendes Merkmal der hier zu gestaltenden und bewertenden Technologiekette ist dabei ihre Skalierbarkeit der zu fertigenden Stückzahl. Die Stückzahl darf nicht lediglich als bekannt angenommene und nicht weiter berücksichtigte Eingangsgröße gesehen werden, sondern muss fest in der Methodik verankert sein.

Die fünfte Anforderung (A5) widmet sich der Modellierung und Verwertung unvollkommener Informationen. Derartige Unvollkommenheiten sind bei der Auseinandersetzung mit einer Fertigung, welche heute noch gar nicht existiert, nahezu allen Informationen inhärent, da für noch nicht im Detail geplante und umgesetzte Vorhaben keine vollständige Sicherheit bestehen kann. Insbesondere die zukünftige Nachfrage nach Brennstoffzellen und somit die zu produzierende Stückzahl ist von einer Vielzahl an politischen, unternehmerischen und technologischen Einflüssen abhängig. Hierfür sind in der Methodik geeignete Werkzeuge vorzusehen, welche trotz Unsicherheiten und nicht a priori bekannten Eintrittswahrscheinlichkeiten eine Bewertbarkeit ermöglichen. Diese sollen durchgängig, d.h. ohne Datenbruch oder signifikanten Informationsverlust von der übergeordneten bis zur detaillierten Ebene anwendbar sein.

Als sechste Anforderung (A6) wird der Einbezug sowohl monetärer als auch nicht-monetärer Kriterien gefordert. Für eine fundierte Bewertung ist die Betrachtung der Kosten einer Lösungsalternative in der Regel von hoher Wichtigkeit, sodass monetäre Kriterien für die Methodik unerlässlich sind. Viele zunächst nicht-monetäre Kriterien lassen sich anhand ihres Einflusses ebenfalls als ein Kostenwert darstellen, sodass eine klare Abgrenzung von monetären und nicht-monetären nicht allgemeingültig a priori definiert werden kann. Um jedoch eine hohe Transparenz in der Entscheidungsfindung anzubieten und auch qualitative Merkmalausprägungen berücksichtigen zu können, soll die Methodik auch nicht-monetäre Kriterien gleichwertig bis hin zur obersten Bewertungsebene einbeziehen.

Zusammengefasst lauten die Anforderungen im Zielbereich:

A4. Darstellung der Eignung für eine kompatible, stückzahl-skalierbare Serienproduktion
A5. Durchgängige Modellierung und Verwertung unvollkommener Informationen
A6. Gleichwertiger Einbezug relevanter sowohl monetärer als auch nicht-monetärer Kriterien

Die Zusammenfassung der inhaltlichen Anforderungen an die Methodik sowie deren Zuordnung zum Objekt- und Zielbereich zeigt Abbildung 3.1.

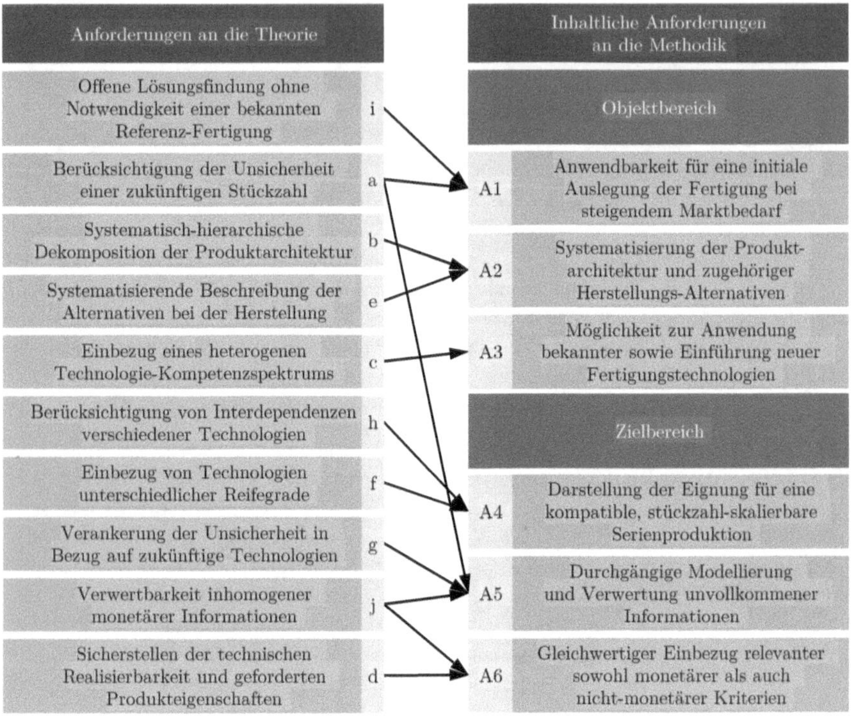

Abb. 3.1: Konsolidierung der inhaltlichen Anforderungen

3.1.2 Formale Anforderungen

Zur Sicherstellung einer systematischen Herangehensweise bei der Lösungsfindung innerhalb der Theorie bestehen zusätzlich formale Anforderungen an die Methodik. Das Überführen eines realen Problems in ein abstraktes Problem, welches anschließend durch die Methodik zu lösen ist, kann als Spezialfall der Modelltheorie beschrieben werden.[155] Dessen Gegenstand ist die Abbildung eines Originals, welches der Realität entstammen kann.[156] An dieser Stelle werden die von PATZAK im Kontext der Wirksamkeit von Modellen vorgestellten fünf wesentlichen Anforderungen herangezogen.[157]

[155] Eine ausführlichere Beschreibung der Modelltheorie wird in Kapitel 4 vorgenommen, siehe dazu Abschnitt 4.1.
[156] Vgl. Stachowiak (Allgemeine Modelltheorie) 1973, S. 131.
[157] Vgl. Patzak (Systemtechnik) 1982, S. 309f.

1. **Empirische Richtigkeit:** Das Verhalten des Modells sollte einen hohen Realitätsbezug aufweisen, indem eine hohe Übereinstimmung mit dem Verhalten des beschriebenen Phänomens sichergestellt wird. Dabei sind alle relevanten Systemparameter abzubilden, was insbesondere für die Kriterien Genauigkeit und Sicherheit gilt.
2. **Formale Richtigkeit:** Das Modell sollte in sich keine Widersprüche aufweisen und somit formal einwandfrei sein. Dazu sollte es möglichst quantitative und reproduzierbare Ergebnisse liefern.
3. **Produktivität:** Das Modell sollte einen hohen Zweckbezug aufweisen, indem es inhaltlich und formal brauchbare Aussagen zu den aufgeworfenen Problemstellungen bietet.
4. **Handhabbarkeit:** Das Modell sollte eine leichte Anwendbarkeit und eine leichte Interpretierbarkeit gewährleisten.
5. **Geringer Aufwand:** Der für die Modellerstellung und -anwendung erforderliche Aufwand sollte möglichst gering sein.

Außerdem wird in Anlehnung an HEIMES und SAROVIC eine sechste Anforderung definiert.[158]

6. **Allgemeingültigkeit:** Die Methodik muss auf andere Problemstellungen anwendbar sein, sofern ein analoger Handlungsbedarf aus der Praxis identifiziert werden kann.

Im Gegensatz zu den inhaltlichen Anforderungen, bei denen eine volle Erfüllung jeder Anforderung gefordert ist, sind die formalen Anforderungen als Leitlinie zu verstehen. Zwar ist auch für die formalen Anforderungen eine möglichst hohe Erfüllung anzustreben, jedoch stehen Anforderungen 1–3 offensichtlich im Zielkonflikt mit Anforderungen 4 und 5, sodass hier stets ein Kompromiss aus dem erzielbaren Nutzen gegenüber dem entstehenden Aufwand gefunden werden muss.[159] Aus diesem Grund ist eine Einordnung der bestehenden Forschungsergebnisse in der Literatur anhand der formalen Anforderungen nicht zielführend. Eine Zusammenfassung aller sechs formalen Anforderungen zeigt Abbildung 3.2.

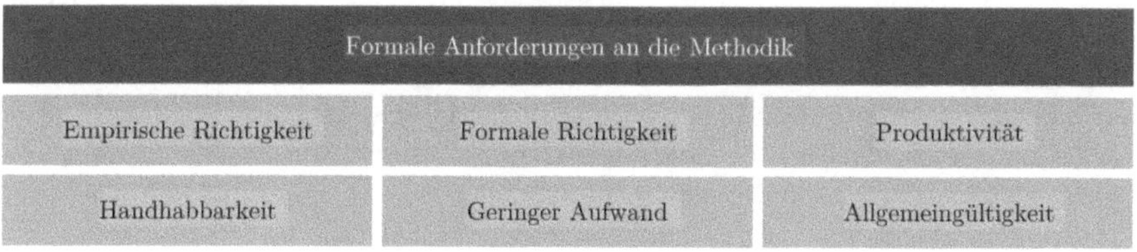

Abb. 3.2: Zusammenfassung der formalen Anforderungen

[158] Vgl. Heimes (Methodik zur Auswahl von Fertigungsressourcen) 2014, S. 67; vgl. Sarovic (Gestaltung variantenrobuster Produkt-Produktionssysteme) 2018, S. 76.

[159] PATZAK geht in diesem Kontext auf den Zielkonflikt zwischen Handhabbarkeit und geringem Aufwand auf der einen Seite und den weiteren Anforderungen auf der anderen Seite ein, sodass ein Kompromiss für den Einzelfall gefunden werden muss, vgl. Patzak (Systemtechnik) 1982, S. 310.

3.2 Grundlagen zur Skalierbarkeit im Forschungsfeld Technologieplanung

Mit den aus den Herausforderungen aus der Praxis herausgearbeiteten Anforderungen an die Methodik lässt sich das Forschungsfeld der Technologieplanung als Gestaltungsbereich für die vorliegende Arbeit eingrenzen. In diesem Abschnitt werden die theoretischen Grundlagen zur Technologieplanung erläutert, wobei ein besonderer Bezug zur Skalierbarkeit herausgearbeitet wird. Zunächst wird diese in Unterabschnitt 3.2.1 in den Kontext der Wandlungsfähigkeit von Produktionssystemen eingeordnet und definiert. Anschließend werden in Unterabschnitt 3.2.2 mithilfe des für diese Arbeit gültigen Begriffsverständnisses von Technologie die Objekte der Technologieplanung definiert. Auf diese Weise wird auch der Suchraum für die in Abschnitt 3.4 zu analysierenden Forschungsergebnisse aufgespannt.

3.2.1 Skalierbarkeit im Kontext der Wandlungsfähigkeit von Produktionssystemen

Zur Adressierung marktseitiger Unsicherheiten über zukünftige Produktbedarfe auf der Ebene von Produktionssystemen ist das Konzept der Wandlungsfähigkeit Gegenstand zahlreicher Forschungsaktivitäten. In der Literatur existieren verschiedene Auffassungen zur Wandlungsfähigkeit sowie den verwandten bzw. überschneidenden Begriffen Flexibilität, Umrüstbarkeit und Rekonfigurierbarkeit, sodass eine Einordnung dieser Konzepte unter Erläuterung ihrer Limitationen sinnvoll erscheint.

Eine ausführliche Aufarbeitung der Wandlungsfähigkeit liefert Hernández Morales, welcher im Kontext der Fabrikplanung die Wandlungsfähigkeit als Systemeigenschaft einer Fabrik genauer untersucht und die Abgrenzung zur Flexibilität beschreibt.[160] Hernández Morales sieht in der Wandlungsfähigkeit ein Potenzial, das eine Veränderung in Funktion, Struktur und Hierarchie des Gesamtsystems befähigen kann. Ferner nennt er Wandlungsobjekte und Wandlungsbefähiger als essentielle Komponenten der Wandlungsfähigkeit.[161] Zwar existiert in der Literatur keine allumfassende, deckungsgleiche Definition der Wandlungsfähigkeit, jedoch ebenso kein gänzlich widersprüchlicher oder konkurrierender Ansatz. Mit Ergänzungen in Bezug auf den jeweiligen Kontext findet sich demnach u.a. bei Nyhuis et al., Hees, Milberg und Möller, Wiendahl et al. sowie Zäh et al. ein weitgehend einheitliches Verständnis der Wandlungsfähigkeit.[162] Dabei stellt die Wandlungsfähigkeit einen vorgedachten Freiraum zur Reaktion auf den durch die veränderten Rahmenbedingungen hervorgerufenen internen Veränderungsdruck dar.[163] Die Wandlungsfähigkeit ist gegeben, wenn durch diesen vorgedachten

[160] Vgl. Hernández Morales (Systematik der Wandlungsfähigkeit) 2003, S. 22–28.
[161] Vgl. ebd. 2003, S. 51f.
[162] Vgl. Nyhuis et al. (Wandlungsfähige Produktionssysteme) 2008, S. 87; vgl. Hees (System zur Produktionsplanung) 2016, S. 13; vgl. Milberg und Möller (Valuation of changeable production systems) 2008, S. 417; vgl. Wiendahl et al. (Changeable Manufacturing) 2007, S. 785; vgl. Zäh et al. (Symbiosis of Changeable and Virtual Production) 2005, S. 2.
[163] Vgl. Nyhuis et al. (Wandlungsfähige Produktionssysteme) 2008, S. 87.

Freiraum eine Anpassbarkeit an nicht vorgedachte Situationen ermöglicht werden kann.[164] Bei ihrer Implementierung bestehen somit keine expliziten Grenzen, sondern weitgehende Lösungsneutralität.[165] Konkret betrifft dies die technischen Ressourcen, die Organisationsstruktur, die Fähigkeiten und Fertigkeiten der Mitarbeiter sowie die Methoden für die Planung und Überwachung der operativen Aufgaben eines Unternehmens.[166]

Flexibilität beschreibt die Fähigkeit, ein System schnell und ohne Leistungseinbußen an Veränderungen anzupassen, wobei nur ein minimaler finanzieller Aufwand betrieben werden muss. Die Flexibilität bewegt sich dabei in einem bei der Planung festgelegten Korridor, Veränderungen außerhalb dessen sind im Rahmen der Flexibilität nicht möglich.[167] Dabei können verschiedene Arten bzw. Typen der Flexibilität unterschieden werden.[168]

Umrüstbarkeit bezeichnet die Anpassbarkeit einer Maschine mit minimalem Aufwand und zeitlicher Verzögerung an eine neue Arbeitsaufgabe.[169] Diese Anpassung bezieht sich auf die Ebene der Arbeitsstation, sodass die Umrüstbarkeit als kleinstes Inkrement der Wandlungsfähigkeit verstanden werden kann.

Zum Konzept der Rekonfigurierbarkeit geben NAPOLEONE ET AL. einen umfassenden Überblick über den Stand der Forschung.[170] Nach der vorherrschenden Definition, welche sich u.a. bei ELMARAGHY sowie KOREN ET AL. findet, bezieht sich Rekonfigurierbarkeit im Allgemeinen auf ein Produktionssystem, in dem Maschinen, ihre Komponenten, Arbeitsstationen oder Handhabungseinheiten je nach Bedarf hinzugefügt, entfernt, modifiziert oder ausgetauscht werden können, um schnell auf sich ändernde Anforderungen reagieren zu können.[171] Ursprünglich ist die Rekonfigurierbarkeit maßgeblich durch KOREN ET AL. geprägt, welcher die Notwendigkeit von rekonfigurierbaren Produktionssystemen (engl. reconfigurable manufacturing systems, RMS) als eine neue Klasse von Produktionssystemen neben dedizierten Fertigungslinien (engl. dedicated manufacturing line, DML) und flexiblen Produktionssystemen (engl. flexible manufacturing systems, FMS) postuliert, um große Schwankungen in der Produktnachfrage und im Produktmix, die durch neue Marktbedingungen verursacht werden, zu bewältigen.[172] Ein RMS ist demnach von Beginn an auf schnelle Veränderungen der Struktur sowie der Hard- und Softwarekomponenten ausgelegt, um die Produktionskapazität und -funktionalität innerhalb einer Teilefamilie als Reaktion auf plötzliche Veränderungen des Marktes oder der regulatorischen Anforderungen schnell anzupassen.[173] Die Rekonfigurierbarkeit besitzt dabei verschiedene

---

[164] Vgl. Heinen et al. (Wandlungsfähigkeit) 2008, S. 24; vgl. Hees (System zur Produktionsplanung) 2016, S. 13; vgl. Wiendahl et al. (Changeable Manufacturing) 2007, S. 785.
[165] Vgl. Nyhuis et al. (Wandlungsfähige Produktionssysteme) 2008, S. 87.
[166] Vgl. Milberg und Möller (Valuation of changeable production systems) 2008, S. 417.
[167] Vgl. Heinen et al. (Wandlungsfähigkeit) 2008, S.24; vgl. Nyhuis et al. (Wandlungsfähige Produktionssysteme) 2008, S. 87; Zäh et al. (Symbiosis of Changeable and Virtual Production) 2005, S. 2.
[168] Vgl. Wiendahl et al. (Changeable Manufacturing) 2007, S. 786.
[169] Vgl. ebd. 2007, S. 786.
[170] Vgl. Napoleone et al. (Framework to manage reconfigurability) 2018.
[171] Vgl. ElMaraghy (Flexible and reconfigurable manufacturing systems paradigms) 2006, S. 262; vgl. Koren et al. (Value creation) 2016, S. 1.
[172] Vgl. Koren et al. (Reconfigurable Manufacturing Systems) 1999, S. 527.
[173] Vgl. ebd. 1999, S. 529.

Hauptmerkmale. Während in der frühen Aufarbeitung nach KOREN ET AL. die Skalierbarkeit zwar einen wichtigen Stellenwert einnimmt, jedoch nicht als Hauptmerkmal beschrieben wird,[174] wird die Skalierbarkeit in nahezu allen späteren Publikationen desselben Autors sowie unabhängigen Autoren als eines der Hauptmerkmale benannt. Nach NAPOLEONE ET AL. sind somit sechs Hauptmerkmale der Rekonfigurierbarkeit mit Abstand am häufigsten vorzufinden: Modularität, Integrierbarkeit, Individualisierbarkeit, Konvertierbarkeit, Diagnosefähigkeit und Skalierbarkeit.[175] Das im Kontext der vorliegenden Arbeit besonders relevante Hauptmerkmal Skalierbarkeit wird von KOREN ET AL. definiert als die Fähigkeit, die Produktionskapazität durch Hinzufügen oder Entfernen von Ressourcen und/oder Ändern von Systemkomponenten zu modifizieren.[176] Die Modifikation kann auf Systemebene und auf Maschinenebene erfolgen.[177] Zusammenfassend ermöglicht die Skalierbarkeit als Hauptmerkmal eines RMS eine schnelle und kostengünstige Anpassung der Kapazität von einer Systemausbringung auf eine andere zur Bedienung einer sich verändernden Marktnachfrage.[178]

Zur Sicherstellung der Reaktionsfähigkeit des Produktionssystems dienen nach NYHUIS ET AL. die sogenannten Wandlungsbefähiger.[179] Sie ermöglichen den Objekten eines Produktionssystems, ihre Leistungsfähigkeit in einer vordefinierten Zeit auf ein vordefiniertes Ziel hin zu verändern und charakterisieren so bestimmte Eigenschaften der Elemente des Systems, die es zum Wandel befähigen.[180] Zu den Wandlungsbefähigern zählen Universalität, Mobilität, Skalierbarkeit, Modularität und Kompatibilität.[181] In diesem Kontext wird unter Skalierbarkeit „[...] die technische, räumliche und personelle Erweiter- und Reduzierbarkeit verstanden. Aus organisatorischer Sicht kann beispielsweise ein spezielles Arbeitszeitmodell die verfügbare Kapazität wandlungsfähig anpassen."[182] Insbesondere sieht dieser Befähiger räumliche Freiheitsgrade hinsichtlich Expansion, Wachstum und Kontraktion eines Fabriklayouts vor.[183]

Je nach Perspektive stehen die Konzepte Wandlungsfähigkeit, Flexibilität, Umrüstbarkeit und Rekonfigurierbarkeit in unterschiedlicher Beziehung zueinander, sodass eine eindeutige Abgrenzung nicht möglich ist. Die Wandlungsfähigkeit kann nach HEES als Oberbegriff aufgefasst werden, wobei diese die Flexibilität, Umrüstbarkeit und Rekonfigurierbarkeit umfasst.[184] Andererseits können nach NYHUIS ET AL. „[...] die Rekonfigurierbarkeit und die Umrüstbarkeit jeweils im Kontext der Flexibilität wie auch in dem der Wandlungsfähigkeit gesehen werden [...], ohne den angeführten Definitionen zu widersprechen."[185]

Eine stark anwendungsorientierte Perspektive mit Bezug zu skalierbaren Produktionssystemen

[174] Vgl. Koren et al. (Reconfigurable Manufacturing Systems) 1999, S. 530.
[175] Vgl. Napoleone et al. (Framework to manage reconfigurability) 2018, S. 5; vgl. Koren (General RMS Characteristics) 2006, S. 38; vgl. Koren et al. (Reconfigurable manufacturing systems) 2018, S. 123.
[176] Vgl. ebd. 2018, S. 123.
[177] Vgl. Koren et al. (Reconfigurable Manufacturing Systems) 1999, S. 528.
[178] Vgl. Wang und Koren (Scalability planning) 2012, S. 83.
[179] Vgl. Nyhuis et al. (Wandlungsfähige Produktionssysteme) 2008, S. 87f.
[180] Vgl. Wiendahl et al. (Changeable Manufacturing) 2007, S. 787.
[181] Vgl. Heinen et al. (Wandlungsfähigkeit) 2008, S. 28; vgl. Nyhuis et al. (Wandlungsfähige Produktionssysteme) 2008, S. 88.
[182] Heinen et al. (Wandlungsfähigkeit) 2008, S. 27.
[183] Vgl. Wiendahl et al. (Changeable Manufacturing) 2007, S. 788.
[184] Vgl. Hees (System zur Produktionsplanung) 2016, S. 12.
[185] Nyhuis et al. (Wandlungsfähige Produktionssysteme) 2008, S. 88.

für die Automobilindustrie nehmen SCHUH UND GOTTSCHALK ein. Skalierbarkeit entspricht dabei der maßstäblichen Anpassbarkeit der Leistungseigenschaften. Mit möglichst geringem finanziellem und zeitlichen Aufwand ist eine skalierbare Produktionslinie demnach auf wechselnde Anforderungen einstellbar.[186]

Im Kontext der Ziele der vorliegenden Arbeit ist die Skalierbarkeit von hoher Relevanz, welche in den Konzepten Wandlungsfähigkeit sowie Rekonfigurierbarkeit jeweils ein signifikantes Merkmal ist. Vor dem Hintergrund der in Kapitel 2 erläuterten Herausforderungen im industriellen Umfeld sowie der in Abschnitt 3.1 abgeleiteten Anforderungen an die Methodik lässt sich diese Arbeit daher übergreifend dem Forschungsbereich der Wandlungsfähigkeit und Rekonfigurierbarkeit zuordnen. So treffen drei der fünf initial die Notwendigkeit von RMS motivierenden Veränderungen nach KOREN ET AL. ganz oder teilweise auf die Gestaltungsobjekte der vorliegenden Arbeit zu:[187]

- Große Schwankungen der Produktnachfrage und des Produktmixes
- Änderungen der Gesetzesvorgaben (Sicherheit und Umwelt)
- Veränderungen in der Prozess-Technologie

Gleichzeitig stellt jedoch die angenommene Art der Produktionsressourcen eine Limitation dieser Konzepte in Bezug auf die Anforderungen an die Methodik dar, da hier meist von CNC-Bearbeitungszentren ausgegangen wird.[188] Diese Einschränkung stellen auch NAPOLEONE ET AL. fest, welche für die Rekonfigurierbarkeit eine Erweiterung des Anwendungsbereichs für heute zeitgemäße Herausforderungen fordern.[189] Für die zu entwickelnde Methodik reicht der Fokus auf CNC-Maschinen nicht aus, sodass die vorliegende Arbeit als ebensolche Erweiterung verstanden werden kann. Zudem ist in der Literatur nicht weiter spezifiziert, in welchem Umfang die Anpassungen der Kapazität bzw. Veränderungen der Marktnachfrage durch diese Konzepte abgedeckt werden. Die Berücksichtigung lediglich geringfügiger Schwankungen, bspw. im ein- bis zweistelligen Prozentbereich, ist für die Entwicklung der Methodik ebenfalls unzureichend.

In Folge dieser Gründe wird die vorliegende Arbeit als eine Erweiterung der Rekonfigurierbarkeit aufgefasst. Dazu wird die Skalierbarkeit für die folgende Arbeit in Anlehnung an HEINEN ET AL., KOREN ET AL., WANG UND KOREN und WIENDAHL ET AL. definiert, wobei im vorliegenden Kontext eine Kontraktion der Kapazität nicht im Fokus steht.

Skalierbarkeit: Technische, personelle und räumliche Erweiterbarkeit der Produktionskapazität von einer Stückzahl auf eine höhere zur Anpassung an eine sich um Vielfache verändernde Marktnachfrage während des Markthochlaufs.

[186] Vgl. Schuh und Gottschalk (Skalierbare Produktionslinien) 2004, S. 377.
[187] Vgl. Koren et al. (Reconfigurable Manufacturing Systems) 1999, S. 527.
[188] Vgl. ebd. 1999, S. 529; vgl. Wang und Koren (Scalability planning) 2012, S. 84–89.
[189] Vgl. Napoleone et al. (Framework to manage reconfigurability) 2018, S. 1.

3.2.2 Begriffverständnis von Technologie und Objekten der Technologieplanung

Der Begriff Technologie ist in der wissenschaftlichen Literatur nicht eineindeutig trennscharf definiert. Nach GERPOTT bezeichnet Technologie im engeren Sinne „allgemein wissenschaftlich fundierte Erkenntnisse über Ziel-/Mittelbeziehungen, die bei der Lösung praktischer Probleme von Unternehmen angewendet werden können“.[190] Eine eher systemische Sicht auf den Technologiebegriff findet sich in der englischsprachigen Literatur bei BRUTON UND WHITE. Sie sehen Technologie als die praktische Umsetzung von Lernen und Wissen durch Personen und Organisationen, um Bestrebungen des Menschen zu unterstützen. Technologie ist nach dieser Definition das Wissen, die Produkte, Prozesse, Werkzeuge und Systeme, die für das Schaffen von Gütern oder Dienstleistungen verwendet werden.[191] Konkreter differenziert wird der Begriff Technologie häufig nach seinem Einsatzzweck, wobei sich im Kontext dieser Arbeit vor allem eine Unterscheidung in Produkt- und Produktionstechnologie anbietet.[192]

Im Rahmen der folgenden Kapitel wird unter einer Technologie, soweit nicht explizit anders gekennzeichnet, eine Produktionstechnologie verstanden. Synonym wird der Begriff Fertigungstechnologie verwendet, welcher in Anlehnung an EVERSHEIM sowie HEIMES definiert wird.[193] Darauf aufbauend werden die Objekte der Technologieplanung für ein konsistentes Verständnis in dieser Arbeit definiert und voneinander abgegrenzt. In Teilen sind die Objekte der Technologieplanung u.a. bei SCHMITZ, SCHELL, FALLBÖHMER, TROMMER, HEIMES und HEESCHEN Gegenstand der Ausführungen.[194] Daher wird auf das jeweilige Begriffsverständnis in diesen bestehenden Forschungsergebnissen zurückgegriffen und für die Verwendung in dieser Arbeit weiterentwickelt.

Fertigungsteilaufgabe: Sich aus der Zerlegung eines komplexen Produkts ergebender diskreter, als herstellbar angenommener Zwischenzustand, welcher zu fertigen ist.

Fertigungsschritt: Allgemein formulierte, technisch einer Klasse der Fertigungsverfahren zuordenbare, zugleich abgrenzbare Modifikation des Bauteils ohne Festlegung der Technologie.

Fertigungstechnologie: Materiell oder immateriell ausgeprägtes Wissen über naturwissenschaftlich-technische Wirkzusammenhänge, dessen Nutzung der Herstellung von Gütern oder Halbzeugen in wertschöpfenden Produktionsprozessen dient.

---

190 Vgl. Gerpott (Strategisches Technologie- und Innovationsmanagement) 2005, S. 17.

191 Vgl. Bruton und White (Strategic management of technology and innovation) 2011, S. 15f.

192 Vgl. Bullinger und Seidel (Einführung in das Technologiemanagement) 1994, S: 32–34; vgl. Gerpott (Strategisches Technologie- und Innovationsmanagement) 2005, S. 18; vgl. Schuh und Klappert (Technologiemanagement) 2011, S. 187.

193 Vgl. Eversheim (Organisation in der Produktionstechnik) 1996, S. 44; vgl. Heimes (Methodik zur Auswahl von Fertigungsressourcen) 2014, S. 14.

194 Vgl. Schmitz (Methodik zur strategischen Planung) 1996, Schell (Bewertung alternativer Handhabungs- und Fertigungsfolgen) 1997, Fallböhmer (Generieren alternativer Technologieketten) 2000, Trommer (Methodik) 2001, Heimes (Methodik zur Auswahl von Fertigungsressourcen) 2014 und Heeschen (Kennzahlenbasierte Auswahl der Fertigungstechnologien) 2015.

Fertigungsressource: Umsetzung einer Technologie in eine physisch eindeutige Maschine oder Anlage, die ein Wirksystem aus Werkzeug und Werkstückspannung zur Bearbeitung eines Bauteils aufweist und weitere Betriebsmittel umfassen kann.

Fertigungsprozess: Beobachtbare Durchführung der Bearbeitung eines Bauteils mithilfe einer Fertigungsressource, welcher zeitliche und technische Parameter zugrunde liegen.

Fertigungsansatz: Pfad zur Herstellung des komplexen Produkts durch Verknüpfung festgelegter Fertigungsteilaufgaben.

Fertigungsschrittfolge: Abstrakte, sequentielle Verknüpfung von technologieunabhängigen Fertigungsschritten, durch die die Erzeugung des Zielzustands eines Bauteils konzeptionell möglich ist. Zu einer Fertigungsschrittfolge können mehrere Technologieketten bestehen.

Fertigungstechnologiekette: Sequentielle Verknüpfung von Fertigungstechnologien, sodass ein Bauteil durch Veränderungen seiner Form oder Stoffeigenschaften in einen Zielzustand überführt wird. Eine Technologiekette kann fest einem Fertigungsansatz zugeordnet werden. Synonym zu Fertigungstechnologiekette wird im Folgenden vereinfacht Technologiekette verwendet.

Fertigungsfolge: Konkret umsetzbare Ausprägung einer Technologiekette durch betriebsmittelbezogene Verkettung von Fertigungsressourcen, welche alle direkt und indirekt wertschöpfenden Schritte zur Erreichung eines Bauteil-Zielzustands umfasst.

Fertigungsprozessfolge: Fertigungsfolge mit fest zugeordneten und definierten Fertigungsprozessen.

Tabelle 3.1 fasst die im Rahmen dieser Arbeit gültigen Definitionen der Objekte der Technologieplanung zusammen. Die definierten Begriffe lassen sich in zwei Kategorien einteilen. So sind die Planungsobjekte, welche in absteigender Reihenfolge ihres Detailgrads aufgelistet sind, ihrer jeweiligen Verkettung gegenübergestellt. Bspw. ergibt sich eine Fertigungsfolge durch Verkettung mehrerer Fertigungsressourcen. Für die jeweiligen Planungsobjekte ist dazu je ein Beispiel gegeben.

Planungsobjekt	Beispiel	Verkettung
Fertigungsteilaufgabe	Katalysatorbeschichtete Membran	Fertigungsansatz
Fertigungsschritt	Katalysatorschicht aufbringen	Fertigungsschrittfolge
Fertigungstechnologie	Schlitzdüsen-Nassbeschichten	Fertigungstechnologiekette
Fertigungsressource	Rolle-zu-Rolle-Anlage mit $40mm$ Schlitzdüse	Fertigungsfolge
Fertigungsprozess	$4m/min$ Bandgeschwindigkeit, $20\mu m$ Nassschichtdicke, ...	Fertigungsprozessfolge

Tab. 3.1: Definition der Objekte der Technologieplanung

3.3 Analytische und heuristische Methoden zur Lösungsfindung

Zur Erfüllung der Anforderungen an die Methodik muss diese auf geeignete Werkzeuge und wissenschaftlich anerkannte Methoden zurückgreifen. Im Folgenden werden daher bestehende analytische, quantitative und heuristische Methoden vorgestellt, welche zur Systematisierung der Herstellungsalternativen, der Modellierung und Verwertung unvollkommener Informationen sowie dem Einbezug sowohl monetärer als auch nicht-monetärer Kriterien einen sinnvollen Beitrag leisten.

3.3.1 Allgemeine Graphentheorie

Die allgemeine Graphentheorie ist ein Teilgebiet der Mathematik, welche zur Untersuchung und Modellierung von Strukturen aus Natur und Technik geeignet ist. Ein Graph $G = (V, E)$ besteht aus einer Menge von Knoten $V = V(G)$ (engl. vertices), die durch eine Menge von Kanten $E = E(G)$ (engl. edges) miteinander verbunden sind. Die Kanten $(v_i, v_j) \in E$ können von einem Knoten v_i zu einem anderen Knoten v_j und umgekehrt gerichtet sein und ein Gewicht w_{v_i,v_j} besitzen. In einem ungerichteten Graphen werden zwei Knoten v_i und v_j als adjazent bezeichnet, falls sie durch eine Kante miteinander verbunden sind, $\{v_i, v_j\} \in E$, in einem gerichteten Graphen, falls sie durch eine gerichtete Kante miteinander verbunden sind, $\{v_i, v_j\} \in E \vee \{v_j, v_i\} \in E$.[195] Ein Tupel aus n Knoten $(v_1, v_2, ..., v_n) \in V^{(n)}$, $n \in \mathbb{N}$, die durch eine sequentielle Folge von Kanten $\{v_k, v_{k+1}\} \in E, 1 \leq k \leq n$ miteinander verbunden sind, wird als Weg von v_1 nach v_n bezeichnet.[196] Die Länge eines Weges ist in einem ungewichteten Graphen durch die Anzahl der enthaltenen Kanten definiert, in einem gewichteten Graphen durch die Summe der Kantengewichte. Knoten in einem gerichteten Graphen, die nur ausgehende, aber keine eingehenden Kanten besitzen, werden als Quellen, Knoten mit nur eingehenden Kanten als Senken bezeichnet.[197] Abbildung 3.3 zeigt (a) einen ungerichteten Graphen G_1 mit $n = 6$ Knoten und $k = 8$ Kanten sowie (b) einen gerichteten Graphen G_2 mit $n = 6$ Knoten und $k = 11$ Kanten. Der gerichtete Graph G_2 beinhaltet eine Quelle, den Knoten v_1, und eine Senke, den Knoten v_6. Die markierte Kantenfolge im ungerichteten Graphen G_1 zeigt einen möglichen Weg der Länge 4 von Knoten v_1 bis Knoten v_6. Im gerichteten Graphen G_2 ist der Weg der Länge 9 von der Quelle v_1 bis zur Senke v_6 hervorgehoben.

195 Vgl. Hougardy und Vygen (Algorithmische Mathematik) 2018, S. 75f.; vgl. Briskorn (Operations Research) 2020, S. 17–19.

196 Vgl. Hougardy und Vygen (Algorithmische Mathematik) 2018, S. 77.

197 Vgl. ebd. 2018, S. 142; vgl. Nebel und Wild (Entwurf und Analyse von Algorithmen) 2018, S. 99–102; vgl. Briskorn (Operations Research) 2020, S. 23.

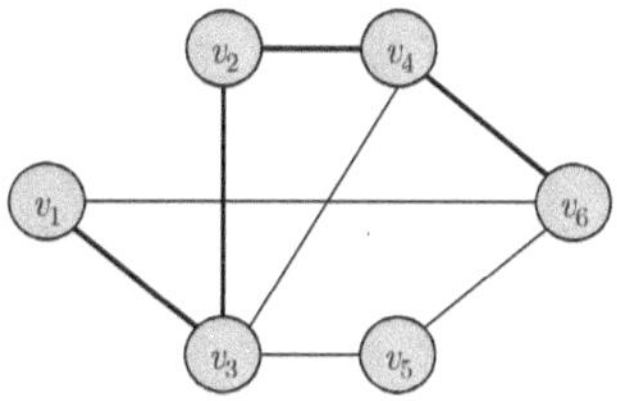

(a) Ungerichteter, ungewichteter Graph G_1

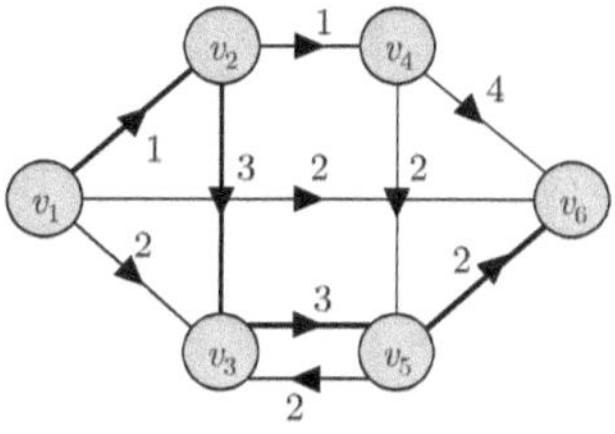

(b) Gerichteter, gewichteter Graph G_2

Abb. 3.3: Generischer Graph als Menge von Knoten und Kanten

Für die algorithmenlesbare Beschreibung von Graphen bieten Matrizen eine geeignete Datenstruktur. Ein Graph G kann durch seine Adjazenzmatrix $A(G)$ repräsentiert werden, welche für jedes Paar von Knoten angibt, ob diese adjazent sind.[198] Sie beinhaltet dazu je Knoten genau eine Zeile und genau eine Spalte, sodass sie die Dimension $(n \times n)$ besitzt. Für deren Einträge $a_{i,j}$ mit $i, j \in [1, n]$ gilt Gleichung 3.1.[199]

$$a_{i,j} := \begin{cases} 1 & \text{falls es in } G \text{ eine Kante vom Knoten } v_i \text{ zum Knoten } v_j \text{ gibt,} \\ 0 & \text{sonst.} \end{cases} \tag{3.1}$$

Für den gerichteten Graphen G_1 aus Abbildung 3.3(b) ergibt sich die Adjazenzmatrix A damit nach Gleichung 3.2.

$$A = \begin{pmatrix} 0 & 1 & 0 & 0 & 0 & 1 \\ 1 & 0 & 1 & 1 & 0 & 0 \\ 1 & 0 & 0 & 0 & 1 & 0 \\ 0 & 0 & 0 & 0 & 1 & 1 \\ 0 & 0 & 1 & 0 & 0 & 1 \\ 0 & 0 & 0 & 0 & 1 & 0 \end{pmatrix} \tag{3.2}$$

Eine Design Structure Matrix (DSM) kann als Entsprechung einer Adjazenzmatrix angesehen werden.[200] Die DSM findet häufig als Darstellungs- und Analysewerkzeug für die Systemmodellierung Anwendung, insbesondere zu Zwecken der Dekomposition. Der allgemeinen Definition nach BROWNING folgend ist eine DSM eine quadratische Matrix mit identischen Zeilen- und Spaltenbezeichnungen, welche die Beziehungen zwischen den Komponenten eines Systems in einem kompakten, visuell und analytisch aussagekräftigem Format darstellt.[201]

198 Vgl. Westermeier (Qualitätsorientierte Analyse komplexer Prozessketten) 2016, S. 36; vgl. Hougardy und Vygen (Algorithmische Mathematik) 2018, S. 87; vgl. Briskorn (Operations Research) 2020, S. 20.
199 Vgl. Nebel und Wild (Entwurf und Analyse von Algorithmen) 2018, S. 109.
200 Vgl. Westermeier (Qualitätsorientierte Analyse komplexer Prozessketten) 2016, S. 38.
201 Vgl. Browning (Applying the design structure matrix) 2001, S. 292; vgl. Browning (Design Structure Matrix Extensions and Innovations) 2016, S. 27.

Eine Domain-Mapping-Matrix (DMM) ist eine Abwandlung der DSM. Eine DMM zählt wie die DSM zu den Strukturanalysewerkzeugen im Komplexitätsmanagement.[202] Während die DSM zu den Intra-Domain-Matrizen zählt, stellt die DMM als Inter-Domain-Matrix Beziehungen zwischen Elementen unterschiedlicher Domänen dar und ist somit abgesehen von Spezialfällen i.A. nicht quadratisch.[203] Eine Domäne (engl. Domain) kann dabei als Gruppe von Systemelementen mit gleichem primären Klassifizierungsmerkmal verstanden werden.[204]

3.3.2 Evidenztheorie von Dempster und Shafer

Den aufgestellten Anforderungen[205] folgend muss die Methodik einen Ansatz bieten, unvollkommene Informationen in quantifizierter Form einzubeziehen und dabei durchgängig und konsistent abzubilden. SMETS unterscheidet in Bezug auf eine unvollkommene Information zwischen Ungenauigkeit (engl. imprecision), Unsicherheit (engl. uncertainty) und Inkonsistenz (engl. inconsistency). Bei Ungenauigkeit ist eine Information zwar zutreffend, aber nicht genau genug, um den Zustand eindeutig bestimmen zu können. Bei Unsicherheit ist die Information zwar genau genug, jedoch ist nicht sicher, ob diese zutreffend ist. Bei Inkonsistenz existieren widersprüchliche Informationen.[206] In von Unsicherheit geprägten Entscheidungssituationen folgert KNIGHT eine Unterscheidung zwischen Risiko (engl. risk) und Ungewissheit (engl. hier: true uncertainty), welche in ähnlicher Form bei MÜLLER zu finden ist.[207] Während sich Unsicherheit auf die unvollkommene Informationslage selbst bezieht, entstehen Risiko und Ungewissheit „erst in der Auswahlphase, dem Wahlakt, wenn der Entscheider bei verbliebener Unsicherheit unter mehreren möglichen Handlungsalternativen eine auswählt und die Konsequenzen dieser Auswahl tragen muss."[208] Im Falle von Risiko sind die möglichen eintretenden Zustände und ihre Eintrittswahrscheinlichkeiten als gegeben anzusehen, diese sind somit a priori bspw. empirisch messbar. Bei Ungewissheit ist lediglich die Menge der möglichen Zustände bekannt, nicht jedoch die zugehörigen Wahrscheinlicheiten.[209]

Die klassische Wahrscheinlichkeitstheorie befasst sich mit Entscheidungen unter Risiko und setzt bekannte Wahrscheinlichkeitsverteilungen voraus. Eine Erweiterung der klassischen Wahrscheinlichkeitstheorie, welche die Modellierung von unvollkommenen Informationen erlaubt und das „gesamte Spektrum zwischen Ungewissheit und Risiko abdeckt"[210], ist die Dempster-

---

[202] Vgl. Lindemann et al. (Structural Complexity Management) 2009, S. 77f.; Westermeier (Qualitätsorientierte Analyse komplexer Prozessketten) 2016, S. 37.

[203] Vgl. Maurer (Structural awareness) 2007, S. 58; vgl. Danilovic und Browning (Managing complex product development projects) 2007, S. 300; vgl. Lindemann et al. (Structural Complexity Management) 2009, S. 54.

[204] Vgl. Westermeier (Qualitätsorientierte Analyse komplexer Prozessketten) 2016, S. 37.

[205] Vgl. Abschnitt 3.1.

[206] Vgl. Smets (Imperfect information) 1997, S. 225–227.

[207] In der Wissenschaft herrscht keine vollständige Einigkeit zu den Definitionen von Risiko und Ungewissheit, insb. in jüngerer Vergangenenheit ist die Objektivierung von Risiko verstärkter Kritik ausgesetzt, siehe dazu bspw. van Asselt und Renn (Risk governance) 2011.

[208] Müller (Risiko und Ungewißheit) 1993, S. 3814.

[209] Vgl. Knight (Risk, uncertainty and profit) 1964, S. 225–232; vgl. Müller (Risiko und Ungewißheit) 1993, S. 3813f.

[210] Presser (Dempster-Shafer Evidenztheorie) 2000, S.20.

Shafer-Evidenztheorie.[211] Sie ist zudem in der Lage, unsichere Aussagen verschiedener Informationsquellen zu kombinieren. Die Basis für die Evidenztheorie, welche auf SHAFER zurückgeht, bilden Arbeiten von DEMPSTER aus den 1960er Jahren.[212]

Die Grundlage der Theorie bildet eine endliche Menge Θ an Ereignissen A, die nach Shafer als Umfang des Urteilsvermögens (engl. frame of discernment) bezeichnet wird.[213] In Analogie zur Bayesschen Wahrscheinlichkeitstheorie bezeichnet Θ die Menge der Elementarereignisse Ω. [214] Damit bezeichnet die Potenzmenge 2^Θ die Menge aller Teilmengen von Θ:[215]

$$2^\Theta = \{A \mid A \subseteq \Theta\} \tag{3.3}$$

Anstatt der Verteilungsdichtefunktion der Wahrscheinlichkeitstheorie wird in der Evidenztheorie ein basic probability assignment (bpa) definiert.[216] Es wird durch die Funktion $m : 2^\Theta \rightarrow [0, 1]$ ausgedrückt, welche die vollständige Wahrscheinlichkeitsmasse auf die Potenzmenge 2^Θ aufteilt, wie Gleichung 3.4 zeigt. Damit ist es möglich, einer oder mehreren Teilmengen A von Θ eine sogenannte Unterstützung in Form der Masse $m(A)$ zuzuweisen. Diese Unterstützung ist nicht zu verwechseln mit der Wahrscheinlichkeit und kann interpretiert werden als das Gewicht der Gründe, die für A sprechen. Im Falle der Menge $\Theta = \{a, b, c\}$ kann somit einem oder mehreren Elementen ihrer Potenzmenge $2^\Theta = \{\{a\}, \{b\}, \{c\}, \{a, b\}, \{a, c\}, \{b, c\}, \{a, b, c\}, \{\emptyset\}\}$ eine Unterstützung $m(A)$ zugewiesen werden. Dabei muss für die leere Menge $m(\emptyset) = 0$ gelten. In der Wahrscheinlichkeitstheorie wird hingegen lediglich den einelementigen Teilmengen X von Θ, $\{a\}$,$\{b\}$ und $\{c\}$ eine Wahrscheinlichkeit p zugeordnet, wie Gleichung 3.5 vergleichend zeigt.[217]

$$m : 2^\Theta \rightarrow [0, 1] \quad \text{mit} \quad m(\emptyset) = 0 \quad \text{und} \quad \sum_{A \subseteq \Theta} m(A) = 1 \tag{3.4}$$

$$p : \Theta \rightarrow [0, 1] \quad \text{mit} \quad \sum_{X \subseteq \Theta} p(X) = 1 \tag{3.5}$$

Die Teilmengen A von Θ, denen eine Masse $m(A)$ zugewiesen wurde, bezeichnet SHAFER als Fokalelemente (engl. focal elements). Sie können nicht weiter auf kleinere Teilmengen oder einzelne Elemente von A aufgeteilt werden.[218] Um die Gesamtwahrscheinlichkeit einer Menge W

[211] Vgl. Smets (Imperfect information) 1997, S. 242f.; vgl. Presser (Dempster-Shafer Evidenztheorie) 2000, S. 19f.

[212] Vgl. Dempster (Upper and Lower Probabilities) 1967, vgl. Shafer (A Mathematical Theory of Evidence) 1976.

[213] Vgl. Liu und Yager (Classic Works of the Dempster-Shafer Theory) 2008, S. 2; vgl. Tröger (Unsicherheit und Uneindeutigkeit) 2018, S. 48.

[214] Vgl. ebd. 2018, S. 48.

[215] Vgl. Liu und Yager (Classic Works of the Dempster-Shafer Theory) 2008, S. 2.

[216] Vgl. Beck (Ein Konzept zur automatischen Lösung) 2005; S. 153.

[217] Vgl. Presser (Dempster-Shafer Evidenztheorie) 2000, S. 21f.; vgl. Beck (Ein Konzept zur automatischen Lösung) 2005, S. 2f.

[218] Vgl. Shafer (A Mathematical Theory of Evidence) 1976, S. 40; vgl. Liu und Yager (Classic Works of the Dempster-Shafer Theory) 2008, S. 3.

zu erhalten, werden in der klassischen Wahrscheinlichkeitstheorie die einzelnen Wahrscheinlichkeiten $p(X)$ der Elemente X der Menge nach Gleichung 3.6 aufsummiert. In der Evidenztheorie ist die Wahrscheinlichkeit nicht eindeutig bestimmt, es kommt ein Bereich der Ungewissheit hinzu. Dabei werden das Zutrauen (engl. belief) und die Plausibilität (engl. plausibility) der Menge A definiert, die als untere und obere Grenze der Wahrscheinlichkeit interpretiert werden können. Das Zutrauen $bel : 2^{\Theta} \rightarrow [0,1]$ ist nach Gleichung 3.7 definiert als die Summe der zugewiesenen Massen $m(B)$ aller Teilmengen B von A. Es kann interpretiert werden als die Summe der Gewichte der Gründe, die insgesamt für A sprechen.[219]

$$Pr(W) = \sum_{X \in W} p(X) \tag{3.6}$$

$$bel : 2^{\Theta} \rightarrow [0,1] \quad \text{mit} \quad bel(A) := \sum_{B \subseteq A} m(B) \tag{3.7}$$

Die Plausibilität ist definiert als die Summe der Massefunktionen aller Teilmengen B, die eine Schnittmenge mit A haben, wie in Gleichung 3.8 gezeigt. Die Plausibilität kann damit interpretiert werden als die Gründe, die nicht gegen A sprechen. Damit ist die Plausibilität eines Fokalelements A stets größer oder gleich dem Zutrauen dieses Fokalelements, $Pl(A) \geq bel(A)$.[220]

$$pl : 2^{\Theta} \rightarrow [0,1] \quad \text{mit} \quad pl(A) = 1 - bel(\neg A) \rightarrow pl(A) := \sum_{B \cap A \neq \emptyset} m(B) \tag{3.8}$$

Die Höhe der Differenz zwischen Plausibilität und Zutrauen bestimmt den Unsicherheitsgrad der Informationen, die der Massefunktion zugrunde liegen. Sie entsteht durch Zuweisung von Wahrscheinlichkeitsmasse an Kombinationen von zwei oder mehr Ereignissen. Der Zusammenhang zwischen Masse-, Zutrauens- und Plausibilitätsfunktion ist in Abbildung 3.4 gezeigt.[221]

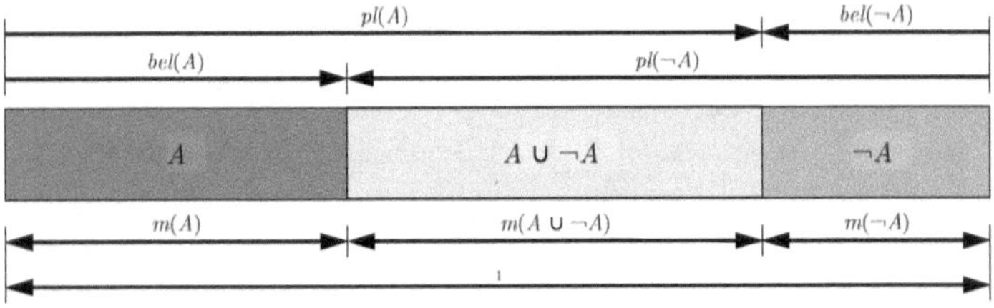

Abb. 3.4: Zusammenhang zwischen Zutrauen, Plausibilität und Massefunktion

Die Kombination von bpa verschiedener, unabhängiger Quellen ist mittels Dempster's rule of combination nach Gleichung 3.9 möglich. Sie verknüpft zwei bpa m_1 und m_2, die sich auf den

[219] Vgl. Presser (Dempster-Shafer Evidenztheorie) 2000, S. 20–22.
[220] Vgl. ebd. 2000, S. 21; vgl. Liu und Yager (Classic Works of the Dempster-Shafer Theory) 2008, S. 4.
[221] Vgl. Beck (Ein Konzept zur automatischen Lösung) 2005, S. 9.

selben Umfang des Urteilsvermögens Θ beziehen, aber aus unabhängigen Quellen stammen können, zu einem neuen bpa, welches auf das Intervall [0,1] normiert wird, $(m_1 \oplus m_2) : 2^\Theta \rightarrow [0,1]$.[222] Dempster's rule of combination ist kommutativ und assoziativ. Durch die Kombination zweier bpa, die einfache Unterstützungsfunktionen (engl. simple support functions) darstellen, entstehen separierbare Unterstützungsfunktionen (engl. separable support functions).[223]

$$\begin{aligned} m(\emptyset) &= 0 \\ m(A) &= (m_1 \oplus m_2)(A) = \frac{1}{1-K} \sum_{B \cap C = A} m_1(B) m_2(C) \\ \text{mit } K &= \sum_{B \cap C = \emptyset} m_1(B) m_2(C) \\ A &\neq \emptyset \end{aligned} \tag{3.9}$$

Da ein bpa auf dem Intervall $[0,1]$ definiert ist, bedarf es einer Normierung der übrigen Massen um die Renormalisierungskonstante K. Dadurch wird die Fläche sämtlicher leerer Mengen auf die übrigen Flächen und somit Fokalelemente aufgeteilt.[224] Dempster's rule of combination lässt sich analog zur Kombination von mehr als zwei bpa erweitern.[225]

Analog zur kumulierten Verteilungsfunktion (engl. cumulatative distribution function, CDF) der klassischen Wahrscheinlichkeitstheorie können in der Evidenztheorie eine kumulierte Zutrauensfunktion (engl. cumulative belief function, CBF) sowie eine kumulierte Plausibilitätsfunktion (engl. cumulative plausibility fuction, CPF) bestimmt werden. Die Berechnung erfolgt wie im Falle der CDF durch Aufsummieren der Funktionswerte. Für die Funktionswerte der beiden Funktionen gilt $CPF(x_i) \geq CBF(x_i)$. Die Funktionswerte der CBF an der Stelle x_i geben das Zutrauen an, dass das zutreffende Ereignis im Intervall $[0, x_i]$ liegt und können damit als untere Grenze der Wahrscheinlichkeit interpretiert werden. Die Funktionswerte der CPF an der Stelle x_i geben die Plausibilität an, dass das zutreffende Ereignis im Intervall $[0, x_i]$ liegt und lassen sich als obere Grenze interpretieren. Der Bereich zwischen den Funktionen repräsentiert somit Unsicherheit darüber, ob das Ereignis im Intervall $[0, x_i]$ liegt. Werte oberhalb der CPF entsprechen einem Zutrauen dagegen, dass sich das zutreffende Ereignis im Intervall $[0, x_i]$ befindet.[226]

[222] Vgl. Presser (Dempster-Shafer Evidenztheorie) 2000, S. 22; vgl. Beck (Ein Konzept zur automatischen Lösung) 2005, S. 154–156; vgl. Barnett (Computational Methods) 2008, S. 202f.

[223] Für vertiefende Erläuterungen siehe hierzu Shafer (A Mathematical Theory of Evidence) 1976, S. 141–144.

[224] Vgl. ebd. 1976, S. 58–65; vgl. Beck (Ein Konzept zur automatischen Lösung) 2005, S. 154–156; vgl. Barnett (Computational Methods) 2008, S. 202f.

[225] Vgl. ebd. 2008, S. 202.

[226] Vgl. Helton et al. (An exploration of alternative approaches) 2004, S. 43f.; vgl. Swiler et al. (Epistemic Uncertainty Quantification Tutorial) 2009, S. 10–12; vgl. Tröger (Unsicherheit und Uneindeutigkeit) 2018, S. 50–53.

3.3.3 Monte-Carlo-Simulation

Die Monte-Carlo-Simulation (MCS) wird zur Durchführung von Berechnungen genutzt, die teilweise oder vollständig auf unsicheren Daten beruhen und daher analytisch nicht oder nur mit sehr hohem Aufwand lösbar sind. Dazu ermöglicht die MCS eine numerische Lösung mithilfe der Wahrscheinlichkeitstheorie. Beispielsweise wird die MCS bei GEBERT im Rahmen von Kostenanalysen für Brennstoffzellenkomponenten verwendet, um Schwankungen im Wertebereich von Eingangsvariablen zu berücksichtigen und mehrere Variablen miteinander zu verknüpfen.[227] SCHINDLER nutzt die MCS im Rahmen der Bewertung von Technologieketten, um unvollkommene Eingangsdaten, beispielsweise aus quantitativen Befragungen, die in Form von Histogrammen vorliegen, miteinander zu verrechnen.[228] POHL bewertet Szenarien anhand unscharfer Zielgrößen, die zunächst durch weitere Methoden als Wahrscheinlichkeitsverteilung modelliert werden und anschließend mittels MCS miteinander verrechnet werden.[229] Bei GAUSEMEIER UND BEHMANN werden die Kosten einer Folge von Prozessschritten aus einzelnen Ressourcenverbräuchen sowie Kosten einzelner Prozessschritte, die über Verteilungsfunktionen beschrieben werden, durch Addition mithilfe der MCS bestimmt.[230]

Die Monte-Carlo-Simulation besteht aus einer hinreichend großen Anzahl an gleichartigen Zufallsexperimenten, welche durch n_{mc} Ziehungen repräsentiert werden. Für jede Ziehung wird aus der zufälligen, diskreten Realisierung jeder Eingangsverteilung je ein Wert für die Rechenoperation bestimmt. Dies kann als zufällige Ziehung aus der wahrscheinlichkeitsbasierten Verteilung der jeweiligen Eingangsdaten verstanden werden. Dabei kann eine Gewichtung der einzelnen Realisierungen und damit insgesamt der Verteilungen erfolgen.[231] Da pro Ziehung der MCS nur einzelne diskrete Realisierungen der Eingangsverteilungen addiert werden und etwaige Abhängigkeiten bereits implizit in den Einzelverteilungen berücksichtigt sind, müssen die Einzelverteilungen nicht stochastisch unabhängig sein.[232] Anschließend werden die Ergebnisse sämtlicher Ziehungen zu einem neuen Histogramm aggregiert. Für die Anzahl n_{mc} der Ziehungen im Sinne von Zufallsexperimenten nähert sich das Gesamtergebnis mit $n_{mc} \to \infty$ einer Wahrscheinlichkeitsverteilung an, deren Erwartungswert die erwartete absolute Zielgröße der Simulation angibt.[233] Abbildung 3.5 zeigt beispielhaft die gewichtete Addition wahrscheinlichkeitsbasierter Eingangsdaten mittels der Monte-Carlo-Simulation.

[227] Vgl. Gebert (Benchmarking-Methodik für Komponenten) 2004.
[228] Vgl. Schindler (Strategische Planung von Technologieketten) 2014.
[229] Vgl. Pohl (Adaption von Produktionsstrukturen) 2013.
[230] Vgl. Gausemeier und Behmann (Produkte und Produktionssysteme) 2012.
[231] Vgl. Schindler (Strategische Planung von Technologieketten) 2014, S. 58–62.
[232] Vgl. Gausemeier und Behmann (Produkte und Produktionssysteme) 2012, S. 123.
[233] Vgl. ebd. 2012, S. 110f.

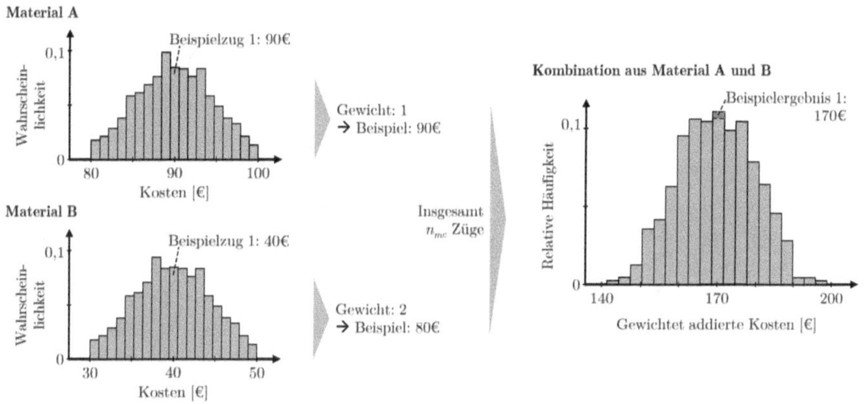

Abb. 3.5: Gewichtete Addition wahrscheinlichkeitsbasierter Eingangsverteilungen mit MCS

Als Beispiel dienen näherungsweise normalverteilte Kostenhistogramme zweier Materialien A und B. Das Material B wird zweimal, das Material A einmal benötigt, was einer Gewichtung von 1:2 entspricht. Im ersten Zug wird zufällig für Material A der diskrete Wert 90 €, für Material B der diskrete Wert 40 € ermittelt. Somit trägt der erste Zug zur Häufigkeit des Ergebnisses 170 € bei. Insgesamt ergibt sich auf diese Weise nach je $n_{mc} = 1000$ Ziehungen aus den beiden Eingangsverteilungen die Ausgangsverteilung ebenfalls in Form eines Histogramms, jedoch mit einer geringeren Varianz als die Eingangsverteilungen.

3.3.4 Multikriterielle Entscheidungsfindung

Entscheidungsprobleme im Bereich der multikriteriellen Entscheidungsfindung (engl. multi criteria decision making, MCDM) können in Multi-Attribut-Entscheidungen (engl. multi attribute decision making, MADM) und Multi-Ziel-Entscheidungen (engl. multi objective decision making, MODM) unterteilt werden.[234] Bei MADM-Methoden sind die Handlungsalternativen vorbestimmt, sodass die Problemlösung durch Auswahl einer Handlungsalternative erfolgt. Bei MODM-Methoden sind hingegen lediglich Rahmenbedingungen der Alternativen vorgegeben, sodass unendlich viele Lösungen existieren können. Zur Erfüllung der Anforderungen an die Methodik erscheinen MADM-Verfahren geeignet.[235]

Zu den MADM-Verfahren gehören u.a. das additive Modell (auch Nutzwertanalyse), TOPSIS (Technique for Order Preferences by Similarity to an Ideal Solution), PROMETHEE I-IV (Preference Ranking Organization METHods for Enrichment Evaluations I-IV), ELECTRE (ELimination Et Choice Translating REality) sowie der Analytische Hierarchieprozess (engl.

[234] Vgl. Hwang und Yoon (Multiple Attribute Decision Making) 1981, S. 3.
[235] Vgl. ebd. 1981, S. 3f.; Zimmermann und Gutsche (Multi-Criteria Analyse: Einführung in) 1991, S. 25.

analytic hierarchy process, AHP).[236] Sämtliche genannten Verfahren mit Ausnahme des additiven Modells unterliegen dem sogenannten rank reversal problem (RRP), nach welchem sich die Reihenfolge der bewerteten Alternativen durch das Hinzufügen oder Entfernen zusätzlicher Alternativen ändern kann.[237] Das additive Modell erfordert nach einer anfänglichen Initialisierung keine weitere Nutzerinteraktion, sodass die Berechnung der Kriterienausprägungen in beliebiger Komplexität softwareseitig durchführbar und simulierbar ist.[238]

Das additive Modell berechnet für jede Handlungsalternative eine multiattributive Wertfunktion, die die Einzelwertfunktionen der Ausprägungen einer Alternative in den verschiedenen Zielen zu einem diskreten Gesamtwert aggregiert. Dieser drückt die Präferenzstärke für die jeweilige Alternative aus, sodass die einzelnen Handlungsalternativen miteinander verglichen werden können. Gleichung 3.10 zeigt die Berechnung der multiattributiven Wertfunktion $f_w(a)$ für eine Handlungsalternative a. Jede Handlungsalternative wird durch ihre Ausprägungen in n Zielen definiert. Sie ist gegeben durch einen Menge $A = \{a_1, a_2, ...a_n\}$, wobei $a_r \in a$ ihre Ausprägung in Ziel r angibt. Der Gesamtwert $f_w(a)$ ergibt sich durch gewichtete Addition der Funktionswerte der Einzelwertfunktionen $f_w(a_r)$ der einzelnen Ausprägungen a_r. Die Kriteriengewichte w_r geben die relative Gewichtung der Ziele (und damit die der Ausprägungen in den einzelnen Zielen) an, sie werden über die Normierungsvorschrift auf 1 normiert.[239]

$$f_w(a) = \sum_{r=1}^{n} w_r \cdot f_w(a_r) \quad \text{mit} \quad w_r > 0 \ \wedge \ \sum_{r} w_r = 1 \tag{3.10}$$

Die Einzelwertfunktionen $f_w(a_r)$ drücken die Präferenzen des Entscheiders in Bezug auf die Ausprägungen a_r in den jeweiligen Zielen r aus. Die Präferenz eines Entscheiders für eine Ausprägung a_r einer Alternative A in Ziel r ist genau dann höher als die Präferenz für eine andere Ausprägung b_r einer Alternative B in Ziel r, falls $f_w(a_r) > f_w(b_r)$ gilt. Für $f_w(a_r) = f_w(b_r)$ ist der Entscheider indifferent in Bezug auf die Ausprägung a_r. Da die Wertfunktionen die Präferenzen des Entscheiders abbilden sollen, sind diese sehr individuell.

Zur Gewichtung von Zielen existieren verschiedene Verfahren, u.a. das Direct-Rating Verfahren, das Trade-off Verfahren, das Swing-Verfahren sowie die Eigenvektor-Methode als Teil des AHP.[240] Zur fundierten Entscheidungsfindung dürfen die Gewichtungen nicht dem Bandbreiteneffekt unterliegen. Eine solcher ist gegeben, falls sich durch Veränderung der Bandbreite, d.h. der Breite der Skala, auf dem ein Ziel gemessen wird, eine andere relative Bewertung der Ziele ergibt. Nach EISENFÜHR ET AL. kann ein Verfahren, dass die Zielgewichte aus pauschalen Wichtigkeitsaussagen ableitet, ohne auf die zugrundeliegenden Intervalle Rücksicht zu nehmen, nicht zu zuverlässigen Zielen führen.[241] Nach NITZSCH ist „der Bandbreiteneffekt [...]

[236] Vgl. Tzeng und Huang Jih Jeng (Multi Attribute Decision Making) 2011, S. 15f.; vgl. Luft et al. (Methoden der Entscheidungsfindung) 2016, S. 788–790.

[237] Vgl. Aires und Ferreira (The rank reversal problem) 2018, S. 331.

[238] Vgl. Eisenführ et al. (Rationales Entscheiden) 2010, S. 130f.; vgl. Nitzsch (Entscheidungslehre) 2019, S. 160f.

[239] Vgl. Eisenführ et al. (Rationales Entscheiden) 2010, S. 130f.; vgl. Nitzsch (Entscheidungslehre) 2019, S. 160f.

[240] Vgl. Zimmermann und Gutsche (Multi-Criteria Analyse: Einführung in) 1991, S. 54f.; vgl. Eisenführ et al. (Rationales Entscheiden) 2010, S. 138f.; vgl. Bamberg et al. (Betriebswirtschaftliche Entscheidungslehre) 2019, S. 60.

[241] Vgl. Eisenführ et al. (Rationales Entscheiden) 2010, S. 159.

grundsätzlich unerwünscht. Kann er nicht ausgeschlossen werden, hängt die Entscheidungsempfehlung des verwendeten Präferenzmodells von der (im Prinzip willkürlichen) Wahl der Bandbreite ab. [...] Falls ein Bandbreiteneffekt nicht ausgeschlossen werden kann, ist somit eine Entscheidungsfindung nicht ausreichend fundiert."[242] Das Direct-Rating Verfahren sowie der AHP unterliegen dem Bandbreiteneffekt.[243] Der AHP unterliegt zudem dem RRP sowie weiteren Verzerrungen.[244] Das Swing-Verfahren unterliegt zwar nicht dem Bandbreiteneffekt, lässt jedoch in Bezug auf die Punktebewertung der Abstände zwischen den Alternativen erhebliche Interpretationsspielräume zu. Damit stellt das Swing-Verfahren sehr hohe Anforderungen an den Entscheider.[245] Das Trade-off-Verfahren unterliegt nicht dem Bandbreiteneffekt und bietet somit eine fundierte Unterstützung der Entscheidungsanalyse.[246]

Das Trade-off-Verfahren basiert auf Indifferenzaussagen des Entscheiders zwischen bestimmten Zielpaaren, aus denen das relative Gewicht zwischen den beiden Zielen errechnet werden kann. Bei n Zielen sind $n - 1$ Indifferenzaussagen (Trade-offs) erforderlich, um sämtliche Gewichte bestimmen zu können. Eine Indifferenzaussage zwischen den beiden Zielen 1 und 2 erfolgt dabei in der Form $(a_1, a_2) \sim (b_1, b_2)$. Der Entscheider ist zwischen der Alternative a mit den Ausprägungen a_1 und a_2 sowie der Alternative b mit den Ausprägungen b_1 und b_2 indifferent.[247] Beim Kauf eines Produktes könnte sich Ziel 1 auf den Preis und Ziel 2 auf die Qualität des Produktes beziehen. Dabei wird das Ziel 1 auf einer Kardinalskala in Euro auf dem Intervall $[50\,€, 100\,€]$ und das Ziel Qualität auf einer Ordinalskala mit den Ausprägungen $\{Gut, Mittel, Schlecht\}$ gemessen. Ein Entscheider könnte dann beispielsweise zwischen einem Produkt a mit den Ausprägungen $(100\,€, Gut)$ und einem Produkt b mit den Ausprägungen $(50\,€, Mittel)$ indifferent sein. Die Indifferenzaussage kann auch als Austauschrate aufgefasst werden, die bestimmt, mit welcher Rate eine Ausprägung durch eine andere substituierbar ist.[248] Eine Möglichkeit zur Erzielung einer Indifferenzaussage ist die Worst-Best-Eingrenzung. Dabei werden zunächst die beiden Extremkombinationen $(a_{1,max}, a_{2,min})$ und $(b_{1,min}, b_{2,max})$ verglichen und anschließend eine der vier Ausprägungen solange verbessert oder verschlechtert, bis eine Indifferenzaussage erreicht ist. Für zwei Fälle mit einer Indifferenzaussage berechnet sich die Kriteriengewichtung nach Gleichung 3.11.

$$w_1 = \frac{f_w(b_2) - f_w(a_2)}{f_w(a_1) - f_w(b_1)} \cdot w_2 \tag{3.11}$$

3.4 Bestehende Forschungsergebnisse zur Technologieplanung

Nach der Herleitung der Anforderungen an die Methodik zu Beginn dieses Kapitels und der anschließenden Einordnung in die theoretischen Grundlagen des Gestaltungsbereichs werden

[242] Nitzsch (Entscheidungslehre) 2019, S. 172.
[243] Vgl. Ahn (Optimierung von Produktentwicklungsprozessen: Entscheidungsunterstützung) 1997, S. 152; vgl. Nitzsch (Entscheidungslehre) 2019, S. 165.
[244] Vgl. Bafahm und Sun (Conflicting Results in the AHP) 2018, S. 2.
[245] Vgl. Eisenführ et al. (Rationales Entscheiden) 2010, S. 143f.
[246] Vgl. Nitzsch (Entscheidungslehre) 2019, S. 166.
[247] Vgl. Eisenführ et al. (Rationales Entscheiden) 2010, S. 140f.; vgl. Nitzsch (Entscheidungslehre) 2019, S. 166f.
[248] Vgl. Eisenführ et al. (Rationales Entscheiden) 2010, S. 140–142.

in diesem Abschnitt bestehende Forschungsergebnisse zur Technologieplanung aus der wissenschaftlichen Literatur vorgestellt. Diese werden in Bezug auf ihre Zielsetzung sowie Stärken und Schwächen kritisch geprüft, um darauf aufbauend eine Bewertung vorzunehmen, inwiefern die aufgestellten Anforderungen durch diese erfüllt werden. Die untersuchten Arbeiten werden in zwei Gruppen unterteilt, welche sich aus der vorgenommenen Definition der Objekte der Technologieplanung ergeben.[249] In Unterabschnitt 3.4.1 werden daher zunächst Arbeiten aufgegriffen, welche sich vorrangig dem Planungsobjekt selbst widmen, inbesondere der Identifikation, Bewertung oder Auswahl von Fertigungstechnologien oder Fertigungsressourcen. Anschließend werden in Unterabschnitt 3.4.2 Forschungsergebnisse vorgestellt, welche sich mit der jeweiligen Verkettung ebendieser Planungsobjekte beschäftigen, d.h. primär Technologieketten oder Fertigungsfolgen generieren oder bewerten. Die Arbeiten werden in chronologischer Reihenfolge erläutert, da diese teilweise aufeinander verweisen.

3.4.1 Forschungsergebnisse mit Fokus auf dem Planungsobjekt

Schmitz entwickelt eine Methodik zur Erschließung der Potentiale innovativer Fertigungstechnologien. Die Zielsetzung besteht darin, systematisch und in Übereinstimmung mit der Unternehmensstrategie die Zielgrößen Qualität, Kosten, Zeit und Ökologie durch Prozessinnovationen zu adressieren.[250]

Die Methodik gliedert sich mit der Situationsanalyse, Produktanalyse, Alternativensuche, Variantenkreation und -reduktion, Bewertung sowie Aktivitätenprogramm in sechs Schritte.[251] Die Produkte werden dabei in ihre Produktstrukturelemente heruntergebrochen, denen Fertigungstechnologien zugeordnet werden können. Die Informationen werden in Technologiedatenblättern dokumentiert, welche auch rudimentär eine Stückzahlabhängigkeit berücksichtigen. Schmitz bildet dabei Unsicherheiten mittels Fuzzy Sets ab. Ingesamt ist die Methodik jedoch als Optimierung für die Fertigung bestehender Produkte aufzufassen und nicht für eine initale Auslegung geeignet. Eine praxisnahe Unterstützung zur Generierung von Technologieketten wird ebenso wenig berücksichtigt wie eine monetäre Bewertung der Betrachtungsobjekte.

Nau liefert im Kontext der Produktionsanlaufplanung eine Methodik zur Entscheidungsunterstützung für die Auswahl und Einführung von bisher nicht genutzten Fertigungstechnologien. Zielsetzung dabei ist, den Aufwand bei der Anlaufplanung zu reduzieren.[252]

Das Vorgehen nach Nau besteht aus vier Schritten: Vorauswahl, Grobplanung mit Risiko-Potenzial-Analyse, Feinplanung mit Einflussanalyse und als Ergebnis die anlaufbefähigte Fertigungstechnologie.[253] Zwar berücksichtigt Nau die Risiken der Technologien, jedoch ist keine durchgängie Unterstützung von unvollkommenen Informationen in Form von Unsicherheiten

[249] Vgl. Unterabschnitt 3.2.2.
[250] Vgl. Schmitz (Methodik zur strategischen Planung) 1996, S. 4–6.
[251] Vgl. ebd. 1996, S. 43.
[252] Vgl. Nau (Anlauforientierte Technologieplanung) 2012, S. 37.
[253] Vgl. ebd. 2012, S. 42f.

erkennbar. Explizit ausgeschlossen wird die Anwendbarkeit bei der initialen Auslegung der Fertigung für neue Produkte. Auf die zu fertigende Stückzahl wird nicht spezifisch eingegangen, zudem ist keine monetäre Bewertung gegeben.

HEESCHEN entwirft eine Methodik zur systematischen Auswahl von Fertigungstechnologien und -ressourcen auf Basis unternehmensindividueller Anforderungen, wobei eine klare Fokussierung auf den Werkzeugbau besteht. Als Zielgrößen dienen dabei die Wirtschaftlichkeit und Wettbewerbsfähigkeit.[254]

In den drei übergeordneten Schritten Analysephase, Gestaltungsphase zur Technologieauswahl und Gestaltungsphase zur Ressourcenauswahl werden Fertigungskonzepte auf strategischer Ebene für Werkzeugbaubetriebe gesucht und bewertet, jedoch keine Technologieketten zur Fertigung konkreter Produkte gebildet.[255] Die Produktstruktur teilt HEESCHEN in geometrische Eigenschaften und Werkstoffeigenschaften ein, um mittels Technologiematrix einen Abgleich zwischen Technologie und Werkstück durchzuführen. Die Technologien sind jedoch auf solche mit Relevanz für den Werkzeugbau eingeschränkt, sodass die Einzel- und Kleinstserienfertigung im Vordergrund steht, nicht jedoch eine Großserienfertigung. Unsicherheiten oder unvollkommene Informationen werden nicht berücksichtigt. Eine monetäre Bewertung findet ebenfalls nicht statt.

GREITEMANN bietet einen Leitfaden zur systematischen Identifikation von Produktionstechnologien im Rahmen der Technologiefrüherkennung. Zielsetzung ist die Unterstützung von Unternehmen bei der zukünftigen Auswahl existierender Technologien mit unterschiedlicher Reife.[256]

Die Methodik besteht aus den sechs Schritten Suchfelddeduktion, Suchfeldauswahl, Suchfeldbeschreibung, Informationsquellenauswahl, Informationssuche und Informationsbewertung.[257] Damit ermöglicht GREITEMANN ausführlich die Berücksichtigung sowohl bekannter als auch neuer Technologien. Jegliche Betrachtungen im Hinblick auf eine Serienproduktion, der Verwertung unvollkommener Informationen oder der Einbezug monetärer und nicht-monetärer Bewertungskriterien bleiben jedoch außen vor.

3.4.2 Forschungsergebnisse mit Fokus auf der Verkettung von Planungsobjekten

SCHELL entwickelt ein Verfahren zur rechnergestützten Bewertung alternativer Handhabungs- und Fertigungsfolgen in der frühen Phase der Produkt- und Prozessgestaltung. Im Fokus steht hierbei die Berücksichtigung unsicherer Informationen.[258]

Die Methodik ist in drei übergeordnete Schritte unterteilt. Auf der Schnittstelle zwischen Produktgestaltung und Fertigungsplanung finden demnach die Prüfung der Herstellbarkeit, die

[254] Vgl. Heeschen (Kennzahlenbasierte Auswahl der Fertigungstechnologien) 2015, S. 6f.
[255] Vgl. ebd. 2015, S. 91–103.
[256] Vgl. Greitemann (Methodik für die systematische Identifikation) 2016, S. 10f.
[257] Vgl. ebd. 2016, S. 55-57.
[258] Vgl. Schell (Bewertung alternativer Handhabungs- und Fertigungsfolgen) 1997, S. 15f.

Prüfung der Handhabbarkeit und die Bewertung alternativer Fertigungsfolgen statt.[259] Dabei berücksichtigt SCHELL explizit Unsicherheiten, welche im Zuge der featurebasierten Produktgestaltung als Fuzzy Sets modelliert werden. Die Fertigungsfolgen stellen a priori bekannte Eingangsinformationen dar, welche in einer Betriebsmitteldatenbank hinterlegt werden. Die zu fertigende Stückzahl ist kein Kriterium, sodass auch keine Berücksichtigung der Skalierbarkeit besteht.

Eine in der späteren Literatur häufig aufgegriffene Arbeit geht auf FALLBÖHMER zurück, der eine Methodik für das Generieren alternativer Technologieketten in frühen Phasen der Produktentwicklung liefert. Dieses konstruktionsbegleitende Vorgehen wird in das Modell der Produktentwicklung nach VDI-Richtlinie 2221[260] integriert.[261]

Ausgehend von Informationen aus der Produktentwicklung sieht das Vorgehen nach FALLBÖHMER eine Technologievorauswahl und -identifikation, eine Generierung von Technologieketten und eine Bewertung hinsichtlich der Machbarkeit vor. Dabei werden Produktmerkmale featurebasiert systematisiert und verschiedenen Datenmodellen zugeführt, sodass diese vor allem für generische, einzelne Bauteile unter Berücksichtigung von Werkstoff und Technologieparametern sinnvoll anwendbar sind, nicht jedoch für komplexe Produkte. Unsichere Informationen werden mithilfe von Fuzzy Sets verarbeitet. Die Stückzahleignung wird lediglich qualitativ als K.O.-Kriterium berücksichtigt. Außerdem erfolgt eine Bewertung lediglich hinsichtlich nichtmonetärer Kriterien, eine monetäre Bewertung wird nicht vorgenommen.

TROMMER entwickelt eine Methodik zur Generierung und Bewertung von Fertigungsalternativen unter Berücksichtigung der Abläufe im Produkt- und Prozessgestaltungsprozess. Die Erkenntnisse von FALLBÖHMER werden dabei aufgegriffen und auf Ebene der Fertigungsfolgen weiterentwickelt.[262]

Die Methodik läuft in sechs Modulen ab: Aufbau der Datenmodelle, Eignungsanalyse von Produktionsmitteln (direkte Wertschöpfung, grob), Eignungsanalyse von Produktionsmitteln (direkte Wertschöpfung, fein), Generierung alternativer Fertigungsprozess-/ Fertigungsfolgen, Eignungsanalyse von Produktionsmitteln (indirekte Wertschöpfung) und Bewertung alternativer Fertigungsfolgen.[263] Beginnend in der Konstruktionsphase wird die zu fertigende Stückzahl als gegeben angenommen. Auch TROMMER nutzt Fuzzy Sets für die Abbildung unscharfer Informationen. Eine explizite Unterstützung der Fertigung neuartiger, komplexer Produkte ist nicht gegeben, sodass die Methodik vorrangig für generische, einzelne Bauteile anwendbar ist. Parallel zur Methodik wird ein Kostenmodell aufgebaut.

KNOCHE widmet sich der Unterstützung bei Technologieauswahl, Technologievergleich und Verkettung von Technologien. Zielsetzung ist dabei die Erarbeitung eines generischen Modells, welches eine möglichst universelle Anwendbarkeit ermöglicht.[264]

---

[259] Vgl. Schell (Bewertung alternativer Handhabungs- und Fertigungsfolgen) 1997, S. 16f.
[260] Vgl. Verein Deutscher Ingenieure - Fachbereich Produktentwicklung und Mechatronik (VDI 2221 Blatt 1: Entwicklung) 2019.
[261] Vgl. Fallböhmer (Generieren alternativer Technologieketten) 2000, S. 35f.
[262] Vgl. Trommer (Methodik) 2001, S. 26f.
[263] Vgl. ebd. 2001, S. 43–45.
[264] Vgl. Knoche (Generisches Modell) 2005, S. 2f.

Das Modell wird in die vier Teilmodelle zur Technologieklassifizierung, zur Beschreibung der Einsetzbarkeit der Technologie, zur Beschreibung des technologischen Transformationsprozesses und zur Beschreibung der Verkettungsmöglichkeiten von Technologien untergliedert.[265] Die featurebasierte Beschreibung von Werkstücken erlaubt einen Abgleich von Produktmerkmalen mit Technologieeigeschaften, wobei grundsätzliche Offenheit für alle Technologien herrscht. KNOCHE betrachtet jedoch keine Skalierbarkeit in Bezug auf die zu fertigende Stückzahl. Unsicherheiten werden nur ansatzweise die Unterstützung der Eingabe von Intervallbereichen berücksichtigt, auch findet eine aussagekräftige Bewertung der Verkettungen nicht statt.

MÜLLER entwirft eine Methodik zur entwicklungs- und planungsbegleitenden Generierung und Bewertung von Produktionsalternativen. Im Zentrum der Betrachtung steht dabei die Neuplanung von Verfahrensketten mit der Zielsetzung, Produktionssysteme der Serien- und Massenproduktion zu bewerten und eine produktionsseitige Optimieriung der Produktentwicklung zu ermöglichen.[266]

Das Vorgehen besitzt die vier Schritte integrierte Produktdefinition, Verfahrenskettendefinition, Anpassung und Analyse der Verfahrensketten sowie ganzheitliche Bewertung und Auswahl der Verfahrensketten, im Zuge derer drei Partialmodelle Anwendung finde.[267] Beginnend in frühen Phasen der Produktentwicklung erfolgt eine Strukturierung von Produktklassen und -elementen. Die Bildung der Technologieketten wird unzureichend betrachtet, indem lediglich auf Arbeiten von FALLBÖHMER, TROMMER sowie KNOCHE verwiesen wird. Obwohl MÜLLER laut eigener Aussage den Fokus auf Serien- und Massenproduktion legt, werden Stückzahlen und deren Skalierbarkeit nicht betrachtet. Eine durchgängige Modellierung von Unsicherheiten findet nicht statt. Die Bewertung erfolgt anhand von Kosten, qualitativen Aspekten und Einmalaufwänden und zeigt Schwächen bei deren Abgrenzung gegeneinander.

WILLMS entwickelt eine Methodik zur Auslegung von kostenoptimalen und prozessstabilen Fertigungsverkettungen. Zielsetzung ist eine kombinierte Toleranz-, Ausschuss- und Kostenoptimierung in der Produktplanungsphase. Dabei baut WILLMS stark auf den Methoden von FALLBÖHMER und TROMMER auf.[268]

Die Methodik besteht aus acht Schritten: Charakterisierung, Generierung der Fertigungsverkettung, Generierung der Prozessalternativen, Reduktion der Prozessalternativen, Ermittlung der Fertigungshistorie, Identifikation von Risikoprozessen, Bestimmung der Fertigungskosten sowie Benchmarking.[269] WILLMS nutzt eine featurebasierte Produktarchitektur mit geometrischen und technologischen Merkmalen. Unsichere Informationen werden im Kontext der Fertigungshistorie anhand statistischer Methoden modelliert. Die zu fertigende Stückzahl findet genau wie deren Skalierbarkeit keine ausreichende Berücksichtigung und wird lediglich als Faktor für die Kostenberechnung benötigt. Im Benchmarking lassen sich die drei Kriterien Ausschuss, Herstellkosten und Herstellzeit letztendlich alle auf monetäre Ergebnisse zurückführen, sodass eine nicht-monetäre Bewertung nicht gegeben ist.

[265] Vgl. ebd. 2005, S. 88f.
[266] Vgl. Müller (Methodik) 2007, S. 10f.
[267] Vgl. ebd. 2007, S. 127–138.
[268] Vgl. Willms (Methodisches System zur Auslegung) 2008, S. 26.
[269] Vgl. ebd. 2008, S. 27f.

HEIMES nimmt mit einer Methodik zur Auswahl von Fertigungsressourcen Bezug auf die Herstellung eines ebenfalls komplexen und zukunftsrelevanten Produkts, der Lithium-Ionen-Batterie. Die Zielsetzung besteht in der Erklärung der Wirkzusammenhänge bei dem Auswahlvorgang von Fertigungsressourcen in der Fertigung von Lithium-Ionen-Batterien.[270]

In drei übergeordneten Modulen zur Initiierung, Analyse und Gestaltung ist die Methodik in sieben Phasen gegliedert.[271] Diese ermöglichen eine Anwendbarkeit zur initialen Auslegung der Fertigung, wobei eine Offenheit für bekannte und neue Fertigungstechnologien gegeben ist. HEIMES unterstützt jedoch keine Systematisierung der Produktarchitektur und zugehöriger Herstellungsalternativen, zumal die die Technologiekette als gegeben angenommen wird, sodass eine morphologische Auswahl aus verschiedenen Ausprägungen der Fertigungsressourcen im Vordergrund steht. Auch die zu fertigende Stückzahl spielt eine untergeordnete Rolle. Die Modellierung ist strukturiert und durchgängig, Unsicherheiten werden jedoch nur ansatzweise über den Reifegrad berücksichtigt. Als Auswahlkriterien dienen Zeit, Kosten, Qualität, Flexibilität und Reifegrad.

SCHINDLER integriert die Planung von Technologieketten für die Produktion in einen strategischen Kontext. Zielsetztung ist die Entwicklung einer Methodik zur strategischen Planung von Technologieketten unter Berücksichtigung von damit verbundenen Chancen und Risiken der auszuwählenden Technologie sowie der Gewährleistung der wirtschaftlichen Anwendbarkeit.[272]

Die Methodik setzt sich aus fünf Schritten zusammen: Technologiestrategie und Produktdefinition, Technologieidentifikation und -vorauswahl, Generierung von Technologiekettenalternativen, Bewertung der Technologiekettenalternativen und Auswahl der Technologiekette.[273] Zwar befähigt der strategische Ansatz die initiale Auslegung der Fertigung, jedoch setzt SCHINDLER die Information über die zu fertigende Stückzahl und zu verwendenden Materialien als bekannt voraus. Die Validierung der Methodik anhand einer Fertigungsaufgabe mit lediglich sechs Fertigungsschritten, sodass sich die Technologieketten oft nur minimal unterscheiden, zeigt, dass eine Anwendbarkeit auf ein komplexes Produkt nicht in ausreichendem Maße gegeben ist. Mit der Verwendung von Monte-Carlo-Simulationen gelingt der Einbezug von Unsicherheit in Form von Streuung. Zur Bewertung werden die Kriterien Technologiereife, Wirtschaftlichkeit, Technologiepotenzial und technische Machbarkeit aufgestellt, welche Limitationen in Bezug auf ihre Konsistenz und Abgrenzung beinhalten.

HEES entwickelt ein System zur Produktionsplanung für rekonfigurierbare Produktionssysteme. Zielsetzung ist die Modellierung und Beschreibung der Eigenschaften rekonfigurierbarer Produktionssysteme sowie die Beschreibung der Skalierbarkeit für die Produktionsplanung.[274]

Das Vorgehen besteht aus den drei übergeordneten Schritten Produktionsbedarfsplanung, Ressourcenplanung und Produktionsablaufplanung.[275] Die zu fertigenden Stückzahl muss in Form

[270] Vgl. Heimes (Methodik zur Auswahl von Fertigungsressourcen) 2014, S. 3f.
[271] Vgl. ebd. 2014, S. 115.
[272] Vgl. Schindler (Strategische Planung von Technologieketten) 2014, S. 15f.
[273] Vgl. ebd. 2014, S. 82.
[274] Vgl. Hees (System zur Produktionsplanung) 2016, S. 4f.
[275] Vgl. ebd. 2016, S. 57.

von Kundenaufträgen a priori vorliegen. Bei HEES steht allgemein die Produktionsplanung stärker im Fokus als die Technologieplanung, sodass Technologien bereits bestehen und Konfigurationen bilden, zwischen denen gewechselt werden kann. Diese Konfigurationen werden durch Petri-Netze mathematisch modelliert. Die durchgängige mathematische Beschreibung mündet in ein gemischt-ganzzahliges Optimierungsproblem, welches als Zielfunktion die Kosten minimiert und mittels Branch-and-Bound gelöst wird. Nicht-monetäre Kriterien finden keine Berücksichtigung.

3.5 Handlungsbedarf aus der Theorie

Aufbauend auf dem in Kapitel 2 hergeleiteten Handlungsbedarf aus der Praxis wurden in Abschnitt 3.1 Anforderungen an die Methodik formuliert. Damit wurde der Gestaltungsbereich auf das Forschungsfeld der Technologieplanung eingegrenzt, zu welchem in Abschnitt 3.2 die Grundlagen mit Fokus auf Skalierbarkeit erörtert und für diese Arbeit gültige Definitionen aufgestellt wurden. Nach der Vorstellung von analytischen und heuristischen Methoden in Abschnitt 3.3, welche zur späteren Lösungsfindung geeignet erscheinen, wurden in Abschnitt 3.4 bestehende Forschungsergebnisse im Kontext der Technologieplanung kurz zusammengefasst und im Hinblick auf ihre Anforderungserfüllung untersucht.

Die Erläuterungen machen deutlich, dass eine Vielzahl an Methodiken zur Systematisierung, Planung oder Bewertung von Fertigungstechnologien, Technologieketten, Fertigungsressourcen und Fertigungsfolgen existiert. Diese lassen sich in Arbeiten mit Fokus auf den Planungsobjekten selbst und solche mit Fokus auf der Verkettung der Planungsobjekte unterteilen. Darin werden verschiedene Schwerpunkte gesetzt, um die zugrundeliegenden Praxisherausforderungen möglichst zielgerichtet zu adressieren. Tabelle 3.2 fasst die Bewertung der Forschungsergebnisse in Bezug auf die Erfüllung der in dieser Arbeit aufgestellten Anforderungen zusammen.

Die Übersicht zeigt, dass keine der bestehenden Forschungsarbeiten die in Abschnitt 3.1 aufgestellten Anforderungen in ihrer Gesamtheit ausreichend gut erfüllen kann. Während die Möglichkeit zur Anwendung bekannter sowie Einführung neuer Fertigungstechnologien (A3) oder die durchgängige Modellierung und Verwertung unvollkommener Informationen (A5) von einigen Arbeiten voll unterstützt werden, ist insbesondere die Darstellung der Eignung für eine stückzahl-skalierbare Serienproduktion (A4) nur unzureichend betrachtet. Im Zuge einer Bewertung werden häufig verschiedene Kriterien herangezogen, jedoch ist auch hier ein konsistenter, gleichwertiger Einbezug relevanter sowohl monetärer als auch nicht-monetärer Kriterien (A6) kaum gegeben.

Zusammenfassend lässt sich feststellen, dass bisherige Forschungsergebnisse zur Technologieplanung nicht ausreichen, um systematisch die möglichen Fertigungsansätze und Technologieketten für die Herstellung des komplexen Produkts Brennstoffzelle zu gestalten und Aussagen darüber zu erhalten, welche der Technologieketten und damit auch Fertigungsansätze für eine stückzahl-skalierbare Produktion in welchem Maße geeignet sind. Aufgrund der fehlenden Berücksichtigung heterogener Fertigungsansätze sowie der relevanten Dimensionen für die Skalierung der Technologieketten ist anzustreben, den Stand der Forschung dahingehend zu erweitern. Im folgenden Kapitel 4 wird daher eine Methodik zur Erfüllung der aufgestellten Anforderungen konzipiert.

		Objektbereich			Zielbereich		
		A1	A2	A3	A4	A5	A6
		Anwendbarkeit für eine initiale Auslegung der Fertigung bei steigendem Marktbedarf	Systematisierung der Produktarchitektur und zugehöriger Herstellungs-Alternativen	Möglichkeit zur Anwendung bekannter sowie Einführung neuer Fertigungstechnologien	Darstellung der Eignung für eine kompatible, stückzahl-skalierbare Serienproduktion	Durchgängige Modellierung und Verwertung unvollkommener Informationen	Gleichwertiger Einbezug relevanter sowohl monetärer als auch nicht-monetärer Kriterien
Fokus: Planungs-objekte	Schmitz 1996	◔	◔	●	◔	◑	◔
	Nau 2012	○	○	◑	○	◔	◔
	Heeschen 2015	○	◑	◔	○	○	◔
	Greitemann 2016	◑	◑	●	○	○	○
Fokus: Verkettung der Planungsobjekte	Schell 1997	○	◔	●	○	●	◑
	Fallböhmer 2000	◑	◔	●	◔	●	○
	Trommer 2001	◔	◑	◔	○	●	◑
	Knoche 2005	○	◑	●	○	◔	◔
	Müller 2007	◔	◔	◑	○	◔	◑
	Willms 2008	◑	◑	◔	○	◑	○
	Heimes 2014	◑	○	●	○	◔	◑
	Schindler 2014	◔	◔	◑	◔	●	◑
	Hees 2016	○	○	◔	◑	○	○

Legende:
○ Anforderung nicht erfüllt
◔ Anforderung in Ansätzen erfüllt, Fokus abweichend
◑ Anforderung teilweise erfüllt, Fokus ähnlich
● Anforderung nahezu vollständig erfüllt

Tab. 3.2: Bewertung der Anforderungserfüllung bestehender Forschungsergebnisse

4 Konzeption einer Methodik zur Gestaltung und Bewertung von Technologieketten

Nachdem in den vorherigen Kapiteln im Zuge der Beschreibung des Betrachtungs- und des Gestaltungsbereichs der Handlungsbedarf aus der Praxis sowie Theorie aufgezeigt wurde, hat dieses Kapitel die Konzeption einer Lösung zum Ziel. Unter Lösung, welche diese Handlungsbedarfe adressiert, ist dabei eine Methodik zu verstehen, welche die in Abschnitt 3.1 abgeleiteten Anforderungen bestmöglich erfüllt. Dazu werden in Abschnitt 4.1 die theoretischen Grundlagen, welche als Fundament bei der Konzeption dienen, kurz vorgestellt. Anschließend werden in Abschnitt 4.2 auf Basis der Forschungsfrage Vorüberlegungen zur Konzeption diskutiert, welche die bereits erwähnten Anforderungen aufgreifen und in Richtung einer Lösungsfindung weiterentwickeln. Hieraus wird schlussendlich in Abschnitt 4.3 durch das Aufstellen von Teillösungshypothesen das Lösungskonzept konkretisiert. Diese Konzeption bildet so den Rahmen der Methodik für deren Detaillierung im nachfolgenden Kapitel 5.

4.1 Grundlagen der Methodikkonzeption

In diesem Kapitel werden die wissenschaftstheoretischen Grundlagen erläutert, an welchen sich die Konzeption der Methodik orientieren muss. Eine Methodik bezeichnet ein System zusammengehöriger Modelle, Methoden und Hilfsmittel, welches die Lösung einer spezifischen Aufgabenstellung zum Ziel hat.[276]

4.1.1 Modellbildung für den Erkenntnisprozess

Zur Darstellung, Erklärung, Verständnis und Gestaltung der Wirklichkeit hat sich die Verwendung von Modellen etabliert.[277] Komplexe Zusammenhänge können mit Modellen im Hinblick auf relevante Problemstellungen vereinfacht dargestellt werden. Ziel der Modellbildung ist dabei im Allgemeinen die Komplexitätsreduktion der realen Situation.[278] MINSKY verwendet den Begriff Modell im folgenden Sinne: Ein Objekt A* ist für einen Beobachter B ein Modell eines

[276] Vgl. Koch (Methodik zur Steigerung der Wandlungsfähigkeit) 2011, S. 110; vgl. Gartzen (Diskrete Migration als Anlaufstrategie) 2012, S. 101; vgl. Voet (Baukastensysteme für die Fabrikplanung), S. 115.

[277] Vgl. Kozielski (Integratives Kennzahlensystem) 2010, S. 86; vgl. Sarovic (Gestaltung variantenrobuster Produkt-Produktionssysteme) 2018, S. 101.

[278] Vgl. Kozielski (Integratives Kennzahlensystem) 2010, S. 86; vgl. Vajna et al. (CAx für Ingenieure) 2018, S. 177.

Objekts A, wobei B anhand von A* Fragen beantworten kann, die ihn zu A interessieren.[279] Nach STACHOWIAK sind dem allgemeinen Modellbegriff drei Hauptmerkmale immanent:

- Abbildungsmerkmal: Ein Modell ist stets ein Abbild oder eine Repräsentation eines natürlichen oder künstlichen Originals, wobei das Original umfassend definiert „dem Bereich der Symbole, der Welt der Vorstellungen und der Begriffe oder der physischen Welt angehören [kann]"[280]. Der Abbildungsbegriff ist hier in Anlehnung an den mathematischen Sinn zu verstehen. Modelle können wiederum selbst Originale für Modelle sein.[281]
- Verkürzungsmerkmal: Nicht alle Attribute eines abgebildeten Originals müssen im Modell wiedergefunden werden. Eine Beschränkung auf Attribute, die dem Modellerschaffer bzw. -benutzer hinsichtlich der Zielsetzung relevant erscheinen, ist möglich und sinnvoll.[282]
- Pragmatisches Merkmal: Vollständige Modelle weisen einen Nutzer-, Zeit- und Zweckbezug auf, in dessen Rahmen sie ihre Ersetzungsfunktion erfüllen. Eine eindeutige Zuordnung der Modelle zu ihren Originalen ist nicht per se gegeben.[283]

Die Schaffung eines Modells zur Lösung einer spezifischen Aufgabenstellung wird als Modellbildung bezeichnet. Mithilfe der Modellbildung wird der Problemlösungsprozess von der Ebene des realen oder nicht-realen Originals auf eine abstrakte Ebene gehoben.[284] Auf der abstrakten Ebene kann mit verhältnismäßig geringem Aufwand und hoher Allgemeingültigkeit eine abstrakte Lösung gefunden werden. Häufig existiert für die direkte Problemlösung auf der Originalebene keine triviale Lösung oder deren Lösung stellt sich als zu aufwändig dar.[285] Durch Interpretation der Modelllösung erfolgt anschließend deren Rückführung auf die Originalebene, um eine Lösung des Originalproblems zu erzielen. Im Zuge der Modellbildung ist auf eine möglichst hohe Validität der Modelllösung für die Lösung des Originalproblems zu achten. Der Prozess der indirekten Problemlösung durch Abstraktion ist in Abbildung 4.1 in Anlehnung an VAJNA ET AL. dargestellt.[286]

[279] Vgl. Minsky (Matter, Mind and Models) 1965, S. 45f.
[280] Stachowiak (Allgemeine Modelltheorie) 1973, S. 131.
[281] Vgl. ebd. 1973, S. 132.
[282] Vgl. ebd. 1973, S. 132.
[283] Vgl. ebd. 1973, S. 132f.
[284] Vgl. Baetge (Betriebswirtschaftliche Systemtheorie) 1974, S. 47–49; vgl. Vajna et al. (CAx für Ingenieure) 2018, S. 142.
[285] Vgl. Schumacher (Proaktive Resequenzierung) 2019, S. 99.
[286] Vgl. Vajna et al. (CAx für Ingenieure) 2018, S. 142.

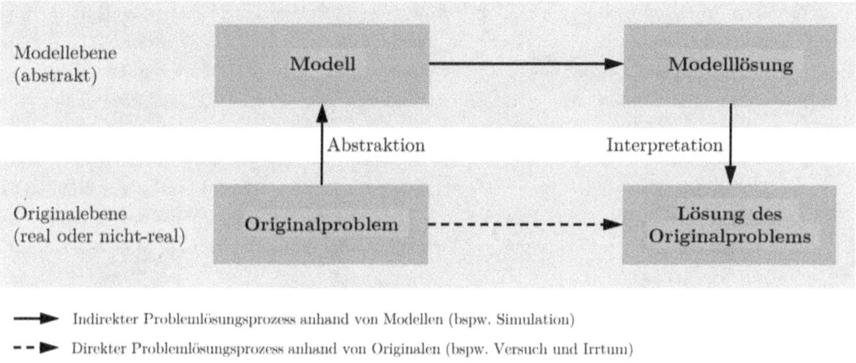

Abb. 4.1: Prozess der indirekten Problemlösung durch Abstraktion

Für den Erkenntnisprozess der zu konzipierenden Methodik wird die Modellbildung als Fundament herangezogen. Mit besonderem Fokus auf den indirekten Problemlösungprozess bildet die Modelltheorie den wissenschaftstheoretischen Ordnungsrahmen der Methodikkonzeption. Dabei besteht das Originalproblem im realen Betrachtungsobjekt der Technologieplanung zur Brennstoffzellenproduktion, für das die Methodik eine Lösung aufzeigen soll.

4.1.2 Vorgehensmodell des Systems Engineering

Das Systems Engineering (SE) stellt eine methodische Komponente für den Problemlösungsprozess dar, unabhängig von der Art des Problems. Die SE-Philosophie umfasst das Systemdenken, welches als Hilfsmittel die Strukturierung, das Verständnis und die Abgrenzung eines Sachverhalts unterstützt, und das Vorgehensmodell des SE, welches Grundprinzipien für die Entwicklung und Realisierung einer Lösung anbietet.[287]

Im Zuge des Vorgehensmodells beschreibt HABERFELLNER vier Grundprinzipien als zweckmäßig:[288]

- **Vorgehen vom Groben zum Detail:** Sowohl bei der Untersuchung des Problemfelds als auch beim Lösungsentwurf sollte das Betrachtungsfeld zunächst weiter gefasst werden, um es anschließend schrittweise einzuengen. So kann eine plausible Abgrenzung und ein Kontextbezug sichergestellt und eine zu frühzeitige Fokussierung auf Details vermieden werden. Das Vorgehen kann auch als Top-Down-Prinzip bezeichnet werden.[289]

[287] Vgl. Koch (Methodik zur Steigerung der Wandlungsfähigkeit) 2011, S. 108; vgl. Heimes (Methodik zur Auswahl von Fertigungsressourcen) 2014, S. 105f.; vgl. Haberfellner (Systems Engineering) 2018, S. 8-10.

[288] Vgl. ebd. 2018, S. 53.

[289] Vgl. Koch (Methodik zur Steigerung der Wandlungsfähigkeit) 2011, S. 108; vgl. Haberfellner (Systems Engineering) 2018, S. 56f.

- **Denken in Varianten:** Ein möglichst umfassender Überblick über verschiedene Lösungsvarianten sollte geschaffen werden, bevor diese zu sehr detailliert werden. So kann ein Zufriedengeben mit der erstbesten Lösungsidee zu Ungunsten einer besseren Lösungsidee vermieden werden. Mit der Variantenbildung geht gleichzeitg eine Reduktion von Varianten einher.[290]
- **Phasenablauf:** Die Untergliederung der Entwicklung einer Lösung in einzelne Phasen baut auf den beiden bereits beschriebenen Grundprinzipien auf und ermöglicht eine Komplexitätsreduktion für die Planenden und Durchführenden. Der Problemlösungsprozess wird in überschaubare Etappen gegliedert, sodass der Phasenablauf als Makro-Logik angesehen werden kann.[291]
- **Problemlösungszyklus:** Bei der Lösung von Problemen sollte ein formaler Vorgehensleitfaden angewendet werden, welcher eine Arbeitslogik für jede Phase der Lösungsentwicklung bildet. Die Schritte Zielsuche bzw. -konkretisierung, Lösungssuche und Auswahl können somit als Mikro-Logik bezeichnet werden.[292]

Die vier Grundprinzipien des SE-Vorgehensmodell werden als verbindliche Orientierung für die Strukturierung der Problemstellung sowie den Problemlösungsprozess der Methodikkonzeption und -detaillierung genutzt.

4.2 Anforderungsinduzierte Vorüberlegungen zur Methodikkonzeption

Das übergeordnete Ziel dieser Arbeit liegt im Aufbau einer Methodik zur Gestaltung und Bewertung von skalierbaren Technologieketten auf dem Weg zur Großserienproduktion von Brennstoffzellen.[293] Dieser Handlungsbedarf wurde durch die Analyse des heutigen Produktionsumfelds zur Brennstoffzelle hergeleitet.[294] Für ein zielgerichtetes Forschungsvorgehen wurde eine Forschungsfrage[295] formuliert, welche einen direkten Bezug zur Originalebene des Problems herstellt.

> **Forschungsfrage**
> Wie kann die Gestaltung und Bewertung von skalierbaren Technologieketten zur Herstellung des komplexen Produkts Brennstoffzelle methodisch durchgeführt werden?

Darin werden einige wesentliche Aufgabenstellungen angesprochen, deren nähere Betrachtung sich für den weiteren Erkenntnisgewinn lohnt. Als Kernelemente finden sich hier gleichwertig die beiden Begriffe Gestaltung und Bewertung. Diese beiden Aufgaben sind somit unabhängig voneinander auf derselben Hierarchiestufe durch die Methodik zur Verfügung zu stellen. Gleichzeitig ist durch rein semantisch-logische Betrachtung leicht erkennbar, dass für eine Bewertung

[290] Vgl. Haberfellner (Systems Engineering) 2018, S. 57–60.
[291] Vgl. ebd. 2018, S. 61–69.
[292] Vgl. ebd. 2018, S. 70–81.
[293] Vgl. Abschnitt 1.1.
[294] Vgl. Kapitel 2.
[295] Vgl. Abschnitt 1.2.

die zu bewertenden Objekte bereits im Vorfeld existieren müssen. Somit ist die Gestaltung der Technologieketten sequenziell vor der Bewertung durchzuführen.

4.2.1 Herleitung von Mechanismen zur Skalierung

Wie in der Forschungsfrage deutlich wird, stehen Technologieketten mit der expliziten Eigenschaft „skalierbar" im Fokus der Methodik. Diese Eigenschaft spiegelt sich ebenfalls zentral in den Anforderungen an die Methodik wider,[296] findet jedoch in bisherigen Forschungsansätzen mit verwandter Zielsetzung nicht ausreichend Berücksichtigung[297]. Für ein einheitliches Verständnis im Kontext der Technologieplanung zur Großserienproduktion von Brennstoffzellen wurde in Abschnitt 3.2 der Begriff Skalierbarkeit sowie die weitere Terminologie zur Verwendung in dieser Arbeit definiert.[298]

Für die Methodikkonzeption ist es erforderlich, die abstrakte Definition der Skalierbarkeit zu konkretisieren. Hierzu werden greifbare Mechanismen entworfen, wie die geforderte Erweiterbarkeit der Kapazität von einer Stückzahl auf eine höhere im realen Produktionsumfeld umgesetzt werden kann. Eine lineare Erweiterung der Kapazitäten lässt sich durch Parallelisieren erreichen (1. Skalierungsmechanismus). Hierbei werden eine oder mehrere Fertigungsressourcen, bspw. an Engpässen in der Produktion oder aber die gesamte Produktionslinie selbst, mehrfach ausgeführt. Der Vorteil liegt in einer einfachen Integration in die bestehende Produktionsumgebung, wobei alle benötigten Kompetenzen bereits vorhanden sind. Die bereits angesprochene Linearität der Erweiterung bedeutet jedoch, dass eine Degression der Stückkosten mit dieser Art der Skalierung nicht oder nur schwach ausgeprägt ist. Eine Erweiterung über das lineare Maß hinaus bietet das technologieimmanente Verändern einer Fertigungsressource (2. Skalierungsmechanismus). Unter Beibehaltung der Fertigungstechnologie ist hierbei bspw. das Umstellen von einer Batch- auf eine Rolle-zu-Rolle-Anlage möglich, sodass eine höhere Ausbringungsmenge erzielt wird, die den zugehörigen Aufwand zur Veränderung übersteigt. Vorhandenes Erfahrungswissen mit der Fertigungstechnologie kann weiter genutzt werden, wobei Anpassungen an weiteren benachbarten Fertigungsressourcen erforderlich sein können. Je nach Ausprägung der Veränderung ist mit diesem Mechanismus eine nennenswerte Kostendegression zu erwarten. Mit den größten Freiheitsgraden zur Erweiterung einher geht das technologietranszendente Verändern oder Hinzufügen einer Fertigungsressource (3. Skalierungsmechanismus). Hierbei erfolgt eine Substitution der Fertigungstechnologie durch eine oder mehrere Fertigungstechnologien, welche eine erheblich höhere Ausbringungsmenge ermöglichen. Insbesondere ist dieser Mechanismus dann sinnvoll, wenn das technische Limit einer Technologie erreicht ist und eine Erweiterung mit lediglich zum 2. Mechanismus zählenden Maßnahmen nicht mehr realisierbar ist. Je nach Abwägung des Aufwands kann jedoch auch in anderen Fällen eine derartige technologieübergreifende Veränderung sinnvoll sein, bspw. zur feineren Unterteilung von Produktionsschritten für eine Senkung der Taktzeit. Die drei für die vorliegende Arbeit grundlegenden Skalierungsmechanismen sind in Abbildung 4.2 schematisch zusammengefasst.

[296] Vgl. Abschnitt 3.1.
[297] Vgl. Abschnitt 3.5.
[298] Siehe auch die für die vorliegende Arbeit gültige Definition der Skalierbarkeit in Abschnitt 3.2.

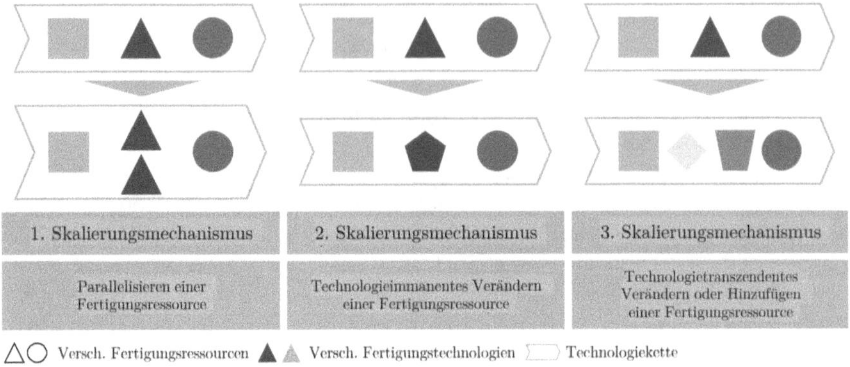

Abb. 4.2: Mechanismen zur Skalierung von Technologieketten

4.2.2 Herleitung von Gestaltungsgrundsätzen

Die Gestaltung zielt darauf ab, die anschließend zu bewertenden Objekte bereitzustellen. Im vorliegenden Kontext bedeutet dies, unter Berücksichtigung der Anforderungen an die Methodik[299] Technologieketten zu generieren und so aufzubereiten, dass sie konsistent beschrieben in die Bewertung eingehen können. Wesentlicher Teil der Gestaltung von Technologieketten ist, geeignete Fertigungstechnologien als solche zu identifizieren. Dabei ist sicherzustellen, dass diese Fertigungstechnologien die technische Fähigkeit besitzen, ein funktionsfähiges Produkt herzustellen. Explizit soll hier jedoch keine Bewertung erfolgen, wie gut eine Fertigungstechnologie eine Produktionsaufgabe erfüllt. Da zudem die Gestaltungsgrundsätze einen möglichst großen Lösungsraum einschließen sollen, wird im Rahmen der Gestaltung von Technologieketten mit Suchbedingungen gearbeitet. Damit können nur solche Technologieketten entstehen, welche grundsätzlich zur Fertigung des komplexen Produkts Brennstoffzelle technisch in der Lage sind.

4.2.3 Herleitung von Bewertungskriterien

Die Bewertung muss anhand geeigneter Kriterien erfolgen, wobei unter Berücksichtigung der Anforderungen an die Methodik sowohl monetäre als auch nicht-monetäre Informationen einzubeziehen sind.[300] Übergeordnet wird das Zielkriterium der Bewertung als gesamte Skalierungseignung einer Technologiekette benannt. Diese soll sich konsistent aus einem monetären sowie einem nicht-monetären Eignungsgrad zur Skalierung ergeben, sodass für beide Teile eine sinnvolle Anzahl an Bewertungskriterien herzuleiten ist.

---

[299] Vgl. Abschnitt 3.1.
[300] Vgl. Abschnitt 3.1.

Monetäre Kriterien dienen der Bewertung der mit dem Objekt assoziierten Kosten. Dem pragmatischen Merkmal der Modelltheorie folgend sind die monetären Kriterien so zu wählen, dass sie ihren Zweck für einen bestimmten Nutzen erfüllen. Dies bedeutet im Umkehrschluss, dass im Sinne des Verkürzungsmerkmals insbesondere keine Erfassung oder Vorhersage aller bei einer möglichen Realisierung tatsächlich auftretenden finanziellen Ausgaben gefordert ist.[301] Beispielsweise sind Kosten, die in allen Bewertungsobjekten gleichermaßen auftreten, im Bewertungsergebnis konkomitant. In der Literatur existieren zahlreiche Ansätze zur Wirtschaftlichkeitsbewertung und Kostenrechnung, wobei aus unternehmerischer Sicht eine Schneidung nach Kostenarten, Kostenträgern und Kostenstellen vorherrschend ist.[302]

Zur Herleitung der monetären Kriterien für diese Arbeit erscheint die Betrachtung der Kostenarten zielführend, welche für die angenommenen stets identischen Kostenträger aufgegriffen und angepasst werden. VOEGELE UND SOMMER unterscheiden die fünf Kostenarten der Arbeitskosten, Materialkosten, Kapitalkosten, Fremdleistungskosten und Kosten für die menschliche Gesellschaft.[303] Die Arbeitskosten umfassen die Bruttolöhne der Mitarbeiter sowie die Lohnnebenkosten. Für die Methodik sind die direkt durch die Wahl einer Fertigungstechnologie entstehenden Arbeitskosten relevant, nicht jedoch weitere Kosten wie Unternehmerlohn oder Zuwendungen aufgrund langer Betriebszugehörigkeit. Für das an der Produktion beteiligte Personal wird daher das erste Kriterium Personalkosten für die Methodik vorgesehen. Materialkosten entstehen im Rahmen der betrieblichen Leistungserstellung durch Beschaffung, Lagerung und Verbrauch von Materialien und umfassen die Fertigungsmaterialkosten, Hilfstoffkosten und Betriebsstoffkosten.[304] Mittelbare Lagerkosten sind für die Methodik nicht relevant, da diese in allen Bewertungsobjekten gleichermaßen auftreten. Für die Herstellung einer Brennstoffzelle besitzen die Rohstoffe einen hohen Kostenanteil,[305] sodass das zweite Kriterium Materialkosten im Sinne von direkt in das Produkt eingehenden Fertigungsmaterialkosten und Hilfsstoffkosten in die Methodik aufgenommen wird. Die Betriebsstoffe, zu denen Strom oder Prozessmedien zählen können, gehen als Teil des dritten Kriteriums Sonstige Kosten in die Methodik ein. Kapitalkosten entstehen durch die Nutzung von Kapitalgütern und werden meist über einen zu bestimmenden Zeitraum abgeschrieben. Für die Methodik sind insbesondere erforderliche Investitionen in eine Maschine oder Anlage zur Herstellung von Brennstoffzellen von großer Bedeutung. Somit wird das vierte Kriterium Investitionskosten in die Methodik aufgenommen. Fremdleistungskosten stehen ebenso wie Kosten für die menschliche Gesellschaft, zu denen vor allem Steuern und Gebühren gezählt werden, nicht im Vordergrund der Methodik. Einzelne Positionen können bei Bedarf ebenfalls unter dem Kriterium Sonstige Kosten in die Methodik einfließen. Insgesamt werden somit die vier monetären Kriterien Materialkosten, Investitionskosten, Personalkosten sowie Sonstige Kosten für die Bewertung vorgesehen.

---

301 Explizites Nicht-Ziel der Methodik ist u.a. eine Vollkostenrechnung oder die Vorhersage der Profitabilität einer Brennstoffzellenproduktion, bspw. durch den Aufbau eines business case oder in Form einer vollständigen Investitionsrechnung.

302 Vgl. Schindler (Strategische Planung von Technologieketten) 2014, S. 61f.; vgl. Voegele und Sommer (Kosten- und Wirtschaftlichkeitsrechnung für Ingenieure) 2012, S. 60.

303 Vgl. ebd. 2012, S. 63.

304 ebd. 2012, S. 64.

305 Vgl. Abschnitt 2.4.

Die sinnvolle Wahl der nicht-monetären Kriterien erfordert eine andere Herangehensweise, da der Lösungsraum für nicht-monetäre Kriterien nahezu unbegrenzt ist. Daraus ergibt sich, dass im Unterschied zu monetären Kriterien keine aus den Betriebswissenschaften allgemein anerkannte Basis für diese Kriterien existiert, sondern insbesondere die für die Anwendenden in der Praxis inhärenten Zielgrößen bestmöglich reflektiert werden müssen. Für eine sinnvolle Eingrenzung der nicht-monetären Kriterien wurde daher eine Expertenstudie durch den Lehrstuhl PEM der RWTH Aachen[306] durchgeführt, in der die offene Frage „Welche nicht-monetären Kriterien sind Ihrer Meinung nach für eine systematische Bewertung alternativer Technologieketten heranzuziehen?“ gestellt wurde.[307] Die Antworten zeigt Abbildung 4.3 in absteigender Reihenfolge der Anzahl ihrer Nennungen, wobei synonyme Antworten zu je einem Leitkriterium konsolidiert wurden.

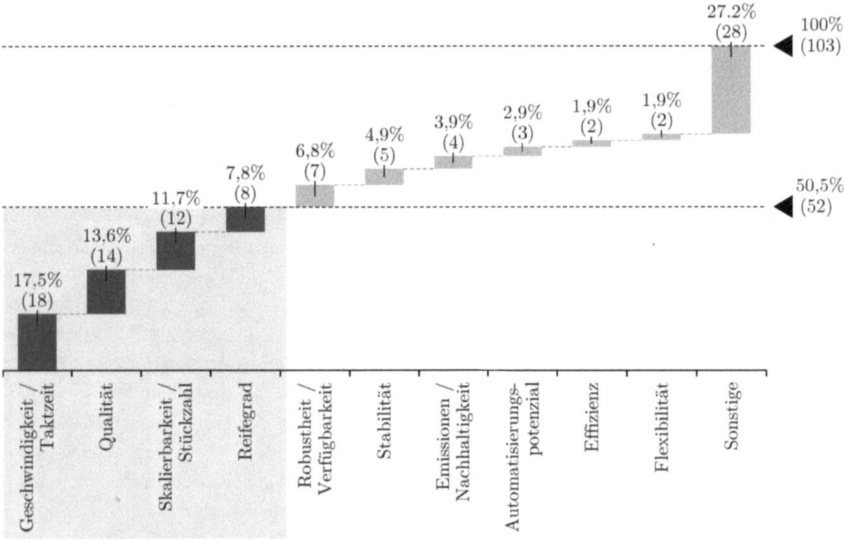

Abb. 4.3: Nennungen nicht-monetärer Kriterien, geordnet nach ihrer Häufigkeit in Form einer ABC-Analyse

In der an eine ABC-Analyse[308] angelehnten Darstellung vereinen vier Kriterien über die Hälfte der Nennungen auf sich. Somit kann davon ausgegangen werden, dass diese Kriterien in der Praxis die höchste Bedeutung besitzen. Daher werden diese Kriterien ausgewählt und im Hinblick

306 Vgl. Abschnitt 1.1.

307 Die Teilnehmerzahl der Studie betrug $n = 54$, wovon die offene Frage von $n^* = 43$ Teilnehmern beantwortet wurde. Bis zu drei Nennungen je Teilnehmer waren möglich, insgesamt wurden so 103 Antworten = 100% gezählt.

308 Die ABC-Analyse ist ein betriebswirtschaftliches Analyseverfahren, welches eine Menge von Objekten nach absteigender Bedeutung ordnet. Sie hilft so, sich auf das Wesentliche zu fokussieren. Vgl. Dickie (ABC Inventory Analysis) 1951, 92–94.

auf ihre Integration in die Methodik weiter untersucht. Das erste Kriterium Geschwindigkeit / Taktzeit bezieht sich auf den realisierbaren Output pro Zeiteinheit in der Produktion. Bei steigender Geschwindigkeit sinkt reziprok proportional die Taktzeit. Ein gesteigerter Output pro Zeiteinheit lässt sich betriebswirtschaftlich als gesteigerter Umsatz auffassen. Der Output ließe sich theoretisch bei Bedienung am 1. Skalierungsmechanismus durch eine exakte Kopie der Produktion exakt verdoppeln. Ebenfalls näherungsweise verdoppeln würden sich in diesem Szenario die zugrundeliegenden Kosten. Das Kriterium Geschwindigkeit / Taktzeit ist dementsprechend bereits in der monetären Bewertung vorhanden. Um Redundanz und damit die Überrepräsentation dieses Kriteriums zu vermeiden, wird die Geschwindigkeit / Taktzeit nicht als separates nicht-monetäres Kriterium in die Methodik aufgenommen. Das zweite Kriterium Qualität bezieht sich auf die Güte der Erfüllung von Kundenanforderungen. Im Produktionsverständnis führt eine höhere Fertigungsqualität zu einem hochwertigeren, langlebigeren Produkt. Dieses nicht-monetäre Kriterium wird in die Methodik aufgenommen. Das dritte Kriterium Skalierbarkeit / Stückzahl ist wie mehrfach erwähnt für die Entwicklung der Methodik von übergeordneter Bedeutung. Für eine Bewertbarkeit auf nicht-monetärer Ebene werden daraus zwei Kriterien abgeleitet. Mit dem Kriterium Skalierungspotenzial soll die Größe des Lösungsraums einer möglichen Skalierung bewertet werden. Das Kriterium Veränderungsgrad bezieht sich auf Anpassungen in der Produktion im Zuge der tatsächlichen Veränderung in der produzierten Stückzahl. Das vierte Kriterium Reifegrad beschreibt das bereits in der Praxis gesammelte Wissen sowie die erfahrungsbasierte Zuverlässigkeit des Bewertungsobjekts. Der Reifegrad wird als nicht-monetäres Kriterium in die Methodik aufgenommen. Insgesamt werden somit die vier nicht-monetären Kriterien Qualität, Skalierungspotenzial, Veränderungsgrad sowie Reifegrad für die Bewertung vorgesehen.

Das übergeordnete Ziel der Bewertung in Form der Skalierungseignung einer Technologiekette für die Brennstoffzellenproduktion setzt sich wie eingangs gefordert aus den beiden Hauptkriterien des monetären und nicht-monetären Eignungsgrad der Skalierung zusammen, welche wiederum konsistent aus jeweils vier einzelnen Bewertungskriterien aufgebaut sind. Diese Systematik ist in Abbildung 4.4 abschließend zusammengefasst. Zusätzlich sei an dieser Stelle angemerkt, dass mittels passender Methoden auch die hier als nicht-monetär bezeichneten Kriterien theoretisch in monetäre Zahlenwerte zurückgeführt und somit als indirekt-monetäre Kriterien bezeichnet werden könnten. Im Rahmen der Methodik sollen diese jedoch explizit unabhängig von ihrer monetären Auswirkung betrachtet werden, um eine Vergleichbarkeit qualitativ-technischer Ausprägungen zu gewährleisten und so die sechste Anforderung an die Methodik zu erfüllen.[309]

[309] Vgl. Abschnitt 3.1.

Abb. 4.4: Systematik der Bewertungskriterien für die Methodik

4.2.4 Einordnung der Ebenen der Technologieplanung

Ziel der zu entwickelnden Methodik ist, wie in der Forschungsfrage ersichtlich, die Gestaltung und Bewertung von Technologieketten, sodass in Bezug auf die in Abschnitt 3.2 aufgestellten Definitionen zum Technologiebegriff die Ebene der Fertigungstechnologie als Planungsobjekt sowie der Fertigungstechnologiekette als deren Verkettung im Fokus stehen.[310] Ein weiteres Ergebnis der Methodik wird durch das Treffen von Aussagen auf der Ebene des Fertigungsansatzes erzielt. Eine Betrachtung dieser beiden Ebenen alleine kann jedoch die an die Methodik gestellten Anforderungen, welche in diesem Kapitel in Vorüberlegungen zur Methodikkonzeption überführt wurden, nicht erfüllen. So ist für die Gestaltung die Ebene Fertigungsschritt als Zwischenetappe auf dem Weg zur Identifikation geeigneter Fertigungstechnologien hilfreich. In eine Bewertung können bspw. monetäre Kenngrößen erst für zumindest grob spezifizierte Fertigungsressourcen sinnvoll eingehen, da einer Fertigungstechnologie als solcher keine aussagekräftigen Kostenwerte zugeordnet werden können. Tabelle 4.1 zeigt die Einordnung der Methodik in die Ebenen der Technologieplanung.

Planungsobjekt	Verkettung	Rolle in Methodik
Fertigungsteilaufgabe	Fertigungsansatz	Übergeordnete Ergebnisebene, Erkenntnisse bspw. zur Rückführung auf in puncto Produzierbarkeit optimiertes Produktdesign nutzbar
Fertigungsschritt	Fertigungsschrittfolge	Zwischenebene für die Gestaltung von Technologieketten
Fertigungstechnologie	Fertigungstechnologiekette	Fokusebene der Methodik, Durchführung der Bewertung für direkte Erkenntnisse zur Skalierungseignung
Fertigungsressource	Fertigungsfolge	Unterstützungsebene, Datenbasis für bestimmte Parameter der Bewertung, keine direkten Ergebnisse
Fertigungsprozess	Fertigungsprozessfolge	Detailebene, für Methodik nicht relevant

Tab. 4.1: Ebenen der Technologieplanung für die Methodik

[310] Vgl. Abschnitt 3.2.

4.3 Herleitung von Lösungshypothesen und -konzept

Den Grundsätzen des wissenschaftlichen Erkenntnisprozesses folgend ist auch für die vorliegende Forschungsfrage davon auszugehen, dass diese durch eine hierarchische Dekomposition und Segmentierung der Aufgabenstellung beantwortet werden kann. Zur Strukturierung des Lösungsvorgehens und schrittweisen Erreichung dieses Ziels unter Zuhilfenahme der Modellbildung und des Vorgehensmodells des Systems Enginering[311] werden vier Teillösungshypothesen hergeleitet. Hieraus ergibt sich in Form einer Phasengliederung, welche das dritte Grundprinzip des Systems Engineering aufgreift, die sichtbare Strukturierung des Erkenntnisgewinns im Ablauf der Methodik.

Bei Bedienung an der Modelltheorie ist dazu einleitend das Originalproblem zu identifizieren.[312] Dieses liegt bei den Anwendenden der Methodik in der Technologieplanung auf dem Weg zur Großserienproduktion von Brennstoffzellen und wird durch die Herausforderungen aus der Praxis in Abschnitt 2.5 zusammengefasst. Für ein abgrenzbares Originalproblem ist somit zunächst eine Vereinheitlichung der produkt- und produktionsseitigen Absprungbasis erforderlich. Daher wird die erste Teillösungshypothese wie folgt formuliert:

> **Teillösungshypothese I**
> Die Herstellung des komplexen Produkts Brennstoffzelle muss sinnvoll in diskrete Fertigungsteilaufgaben mit realisierbaren Anforderungen zerlegt werden, um eine konsistente Technologieplanung zu initiieren.

Die erste Teillösungshypothese setzt den Rahmen für das Initiierungsmodul der Methodik. In diesem wird das Originalproblem aus dem bei den Anwendenden vorliegenden Kontext heraus abgegrenzt. Dabei wird bereits eine gewisse Abstraktion vorgenommen, welche auch als Übersetzung der anwendungsindividuellen Informationen in allgemeingültige modellbasiert nutzbare Informationen verstanden werden kann. Das **Initiierungsmodul** umfasst zwei Phasen:

Phase I.1 Dekomposition des komplexen Produkts
Phase I.2 Analyse der fertigungsorientierten Anforderungen

Die Produktion des komplexen, nun einheitlich modellbasiert beschriebenen Produkts Brennstoffzelle erfordert unterschiedliche Fertigungstechnologien,[313] welche für eine Serienproduktion zu Technologieketten verknüpft werden. Dabei ist ein offensichtlicher Zielkonflikt zwischen Aufwand und Nutzen der Anzahl einzubeziehender Fertigungstechnologien erkennbar. Die zweite Teillösungshypothese lautet damit:

> **Teillösungshypothese II**
> Technologieketten müssen in möglichst umfassender und zugleich handhabbarer Anzahl gestaltet werden, sodass deduktiv mögliche Fertigungsansätze abgeleitet werden können.

[311] Vgl. Abschnitt 4.1.
[312] Vgl. Döring (Konfliktmanagement in der technischen Auftragsabwicklung) 2010, S. 76f.; vgl. Heimes (Methodik zur Auswahl von Fertigungsressourcen) 2014, S. 106.
[313] Vgl. Abschnitt 2.3.

Die zweite Teillösungshypothese wird im Gestaltungsmodul der Methodik adressiert. Die Modellbildung wird in Bezug auf die Identifizierung von geeigneten Fertigungstechnologien sowie das Aufstellen von Technologieketten fortgeführt. Durch eine Reduktion der Anzahl der Technologieketten auf technisch sinnvolle Ausprägungen sowie deren Zuordnung zu übergeordneten Fertigungsansätzen wird auf der Modellebene eine erste Lösung im Sinne der Modelltheorie erzielt. Das **Gestaltungsmodul** gliedert sich in zwei Phasen:

Phase II.1 Identifizierung von Technologiealternativen
Phase II.2 Aufstellung der Technologieketten und Fertigungsansätze

Für die Anwendenden liegt der Nutzen der Methodik in einer Aussage, welche Technologieketten eine Skalierbarkeit in Bezug auf eine steigende Stückzahl ermöglichen und somit für eine Großserienproduktion relevant sind. Dabei spielen sowohl monetäre als auch nicht-monetäre Aspekte eine Rolle, wobei von inhomogenen Eingangsdaten mit erheblichen Unsicherheiten ausgegangen werden muss. Als dritte Teillösungshypothese wird formuliert:

Teillösungshypothese III
Mittels geeigneter Bewertungskriterien können Technologieketten anhand ihrer Skalierbarkeit unter Berücksichtigung von Unsicherheiten bewertet werden.

Das Bewertungsmodul widmet sich der dritten Teillösungshypothese. Inhaltlich baut das Bewertungsmodul auf dem Gestaltungsmodul auf. Aus der Perspektive der Modelltheorie wird im Bewertungsmodul analog zum Gestaltungsmodul ein neues Modell aufgebaut und enthält ein Vorgehen zur Anwendung dessen. So gelangen die Anwendenden zu einer zweiten Lösung auf der Modellebene. Das **Bewertungsmodul** ist dabei in drei Phasen unterteilt:

Phase III.1 Vorkonfiguration der Bewertung
Phase III.2 Bewertung der monetären Skalierungseignung
Phase III.3 Bewertung der nicht-monetären Skalierungseignung

Die beiden Lösungen auf der Modellebene erlauben eine Vielzahl von Aussagen, welche für die Anwendenden für die vorliegende spezifische Aufgabenstellung selektiv nutzbar gemacht werden müssen. Hierzu zählen sowohl differenzierte Ergebnisse zur Skalierungseignung der Technologieketten als auch der induktive Schluss auf die zugeordneten Fertigungsansätze. Die Formulierung der vierten Teillösungshypothese lautet daher:

Teillösungshypothese IV
Durch Interpretation kann ein differenziertes Bewertungsergebnis abgeleitet und induktiv in Aussagen über die Eignung der Fertigungsansätze überführt werden.

Die vierte und letzte Teillösungshypothese liegt dem Interpretationsmodul zugrunde. Hierin erfolgt im Sinne der Modelltheorie die Überführung der Modelllösung in die Lösung des Originalproblems. Zum **Interpretationsmodul** gehören zwei Phasen:

Phase IV.1 Zusammenführung der Bewertungsergebnisse
Phase IV.2 Rückschluss auf Fertigungsansätze

Abbildung 4.5 zeigt zusammenfassend die Einordnung der vier Module als Lösungsbausteine der Methodik in den indirekten Problemlösungsprozess im Kontext der Modelltheorie.

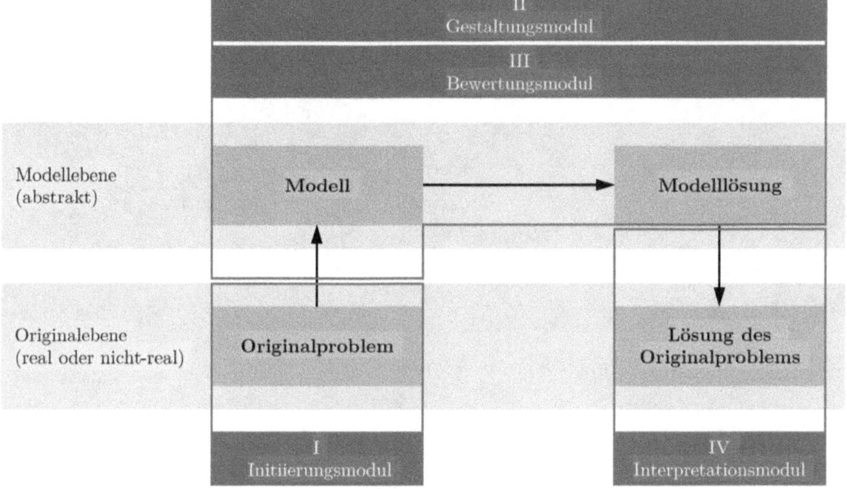

Abb. 4.5: Einordnung der Module in den indirekten Problemlösungsprozess

Zur Unterstützung der Erfüllung der formalen Anforderungen, insbesondere der Handhabbarkeit und der Allgemeingültigkeit,[314] erscheint die Wahl einer Modellierungssprache hilfreich. Die Modellierungssprache soll dabei auf einer hohen Abstraktionsebene die inneren Abläufe eines Modells festlegen. Nach FLEISCHMANN ET AL. schafft der Einsatz einer bestimmten Modellierungssprache „einen definierten Ausgangspunkt für die Modellbildung, auf den sich alle beteiligten Akteure [...] beziehen können"[315]. Die Modellierungssprache bietet ein gemeinsames, definiertes Vokabular, welches auch als Semantik bezeichnet werden kann, sowie eine festgelegte Grammatik, die Syntax der Modellierungssprache.[316] Auf diese Weise wird zudem eine Mikro-Logik im Sinne des Problemlösungszyklus als viertes Grundprinzip des SE-Vorgehensmodells entwickelt. Für die Phasen der Methodik wird eine Modellierungssprache in Anlehnung an HEIMES und SAROVIC definiert.[317] Diese zeigt Abbildung 4.6.

[314] Vgl. Abschnitt 3.1.

[315] Vgl. Fleischmann et al. (Ganzheitliche Digitalisierung von Prozessen) 2018, S. 71.

[316] Vgl. ebd. 2018, S. 71f.

[317] Vgl. Heimes (Methodik zur Auswahl von Fertigungsressourcen) 2014, S. 110; vgl. Sarovic (Gestaltung variantenrobuster Produkt-Produktionssysteme) 2018, S. 112f.

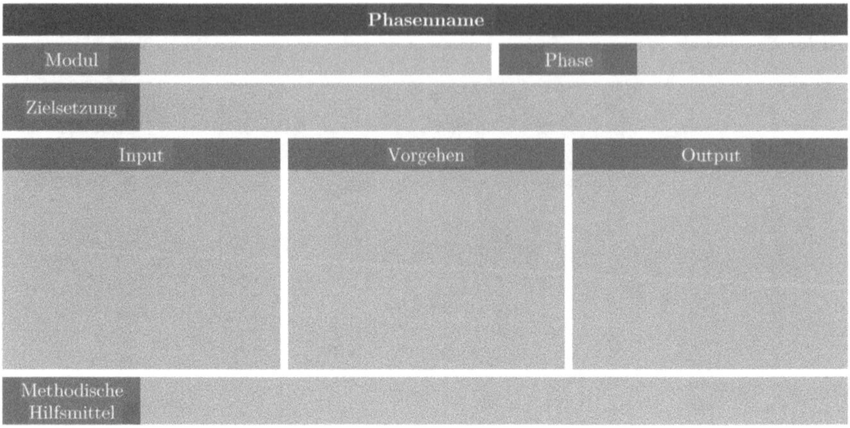

Abb. 4.6: Modellierungssprache zum Ablauf der Phasen

4.4 Zwischenfazit

Basierend auf den Handlungsbedarfen aus der Praxis sowie Theorie wurde in diesem Kapitel die Methodik konzipiert. Als theoretische Grundlage wurde die Modelltheorie herangezogen, welche eine Lösung des Originalproblems auf abstrahierter Modellebene ermöglicht und diese anschließend auf die Originalebene zurückführt. Das Vorgehensmodell des Systems Engineerings wurde als verbindliche Orientierung für den Problemlösungszyklus genutzt. Anhand der Forschungsfrage wurden Vorüberlegungen zur Methodikkonzeption getroffen, um die inhaltlichen Kernelemente zu konkretisieren. Darin wurden Mechanismen zur Skalierung, Gestaltungsgrundsätze und Bewertungskriterien hergeleitet. Den in Unterabschnitt 3.2.2 aufgespannten Ebenen der Technologieplanung wurde ihre jeweilige Rolle in der Methodik zugeordnet. Abschließend wurde das Lösungskonzept erarbeitet, indem Teillösungshypothesen aufgestellt wurden. Hieraus ergab sich eine Strukturierung der Methodik in vier Module mit neun Phasen, welche in den indirekten Problemlösungsprozess mithilfe der Modelltheorie eingeordnet werden können und so den Rahmen für die Detaillierung bilden.

Abbildung 4.7 fasst die Wirkzusammenhänge der Methodik schematisch zusammen und dient als Orientierung bei der Detaillierung der Methodik. Die aus den Lösungshypothesen abgeleiteten wesentlichen Erkenntnisse, welche durch die Methodik zu liefern sind, sind in jeweils eines der vier Module eingeordnet. Die Pfeile verdeutlichen Vorgänger-Nachfolger-Beziehungen und werden durch die Angabe der an der jeweiligen Stelle eingesetzten Methoden, welche in Kapitel 3 und Kapitel 4 erläutert wurden, vervollständigt. Für jedes Bewertungskriterium ist die Richtung der Verbesserung hin zu einer hohen Skalierungseignung dargestellt. Zur Komplettierung der Grafik wird am rechten Rand der Ablauf der Methodik auf den Ebenen der

Technologieplanung, der Ergebnisebene (E), Zwischenebene (Z), Fokusebene (F) und Unterstützungsebene (U), in Swimlanes visualisiert.

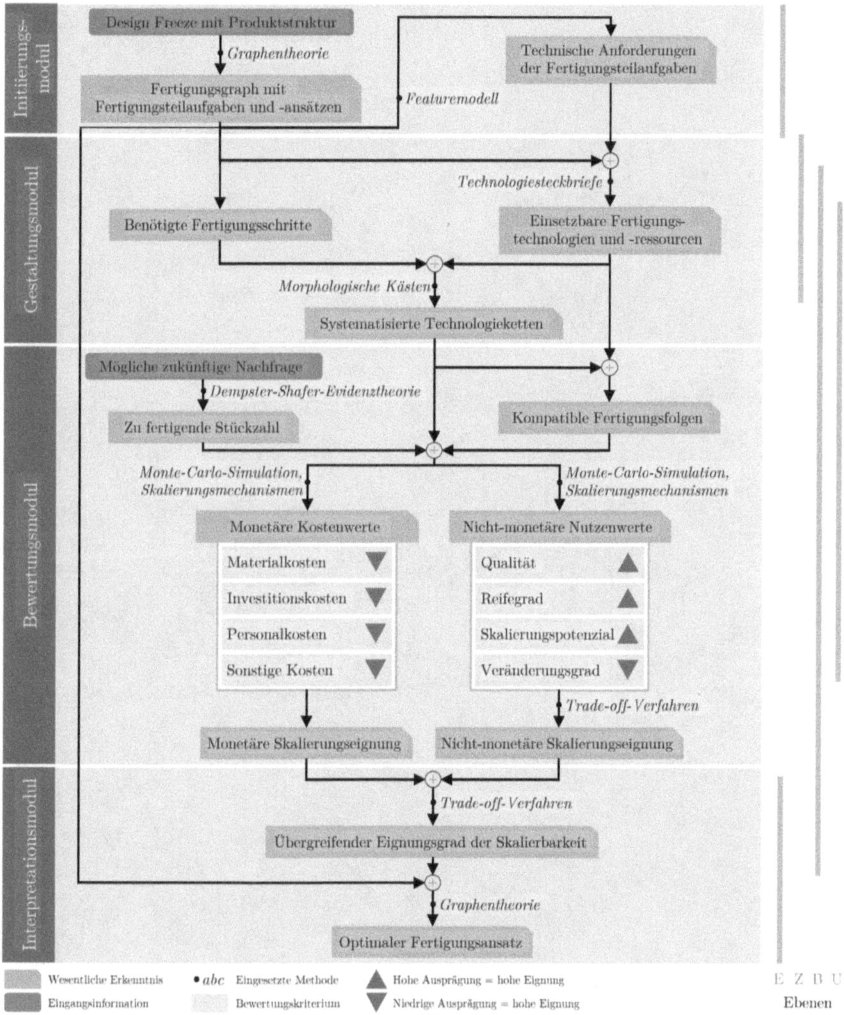

Abb. 4.7: Schematische Darstellung der Wirkzusammenhänge innerhalb der Methodik

5 Detaillierung der Methodik

In Kapitel 4 erfolgte anhand der eingangs aufgeworfenen Forschungsfrage die Konzeption der Methodik zur Gestaltung und Bewertung von skalierbaren Technologieketten für die Produktion des komplexen Produkts Brennstoffzelle. Dazu wurden die grundlegenden aufbau- sowie ablaufstrukturellen Elemente hergeleitet und festgelegt. In diesem Kapitel wird die gesamte Methodik detailliert erläutert, wobei ein Fokus auf der Anwendung der Methoden und Hilfsmittel besteht, mit denen Zwischenergebnisse als Output der Phasen erzielt werden. Den vollständigen Ablauf der Methodik mit neun Phasen in vier Modulen zeigt Abbildung 5.1.

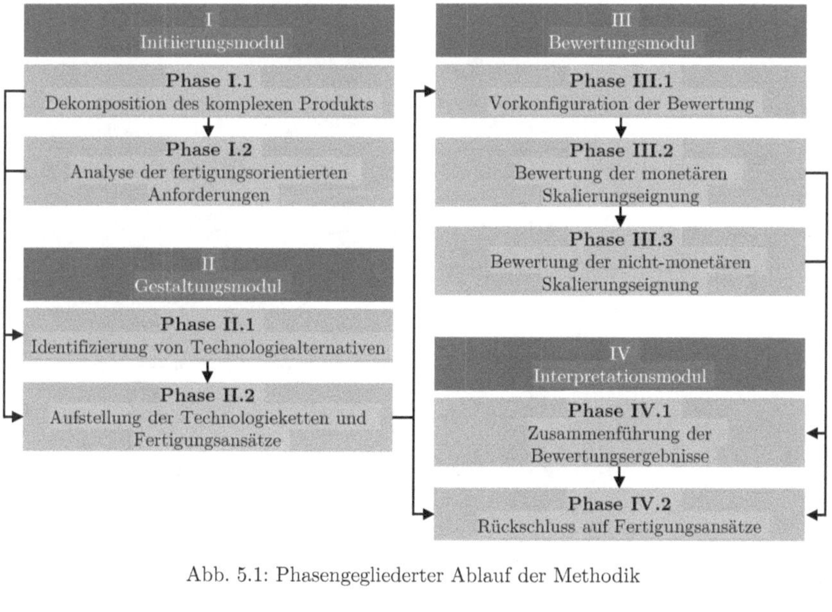

Abb. 5.1: Phasengegliederter Ablauf der Methodik

Für einen zielgerichteten und durchgehend verständlichen Ablauf der Methodik ist stets die Orientierung innerhalb der Ebenenstruktur der Methodik sicherzustellen. Dem Grundprinzip des Vorgehens vom Groben zum Detail aus dem Systems Engineering[318] folgend werden die in Abschnitt 4.2 festgelegten Ebenen der Methodik stufenweise feiner aufgelöst. Die so entstehende

[318] Vgl. Abschnitt 4.1.

Systemhierarchie kann prinzipiell wie ein Zoom-Objektiv betrachtet werden,[319] wobei der Blick auf die Totale in Abbildung 5.2 dargestellt ist. Die hierin verorteten jeweils relevanten Details lassen sich während des Ablaufs der Methodik entsprechend fokussieren.

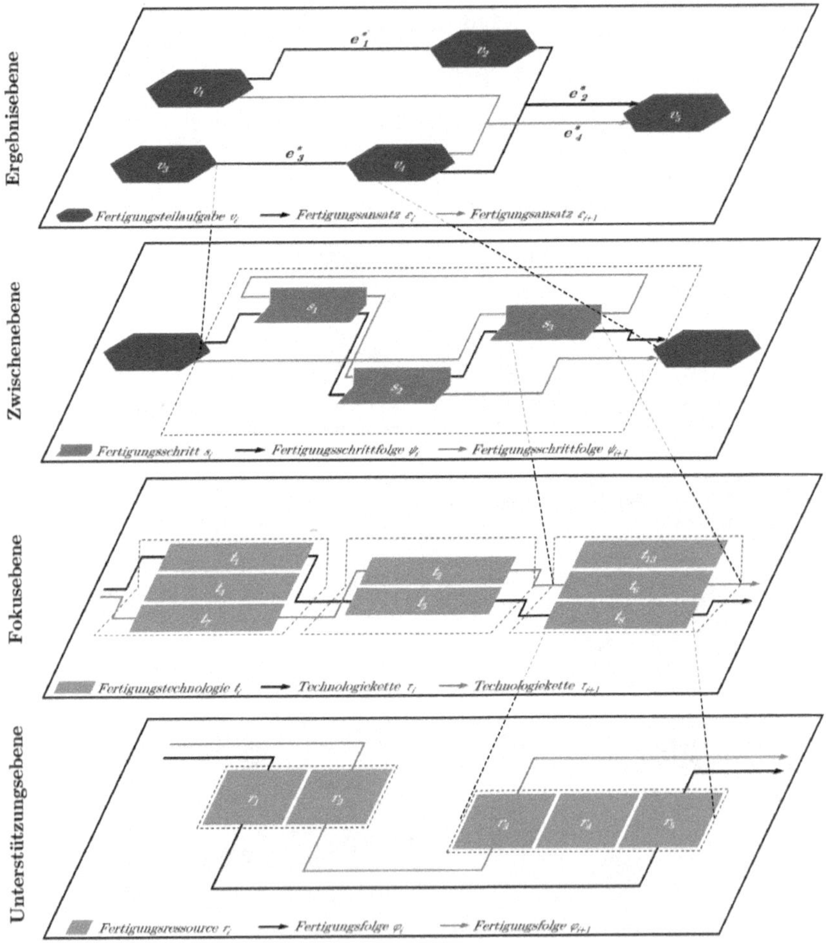

Abb. 5.2: Ebenenbasierter Aufbau der Methodik

Die Ebenen zeigen exemplarisch jeweils ihre zugehörigen Planungsobjekte sowie deren Verkettungen. Auf der übergeordneten Ergebnisebene, welche einen generischen Fertigungsgraph

[319] Vgl. Haberfellner (Systems Engineering) 2018, S 40f.

zeigt, werden die Fertigungsteilaufgaben v durch Fertigungsansätze ϵ verkettet. Die zwei dargestellten Fertigungsansätze repräsentieren dabei den Freiheitsgrad bei der Ableitung einer Vielzahl möglicher alternativer Verkettungen, wobei eine Fertigungsteilaufgabe nicht exklusiv zu einem Fertigungsansatz gehört. Die darunterliegende Zwischenebene fokussiert ausschnitthaft eine Kante e^* zwischen zwei Fertigungsteilaufgaben. Die Fertigungsschritte s liegen in dieser Ebene zunächst lose vor und können unter Berücksichtigung unterschiedlicher Restriktionen zu Fertigungsschrittfolgen ψ kombiniert werden. Für die Erfüllung der produktionsorientierten Anforderungen eines Fertigungsschritts können unterschiedliche Fertigungstechnologien t geeignet sein, wie der Zoom auf die Fokusebene der Methodik verdeutlicht. Hierbei ist zu beachten, dass eine Fertigungstechnologie t in einem oder mehreren Fertigungsschritten s, insbesondere solchen in anderen Fertigungsansätzen ϵ, als Lösungsalternative Verwendung finden kann. Auch hier sind zwei exemplarische Verkettungen zu Technologieketten τ dargestellt. Eine Technologiekette τ kann immer genau einer Fertigungsschrittfolge ψ eindeutig untergeordnet werden. Die feinste im Rahmen der Methodik verwendete Detailauflösung findet sich auf der Unterstützungsebene in Form von Fertigungsressourcen. Eine Fertigungsressource r gehört dabei stets zu genau einer Fertigungstechnologie t; gleiches gilt für die Unterordnung einer Fertigungsfolge φ zu einer Technologiekette τ. Umgekehrt können zu einer Fertigungstechnnologie τ jedoch mehrere Fertigungsressourcen r bzw. zu einer Technologiekette τ mehrere Fertigungsfolge φ gehören. In den vier Modulen der Methodik und ihren neun Phasen wird zunächst ein Ausgangspunkt auf der obersten Ebene geschaffen. Die Gestaltung und Bewertung wird anschließend auf darunterliegenden Ebenen vorgenommen. Für die Zielsetzung der Methodik werden die Erkenntnisse in der abschließenden Interpretation auf der Fokusebene sowie der Ergebnisebene synthetisiert. Das Vorgehen dazu wird in den nachfolgenden Abschnitten sequentiell detailliert.

Das Initiierungsmodul kann als Vorbereitung für die anschließende Gestaltung, Bewertung und Interpretation verstanden werden und wird in Abschnitt 5.1 beschrieben. Das Gestaltungsmodul wird in Abschnitt 5.2 detailliert. Mit der hiernach vorliegenden Menge an Technologieketten ist eine erste Lösung der Methodik im Sinne der Modelltheorie gefunden. Diese dient als Input für das Bewertungsmodul, welches in Abschnitt 5.3 ausführlich erläutert wird. Die darin erzielten Bewertungsergebnisse werden als zweite Lösung der Methodik im Sinne der Modelltheorie bezeichnet. Das Vorgehen zur Rückführung dieser findet sich im Interpretationsmodul, dessen Beschreibung in Abschnitt 5.4 den Abschluss dieses Kapitels bildet.

5.1 Detaillierung des Initiierungsmoduls

Das Initiierungsmodul stellt den Startpunkt der Methodik dar. Ausgehend von einem Design Freeze in der Produktentwicklung werden die produktseitigen Informationen analysiert, um so einen für die folgenden Phasen nutzbaren einheitlichen Ausgangspunkt zu schaffen. Dies erfolgt zunächst durch die Dekomposition des komplexen Produkts Brennstoffzelle in Unterabschnitt 5.1.1 mit dem Ziel einer graphenbasierten Darstellung der Fertigung, sodass die Fertigungsteilaufgaben des Produkts und ihre Verknüpfungen klar festgelegt werden. Hierbei sollen aktiv innovative alternative Möglichkeiten zur Strukturierung des Produkt berücksichtigt werden können. Anschließend werden in Unterabschnitt 5.1.2 die Anforderungen an die Fertigungsteilaufgaben abgeleitet.

5.1.1 Phase I.1: Dekomposition des komplexen Produkts

Ziel von Phase I.1 ist die Darstellung des in fertigbare Zwischenzustände zerlegten Produkts, sodass ein einheitlicher, formalisiert beschreibbarer Ausgangspunkt für die weiteren Phasen der Methodik geschaffen werden kann. Output der Phase ist ein noch näher zu definierender Fertigungsgraph zur fertigungstechnisch logischen Verkettung der Fertigungsteilaufgaben zu Fertigungsansätzen. Einen Überblick über Phase I.1 gibt Abbildung 5.3.

Dekomposition des komplexen Produkts

Modul	I - Initiierungsmodul	Phase	I.1
Zielsetzung	Darstellung des in fertigbare Zwischenzustände zerlegten Produkts zur einheitlichen, formalisierten Beschreibung eines Ausgangspunkts der Methodik		

Input	Vorgehen	Output
• Design Freeze mit Produkt-/ Funktionsstruktur, Entwurfszeichnung, Materialarten	• Analysieren der Produktstruktur zur Festlegung der Fertigungsteilaufgaben • Modellieren der Teilfertigungsansätze zur Ableitung des Fertigungsgraphen	• Fertigungsgraph mit Fertigungsteilaufgaben und deren Kombinierbarkeit in Form von Fertigungsansätzen

Methodische Hilfsmittel	Produktstrukturanalyse, Graphentheorie, Design Structure Matrix

Abb. 5.3: Überblick über Phase I.1

Um dem Ziel der Methodik entsprechend Technologien für die Produktion von Brennstoffzellen identifizieren zu können, müssen die zu fertigenden Produktkomponenten analysiert werden, sodass fertigbare Zwischenzustände des Produkts eindeutig beschrieben werden können. Das zu fertigende Produkt stellt dabei den Input von Phase I.1 und damit eine Eingangsgröße der Methodik dar. Zum Start der Methodik muss eine ausreichende Konkretisierung des Produkts im Rahmen der Produktentwicklung gegeben sein. Gleichzeitig müssen an dieser Stelle zum einen auch unvollkommene Informationen berücksichtigt werden können, zum anderen existieren in Unternehmen eine Vielzahl an Vorgehen und Prozessen zur Produktentwicklung,[320] sodass insbesondere der nicht einheitliche Produktreifegrad durch die Methodik zu unterstüt-

[320] Vgl. Ehrlenspiel (Integrierte Produktentwicklung) 2009, S. 18f.

zen ist. Die Methodik setzt somit an einem Design Freeze[321] aus der Produktentwicklung an, wobei ein Design Freeze keine einheitliche Definition für die Reife und Aussagekraft des Informationsstands bietet. Für den Input von Phase I.1 gelten daher in Anlehnung an EHRLENSPIEL sowie SCHINDLER folgende vier Prämissen, welche Produktinformationen mindestens vorliegen müssen:[322]

- Produkt- bzw. Funktionsstruktur erzeugt
- Anforderungsliste relevanter Produktbestandteile ausgearbeitet
- Vorläufige Fertigungszeichnungen relevanter Produktbestandteile erstellt
- Materialien und Materialkombinationen festgelegt

5.1.1.1 Analysieren der Produktstruktur zur Festlegung der Fertigungsteilaufgaben

Als Grundlage für die Herleitung der Fertigungsteilaufgaben dient die Produktstruktur. Nach BENDER ET AL. beschreibt die Produktstruktur „die physische und hierarchische Zusammensetzung eines Produkts aus seinen Komponenten sowie deren physischen Beziehungen“[323]. Die darin enthaltenen Komponenten können je nach betrachteter Detaillierungsstufe des Produkts Baugruppen, Unterbaugruppen oder einzelne Bauteile umfassen.[324]

Die Ableitung der Fertigungsteilaufgaben erfolgt durch Dekomposition der als Input vorliegenden hierarchischen Produktstruktur. Dazu wird das Produkt in seine Komponenten zergliedert. Nach Analyse der Produktstruktur können die Fertigungsteilaufgaben durch Synthese von Komponenten aus verschiedenen Detaillierungsstufen der Produktstruktur erzeugt werden. Diese müssen einigen Grundsätzen folgen, welche wie folgt formuliert werden:

- Die Fertigungsteilaufgabe muss problemorientiert und lösungsneutral beschrieben werden.[325]
- Die Fertigungsteilaufgabe ist in ihrem Zustand eineindeutig beschrieben und lässt keine Freiheitsgrade in Bezug auf den Werkstoff oder ihre zugehörigen Einzelteile zu.[326]
- Die Fertigungsteilaufgabe kann eine Komponente aus einer beliebigen Detaillierungsstufe der Produktstruktur, d.h. in Form einer Baugruppe, einer Unterbaugruppe oder eines Einzelteils, darstellen.

321 Ein Design Freeze beschreibt den Endpunkt der Konstruktionsphase, an dem eine technische Produktbeschreibung an die Produktion übergeben wird. Die gestalterischen Elemente werden eingefroren, sodass die Wahrscheinlichkeit von weiteren technischen Änderungen verringert wird, welche anschließend nur noch mit einem gut dokumentierten Änderungsmanagement umgesetzt werden können. Vgl. Eger et al. (The Role of Design) 2005, S. 1.

322 Vgl. Ehrlenspiel (Integrierte Produktentwicklung) 2009, S. 165–175; vgl. Schindler (Strategische Planung von Technologieketten) 2014, S. 84.

323 Bender et al. (Grundlagen technischer Systeme) 2018, S. F21.

324 Vgl. ebd. 2018, S. F21f.; vgl. Krause und Gebhardt (Methodische Entwicklung Modularer Produktfamilien) 2018, S. 79; vgl. Ripperda (Methodische Unterstützung) 2019, S. 31.

325 Vgl. Vollmer et al. (Function analysis of manufacturing processes) 2013, S. 2143.

326 Inbesondere sind Varianten einer Fertigungsteilaufgabe als separate Fertigungsteilaufgabe zu beschreiben, bspw. Bipolarplatte mit Beschichtung auf Kohlenstoffbasis ggü. Bipolarplatte aus hochlegiertem Stahl ohne Beschichtung.

- Nicht alle Komponenten der Produktstruktur müssen in Fertigungsteilaufgaben überführt werden.
- Mit der Menge der abgeleiteten Fertigungsteilaufgaben muss mindestens eine vollständige und gleichzeitig überschneidungsfreie Abbildung des Produkts gegeben sein.[327]

Zusammenfassend zeigt Abbildung 5.4 die Ableitung der Fertigungsteilaufgaben aus der Produktstruktur durch Dekomposition des zu fertigenden Produkts.

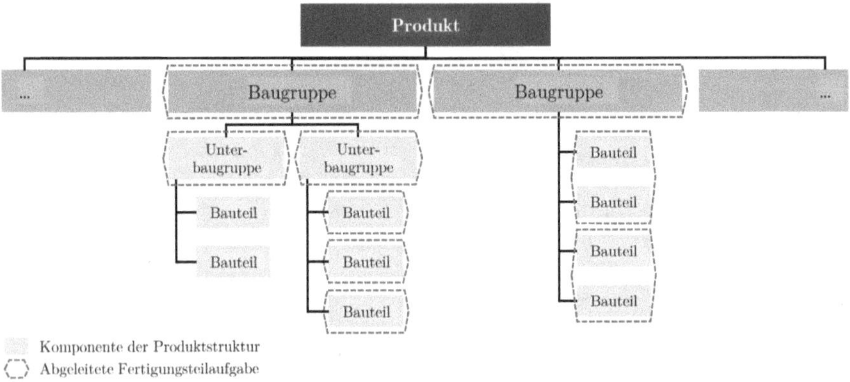

Abb. 5.4: Ableitung der Fertigungsteilaufgaben aus der Produktstruktur

5.1.1.2 Modellieren der Teilfertigungsansätze zur Ableitung des Fertigungsgraphen

Ausgehend von den so identifizierten Fertigungsteilaufgaben wird anschließend ein Fertigungsgraph aufgebaut. Der Fertigungsgraph besitzt Ähnlichkeiten zur Produktstruktur mit einigen spezifischen Besonderheiten. Dem Verkürzungsmerkmal der Modelltheorie folgend sind im Fertigungsgraph alle Fertigungsteilaufgaben verortet, nicht jedoch alle Komponenten der Produktstruktur. Darüberhinaus stellt der Fertigungsgraph als gerichteter Graph Informationen zur Reihenfolge für die Fertigung der Fertigungsteilaufgaben hin zum gesamten Produkt bereit. Durch die Sequenz und Kombination der Fertigungsteilaufgaben werden Fertigungsansätze gebildet, welche ebenfalls im Fertigungsgraph dargestellt sind. Der Fertigungsgraph basiert auf der allgemeinen Graphentheorie.[328]

Die Beziehungen der Fertigungsteilaufgaben werden mithilfe der Design Structure Matrix analysiert, um daraus den Fertigungsgraphen aufzustellen. Sämtliche Fertigungsteilaufgaben v_i werden als Menge V von Knoten $\{v_1, ..., v_{|V|}\}$ modelliert. Jede Fertigungsteilaufgabe wird von

[327] Mit einer vollständigen, überschneidungsfreien Abbildung des Produkts kann genau ein Fertigungsansatz erzeugt werden. Für den Vergleich mehrerer, alternativer Fertigungsansätze bietet sich die Ableitung einer möglichst hohen Anzahl weiterer Fertigungsteilaufgaben an.

[328] Vgl. Abschnitt 3.3.

je einer Zeile und Spalte in der DSM repräsentiert. Mithilfe der Produktstruktur wird die DSM befüllt, indem die dort identifizierten Abhängigkeiten in die DSM übernommen werden, wobei die Richtung von der untersten Ebene hin zum übergeordneten Produkt gewählt wird. Zur vollständig aufgebauten DSM kann anschließend der zugehörige Graph visualisiert werden. Aus diesem kann abgelesen werden, welche Fertigungsteilaufgaben als Vorgänger einer anderen Fertigungsteilaufgabe dienen. Außerdem wird deutlich, welche Fertigungsteilaufgaben als Quelle fungieren. Im Produktionskontext lassen sich diese als Rohmaterial oder Zukaufteil interpretieren. Als Senke zeichnet sich das vollständige Produkt, im vorliegenden Kontext entsprechend der Brennstoffzellenstack, aus. Ein Beispiel einer befüllten DSM und eines daraus abgeleiteten Graphen zeigt Abbildung 5.5.

	v_1	v_2	v_3	v_4	v_5
v_1	0	1	0	0	1
v_2	0	0	0	0	1
v_3	0	0	0	1	0
v_4	0	0	0	0	1
v_5	0	0	0	0	0

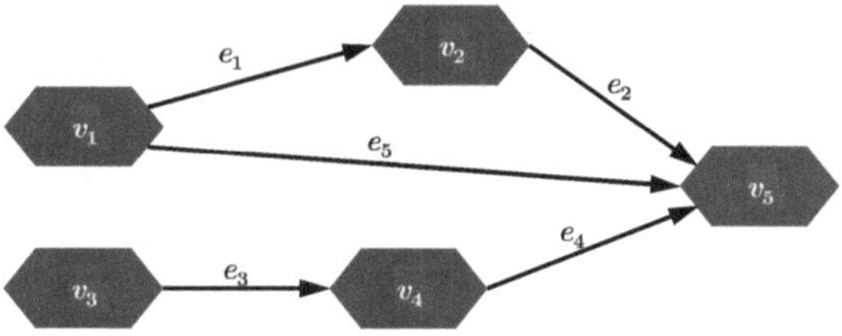

Abb. 5.5: Befüllen der Design Structure Matrix und Ableiten des Graphen

Zur Beschreibung der sequentiellen Abhängigkeiten bei der Fertigung reicht der bisherige Graph jedoch nicht aus. Insbesondere ist aus dem Graphen nicht eindeutig erkennbar, welche Fertigungsteilaufgaben auf welche Weise kombiniert werden müssen, um eine nachfolgende Fertigungsteilaufgabe unter Zuhilfenahme weiterer Fertigungsschritte herzustellen. Außerdem ist keine Unterscheidbarkeit verschiedener Fertigungsansätze gegeben.

Für den Fertigungsgraphen ist daher die Modellierung der Kanten von besonderem Interesse, welche basierend auf der erläuterten klassischen Graphentheorie erweitert wird. Hierzu werden Teilfertigungsansätze e^* je als eine Gruppe von Kanten e modelliert. Sie verbinden einen oder mehrere Fertigungsteilaufgaben $v_i \in V$ zu genau einer Fertigungsteilaufgabe v_j. Damit wird einem Teilfertigungsansatz e^* genau eine Fertigungsteilaufgabe v zugeordnet. Umgekehrt können jedoch einer Fertigungsteilaufgabe v mehrere Teilfertigungsansätze e^* zugeordnet werden. Im Fertigungskontext bedeutet dies, dass mehrere Möglichkeiten bestehen, ein Zwischenprodukt aus unterschiedlichen Vorprodukten herzustellen. Für jede dieser Möglichkeiten ist jedoch das resultierende Zwischenprodukt eindeutig bestimmt.

Ein Teilfertigungsansatz e^* kann als Erweiterung der Rolle einer Kante e verstanden werden und wird nach Gleichung 5.1 durch mehrere Startknoten $\overline{v} = \{v_1, ..., v_n\}$ sowie genau einen Zielknoten v^* definiert. Ein Teilfertigungsansatz e^* bezeichnet eine Menge von Kanten $e = (v_i, v^*)$, die von mehreren Startknoten $\overline{v} \subseteq V$ zu genau einem Zielknoten $v^* \in V$ führen.

$$e^* = (\overline{v}, v^*) := \{e = (v_i, v^*) \in E \mid v_i \in \overline{v}) \quad \text{mit} \quad \overline{v} \subseteq V, \; v^* \in V \tag{5.1}$$

Mithilfe dieser mathematischen Beschreibung lassen sich nun die Teilfertigungsansätze des komplexen Produkts Brennstoffzellenstack aus dem zuvor aufgestellten Graphen ableiten. Um eine produkt- und produktionsseitig sinnvolle Formulierung der Teilfertigungsansätze sicherzustellen, werden einige Hinweise gegeben. In den oben erläuterten Grundsätzen zur Formulierung der Fertigungsteilaufgaben wird mindestens eine vollständige und gleichzeitig überschneidungsfreie Abbildung des Produkts gefordert, wobei eine höhere Anzahl von Fertigungsteilaufgaben, welche mehrere Möglichkeiten der Produktherstellung zeigen, explizit durch die Methodik unterstützt wird. Daher sollte die Festlegung der Teilfertigungsansätze e^* für jede Fertigungsteilaufgabe v von dieser ausgehend rückwärts erfolgen, indem die verschiedenen Möglichkeiten der Zusammenfassung von eingehenden Kanten e im Hinblick auf fertigungstechnische Plausibilität geprüft werden. Diese Plausibilität ist dann gegeben, wenn die (Ziel-)Fertigungsteilaufgabe v^* aus den (Start-)Fertigungsteilaufgaben $\overline{v}$ hergestellt werden kann, wobei die einzelnen Fertigungsteilaufgaben $v_i \in \overline{v}$ nur im Verbund durch bestimmte Fertigungsschritte in ihrer Gestalt verändert werden, nicht jedoch einzeln.[329] Zudem müssen insbesondere keineswegs alle eingehenden Kanten e einer Fertigungsteilaufgabe v zum selben Teilfertigungsansatz e^* zusammengefasst werden.

Damit kann nun die Modellierung der Fertigungsansätze aus der Verknüpfung von Teilfertigungsansätzen und Fertigungsteilaufgaben durchgeführt werden. Teilfertigungsansatz e_2^* folgt auf e_1^* genau dann, wenn der Zielknoten v^* von e_1^* einem Startknoten $v_i \in \overline{v}$ von e_2^* entspricht. Diesen Zusammenhang zeigt Gleichung 5.2.

$$e_1^* \prec e_2^* \Leftrightarrow v^*(e_1^*) \in \overline{v}(e_2^*) \quad \text{mit} \quad e_1^*, e_2^* \in E^* \tag{5.2}$$

Mit der Modellierung der Fertigungsteilaufgaben als Knoten mit bekannten Quellen und bekannter Senke sowie den Teilfertigungsansätzen als Kantengruppen, die miteinander verknüpfbar sind, ist der Graph zur Abbildung der Fertigung vollständig bestimmt. Ein Fertigungsansatz ϵ, welcher in Anlehnung an einen Weg in der klassischen Graphentheorie verstanden werden kann, lässt sich sowohl als Menge verknüpfter Teilfertigungsansätze als auch als Menge verknüpfter Fertigungsteilaufgaben beschreiben. Innerhalb eines Fertigungsansatzes dürfen dabei zwei Teilfertigungsansätze nicht denselben Zielknoten besitzen. Dieser Zusammenhang zur Definition eines Fertigungsansatzes ϵ ist in Gleichung 5.3 beschrieben.

$$\epsilon = \{e_1^*, ..., e_n^*\} \subseteq E^* \quad \text{mit } v^*(e_i^*) \neq v^*(e_j^*) \ \ \forall\, i,j \in \{1,...,n\}, i \neq j \tag{5.3}$$

Einen nun vollständig aufgestellten Fertigungsgraphen zeigt beispielhaft Abbildung 5.6. Dieser besitzt fünf Fertigungsteilaufgaben $v_1 ... v_5$, wobei v_1 und v_3 als Quelle und v_5 als Senke, bspw. als Produkt Brennstoffzellenstack, fungiert. Die Fertigungsteilaufgaben werden durch vier Teilfertigungsansätze $e_1^* ... e_4^*$ verknüpft. Daraus ergeben sich hier die beiden Fertigungsansätze $\epsilon_1 = \{e_1^*, e_2^*, e_3^*\}$ und $\epsilon_2 = \{e_3^*, e_4^*\}$.

329 Sollte eine Fertigungsteilaufgabe weiter bearbeitet werden müssen, bevor sie bspw. mit einer anderen Fertigungsteilaufgabe gefügt wird, ist die Formulierung dieses Zwischenzustands als Fertigungsteilaufgabe ggf. ungeeignet und sollte unter Berückichtigung der zu diesem Zweck aufgestellten Grundsätze überarbeitet werden.

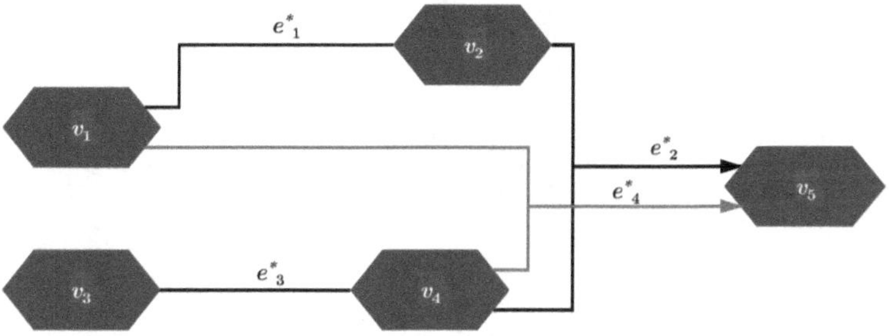

Abb. 5.6: Aufstellen des Fertigungsgraphen

Die Dekomposition des komplexen Produkts ist damit abgeschlossen und das Ziel von Phase I.1 erreicht. Mit der erzeugten graphenbasierten Darstellung der Fertigung sind die Fertigungsteilaufgaben des Produkts und ihre Verknüpfungen klar festgelegt. Verschiedene innovative alternative Möglichkeiten zur Strukturierung und somit auch Fertigung des Produkts werden durch Fertigungsansätze formuliert, welche den übergeordneten Rahmen auf der Ergebnisebene bilden und bei der Interpretation der Ergebnisse in Phase IV.2 der Methodik[330] wieder aufgegriffen werden. Die Methodik ist ab Phase I.1 neu zu durchlaufen, sofern ein aktualisierter Design Freeze für die Gestaltung und Bewertung skalierbarer Technologieketten herangezogen werden soll, welcher eine Veränderung des Fertigungsgraphen erfordert. Die in den folgenden Phasen entstehende Datenbasis muss dabei nicht automatisch verworfen werden, sondern ist kritisch auf Erweiterungs- und Aktualisierungsbedarf zu prüfen.

5.1.2 Phase I.2: Analyse der fertigungsorientierten Anforderungen

Die identifizierten Fertigungsteilaufgaben finden sich in einer klaren hierarchischen Struktur wieder, welche durch die Einordnung in Fertigungsansätze sequentielle Informationen zur Fertigung des Produkts beinhaltet. Um geeignete Technologieketten zu ebendieser Fertigung gestalten zu können, sind jedoch darüber hinaus die technischen Anforderungen der Fertigungsteilaufgaben von hoher Relevanz. Sinnvolle Technologieketten können im weiteren Verlauf der Methodik nur gestaltet werden, wenn diese geeignet sind, die technischen Anforderungen des Produkts fertigungstechnisch zu erfüllen. Ziel von Phase I.2 ist daher die Schaffung eines strukturierten Wissensstands über die technischen Anforderungen der Fertigungsteilaufgaben. Dazu werden zunächst übergreifende Anforderungskategorien festgelegt, welche anschließend individuell je Fertigungsteilaufgabe mit ihren Ausprägungen detailliert werden. Zur Berücksichtigung von Unsicherheiten in den einzubeziehenden produktbezogenen Daten werden Flexibilitätskorridore aufgespannt. Als Output der Phase liegen somit die Anforderungen samt ihrer Ausprägungen als Flexibiltätskorridor je Fertigungsteilaufgabe vor. Einen Überblick über Phase I.2 gibt Abbildung 5.7.

[330] Vgl. Unterabschnitt 5.4.2

Analyse der fertigungsorientierten Anforderungen			
Modul	I - Initiierungsmodul	Phase	I.2
Zielsetzung	Schaffung eines strukturierten Wissensstands über die technischen Anforderungen der Fertigungsteilaufgaben mit Einfluss auf ihre Herstellung		

Input	Vorgehen	Output
• Fertigungsgraph mit Fertigungsteilaufgaben und deren Kombinierbarkeit in Form von Fertigungsansätzen (I.1)	• Festlegen von übergeordneten Anforderungskategorien • Ableiten von Features und Anforderungen • Aufspannen von Flexibilitätskorridoren	• Fertigungsteilaufgaben mit Anforderungen samt jeweiliger quantitativer Ausprägung in Form eines Flexibilitätskorridors

Methodische Hilfsmittel	Featuremodell zur Beschreibung von Produktmerkmalen

Abb. 5.7: Überblick über Phase I.2

5.1.2.1 Festlegen von übergeordneten Anforderungskategorien

Zur Festlegung der Anforderungskategorien ist eine technisch konkretere Beschreibung der Fertigungsteilaufgaben erforderlich. Hierzu bietet sich die featurebasierte Beschreibung als leistungsfähiges Bauteilbeschreibungsmodell an. Das Konzept der Feature-Modellierung geht auf Pratt und Wilson zurück und zielt in seiner ursprünglichen Form vor allem auf Formelemente zur Unterstützung der Festkörper-Modellierung (engl. solid modeling) ab.[331] Mithilfe von Features lassen sich semantische Informationen mit Formelementen verknüpfen und dienen so als Werkzeug zur Kopplung von Daten der Produkt- und Prozessgestaltung.[332]

Im Sinne der formalen Anforderungen an die Methodik dieser Arbeit[333] stellt die Beschreibung der Fertigungsteilaufgaben mittels Features eine adäquate Abwägung aus empirischer Richtigkeit und geringem Aufwand dar.[334] Daher wird das Konzept der Bauteil-Features für diese Methodik aufgegriffen und zur Anwendbarkeit im Kontext der Brennstoffzellenproduktion erweitert. Dies bedeutet insbesondere, dass konventionelle Formelemente wie Wellenabsätze, Nuten, Gewinde, Verzahnungen, Fasen oder Freistiche nicht oder nur untergeordnet von

[331] Vgl. Pratt und Wilson (Support of form features) 1985; darauf aufbauend vgl. Schell (Bewertung alternativer Handhabungs- und Fertigungsfolgen) 1997, S. 20–27; Han et al. (Manufacturing feature recognition) 2000; Trommer (Methodik) 2001, S. 12–14; Knoche (Generisches Modell) 2005, S. 21–28.

[332] Vgl. Trommer (Methodik) 2001, S. 12.

[333] Vgl. Abschnitt 3.1

[334] Ein umfassendes Anforderungs- und/oder Änderungsmanagement ist explizit nicht Teil dieser Methodik. Bei Bedarf kann zur Vertiefung einschlägige Literatur zu diesem Forschungsfeld herangezogen werden, bspw. Schienmann (Kontinuierliches Anforderungsmanagement) 2001, Schedl (Integration von Anforderungsmanagement) 2009 oder im Kontext der Technologieplanung auch Fallböhmer (Generieren alternativer Technologieketten) 2000.

Relevanz sind. Vielmehr sind in Anlehnung an KNOCHE komplexe Geometrien, welche standardisierbar oder nicht standardisierbar sein können, von Bedeutung.[335] Die Features können als Teil einer Fertigungsteilaufgabe zwar weiterhin als Festkörper modelliert werden, jedoch finden in der Brennstoffzelle eine Vielzahl an viskosen oder biegeschlaffen Materialien und Fertigungsteilaufgaben Verwendung, welche ebenfalls beschreibbar sein müssen. Als Rahmen für die Anforderungsanalyse in dieser Phase werden dazu die beschreibenden Produktmerkmale nach KNOCHE herangezogen, sodass folgende Anforderungskategorien formuliert werden:[336]

- Geometrie
- Werkstoffe
- Werkstoffeigenschaften
- Abmaße
- Genauigkeiten

Dabei ist jedes einzelne Feature durch diese fünf Produktmerkmale darzustellen. Dazu wird im ersten Schritt die Geometrie modelliert, gemeinsam mit dem Werkstoff sind hier realisierbare Kombinationen vorzusehen. Je Kombination können dann im zweiten Schritt Abmaße und Genauigkeiten modelliert werden. Dabei kann auf Featurebäume und -bibliotheken zurückgegriffen werden, sofern diese das komplexe Produkt Brennstoffzelle ausreichend gut abbilden können. Ansonsten sind aus den technischen Spezifikationen des Design Freeze neue Features abzuleiten. Die auf diese Weise zu analysierenden Produktmerkmale der Fertigungsteilaufgaben dienen bei der späteren Technologieidentifikation in Abschnitt 5.2 zum Abgleich mit Technologieeigenschaften.

5.1.2.2 Ableiten von Features und Anforderungen

Für jede Fertigungsteilaufgabe erfolgt die Zuordnung von Features und ihre Detaillierung mithilfe von Anforderungen. Dabei bietet sich in Bezug auf das Vorgehen an, mit der Fertigungsteilaufgabe zu starten, welche das fertige Produkt repräsentiert, d.h. der Senke des Fertigungsgraphen aus Unterabschnitt 5.1.1. Eine Analyse der Quellen des Fertigungsgraphen, d.h. der Rohmaterialien oder Zukaufteile, ist für die Zielsetzung dieser Phase nicht notwendig, da keine Technologien zur Herstellung dieser Fertigungsteilaufgaben gestaltet werden.[337] Mithilfe der aus dem Design Freeze vorliegenden Entwurfszeichnungen, Anforderungslisten und Materialarten werden nun die fertigungstechnisch zu realisierenden Features für jede Fertigungsteilaufgabe abgeleitet. Diese werden durch ihre jeweilige Form beschrieben und können die gesamte Fertigungsteilaufgabe oder einen Bereich dieser umfassen. Für jedes Feature ist anschließend auf Basis der Anforderungskategorien eine Liste der fertigungsorientierten Anforderungen auszuarbeiten, zunächst jedoch ohne eine Ausprägung oder quantitative Spezifikation anzugeben.

[335] Vgl. Knoche (Generisches Modell) 2005, S. 115–117.
[336] Vgl. ebd. 2005, S. 106f.; vgl. Müller (Methodik) 2007, S 90.
[337] Für angrenzende unternehmensbezogene Aktivitäten, bspw. Lastenhefterstellung für die Beschaffung oder Qualitätssicherung der Zulieferteile, können Anforderungen auch für Quellen hingegen sehr hohe Relevanz besitzen.

Auf diese Weise werden alle Fertigungsteilaufgaben mit ihren jeweiligen aus Fertigungssicht relevanten Anforderungen vervollständigt. Da eine Fertigungsteilaufgabe mehrere Features besitzen kann, bietet sich zur einfacheren Übersicht eine eindeutige Nummerierung der Anforderungen an, bspw. in Form einer ID. Ein mögliches Beispiel für die Fertigungsteilaufgabe Bipolarplatte gibt Abbildung 5.8. Drei mögliche Features (A–C) sind hier in Matrixdarstellung mit den Anforderungskategorien dargestellt.

V_2 <Metallische Bipolarplatte>

	Feature A Halbplattensubstrat	Feature B Flowfield	Feature C Medienkanäle	... ...
Geometrie	A01. Rechteckige Fläche	B01. Freiformfläche	C01. Abgerundetes Dreieck	
Werkstoff	A02. Legierter Stahl	B02. Stahl (Substrat)	C02. Aussparung aus Substratwerkstoff	
		B03. Kohlenstoffbasierte Beschichtung		
Werkstoff-eigenschaften	A03. Zugfestigkeit	B04. Elektrische Leitfähigkeit	C03. Gratfreiheit	
	A04. Biegefestigkeit	B05. Thermische Leitfähigkeit	⋮	
	A05. Thermischer Ausdehnungskoeffizient	B06. Korrosionsbeständigkeit		
	A06. Wasserstoffabsorption	B07. Wasserstoffpermeation		
	A07. Korrosionsrate	B08. Schichtadhäsion		
		B09. Umformgrad		
Abmaße	A08. Außenlänge	B10. Länge	C04. Länge	
	A09. Außenbreite	B11. Breite	C05. Breite	
	A10. Foliendicke	B12. Kanalradius	C06. Winkel	
	A11. Außenradius abgerundeter Ecken	B13. Kanaltiefe	C06. Innenradius abgerundeter Ecken	
		B14. Beschichtungsdicke	⋮	
Genauigkeiten	A12. Planparallelität	B15. Längen-/Breitentoleranz	C07. Längen-/Breitentoleranz	
	A13. Längen-/Breitentoleranz	B16. Fließmaterialstärke	C08. Positionstoleranz	
	A14. Oberflächenrauheit	B17. Radienform	⋮	
	⋮	⋮	⋮	

Abb. 5.8: Matrixdarstellung der Anforderungskategorien und Features am Beispiel der Fertigungsteilaufgabe Bipolarplatte

5.1.2.3 Aufspannen von Flexibilitätskorridoren

Für die nun vorliegenden Features aller Fertigungsteilaufgaben müssen die abgeleiteten Anforderungen mit quantitativen Ausprägungen beschrieben werden. Bei der Featuremodellierung im ursprünglichen Sinne wird stets mit scharfen Parameterausprägungen gearbeitet.[338] Wie die inhaltlichen Anforderungen an die Methodik verdeutlichen, ist in Bezug auf die Produktion

[338] Vgl. Schell (Bewertung alternativer Handhabungs- und Fertigungsfolgen) 1997, S. 23; vgl. Trommer (Methodik) 2001, S. 13.

von Brennstoffzellen die Verarbeitung von unsicheren Daten vorzusehen.[339] Daher muss eine Möglichkeit geschaffen werden, die Parametrisierung der featurebasierten Anforderungen mit unvollkommenen quantitativen Informationen vorzunehmen und die bisherigen Forschungserkenntnisse dahingehend zu erweitern. SCHELL ermöglicht die Anwendbarkeit von Featuremodellen in frühen Phasen der Produktgestaltung durch eine unscharfe Parameterbeschreibung in Form von Fuzzy Sets.[340] Diese wird von TROMMER aufgegriffen, welcher vor allem auf die Abbildung linguistischer Unsicherheiten eingeht.[341] Aufgrund des verhältnismäßig großen Aufwands der Modellierung von Fuzzy Sets mit den einzelnen Schritten Fuzzifizierung, Inferenz und Defuzzifizierung für jede Anforderung wird für diese Methodik eine vereinfachte Darstellung von unsicheren Informationen in Form von Wertintervallen vorgeschlagen.[342] Diese Wertintervalle, welche sich auf die Anforderungen der jeweiligen Fertigungsteilaufgabe beziehen, können als Flexibilitätskorridore bezeichnet werden. Mithilfe der Flexibilitätskorridore besteht somit die Möglichkeit, unsichere Anforderungen der Fertigungsteilaufgaben aufzunehmen, sodass die finale Produktgestalt innerhalb der gesetzten Grenzen flexibel in Bezug auf ihre Herstellung bleibt.

Abbildung 5.9 zeigt einen Auszug der Anforderungen der möglichen Fertigungsteilaufgabe Bipolarplatte. Darin wird deutlich, dass beispielsweise die Dicke der Bipolarplatte (Anforderung A10) nicht als einzelner Wert mit Toleranzfeld angegeben wird, stattdessen ist die Dicke im Bereich zwischen $70\mu m$ und $120\mu m$ angestrebt. Der Flexibilitätskorridor kann iterativ konkretisiert werden, wenn dies eine genauere Informationslage zulässt. In diesem Fall ist die Methodik ab dieser Phase ebenfalls iterativ neu zu durchlaufen.

339 Vgl. Abschnitt 3.1.

340 Vgl. Schell (Bewertung alternativer Handhabungs- und Fertigungsfolgen) 1997, S. 23f.

341 Vgl. Trommer (Methodik) 2001, S. 13f.

342 Für vertiefende Erläuterungen zum Konzept der Fuzzy Sets vgl. u.a. Zadeh (Fuzzy Sets) 1965. Bei Bedarf kann an dieser Stelle alternativ die Anforderungsanalyse vollständig mit Fuzzy Sets durchgeführt werden, siehe dazu Schell (Bewertung alternativer Handhabungs- und Fertigungsfolgen) 1997, S. 33–36.

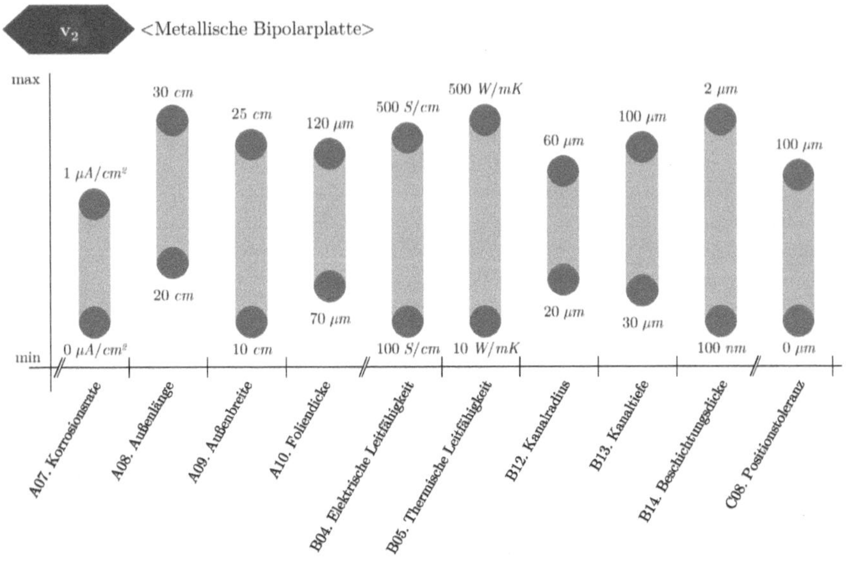

Abb. 5.9: Flexibilitätskorridore am Beispiel der Fertigungsteilaufgabe Bipolarplatte

Beginnend mit der ersten Fertigungsteilaufgabe wird auf diese Weise jede quantitative Anforderung zu jedem Feature mittels Flexibilitätskorridor spezifiziert. Als explizierte Eingangsinformation liegen bereits technische Zeichnungen und Anforderungslisten vor. Für ein zu erarbeitendes möglichst differenziertes Gesamtbild sollte zusätzlich eine enge Kommunikation mit Experten der Produktentwicklung angestrebt werden. Beispielsweise können gemeinsame Workshops hilfreich sein, um eine möglichst kreative und gleichzeitig konsensuale Einschätzung zu erzielen. Zudem bieten diese den Vorteil, die expliziten Informationen aus der Produktentwicklung durch die Einbeziehung von fachlichen Wissensträgern zu der jeweiligen Fertigungsteilaufgabe sowie weiteren Unternehmensfunktionen wie bspw. Marketing und Vertrieb zu einem bestmöglichen Ergebnis zu führen. Die Spezifikation wird für jede Fertigungsteilaufgabe einzeln durchgeführt, bis alle Fertigungsteilaufgaben beschrieben sind. Damit ist die Zielsetzung von Phase I.2 erreicht und diese abgeschlossen. Die Methodik ist ab Phase I.2 neu zu durchlaufen, sofern veränderte Anforderungen an die Fertigungsteilaufgaben gestellt werden, welche außerhalb der Flexibilitätskorridore liegen.

5.2 Detaillierung des Gestaltungsmoduls

Nachdem mit Abschnitt 5.1 die grundlegende Dekomposition des zu fertigenden Produkts samt Analyse derer Anforderungen durchgeführt ist, folgt in diesem Abschnitt die Erläuterung der

Gestaltung von Technologieketten. In Unterabschnitt 5.2.1 werden dazu basierend auf den im vorherigen Abschnitt definierten Fertigungsteilaufgaben mögliche Technologiealternativen zu ihrer Herstellung identifiziert. Aus diesen werden in Unterabschnitt 5.2.2 anschließend mögliche Technologieketten aufgestellt.

5.2.1 Phase II.1: Identifizierung von Technologiealternativen

Die Fertigungsteilaufgaben liegen nach den ersten beiden Phasen der Methodik entsprechend ihrer Fertigungsstruktur verknüpft im Fertigungsgraphen vor. Dazu sind für jede Fertigungsteilaufgabe ihre Features und zugehörige Anforderungskorridore festgelegt. Um Fertigungsteilaufgaben und schlussendlich den Brennstoffzellenstack als Gesamtprodukt herstellen zu können, ist die Kenntnis über geeignete Fertigungstechnologien erforderlich. Ziel von Phase II.1 ist daher die Identifikation möglicher Fertigungstechnologien, mit welchen sich die jeweiligen Fertigungsteilaufgaben anforderungsgerecht realisieren lassen. Dazu werden im ersten Schritt Fertigungsschritte zur Herstellung einer Fertigungsteilaufgabe abgeleitet. Die Fertigungsschritte werden dann im zweiten Schritt in Bezug auf ihren Einfluss auf die Umsetzung der Anforderungen analysiert. Abschließend wird im dritten Schritt die Suche von Technologien mit geeigneten Methoden durchgeführt, um diese strukturiert in Form von Technologiesteckbriefen zu dokumentieren. Einen Überblick über Phase II.1 gibt Abbildung 5.10.

Identifizierung von Technologiealternativen

Modul	II - Gestaltungsmodul	Phase	II.1
Zielsetzung	Identifizierung möglicher Fertigungstechnologien zur anforderungsgerechten Realisierung der jeweiligen Fertigungsteilaufgaben		

Input	Vorgehen	Output
• Fertigungsgraph mit Fertigungsteilaufgaben und deren Kombinierbarkeit in Form von Fertigungsansätzen (I.1) • Anforderungen in Form von Flexibilitätskorridoren (I.2)	• Ableiten der Fertigungsschritte zur Herstellung einer Fertigungsteilaufgabe • Analysieren der Umsetzung der Anforderungen in Fertigungsschritten • Suchen und Dokumentieren von Technologien	• Reihenfolgeunabhängige Fertigungsschritte je Teilfertigungsansatz • Fertigungsschritten strukturiert zugeordnete Technologien • Technologiesteckbriefe mit Fertigungsressourcen

Methodische Hilfsmittel	Domain-Mapping-Matrix, Methoden der Technologiefrüherkennung, Technologiesteckbriefe

Abb. 5.10: Überblick über Phase II.1

5.2.1.1 Ableiten der Fertigungsschritte zur Herstellung einer Fertigungsteilaufgabe

Für die problemorienterte, aber gleichzeitig lösungsneutrale Beschreibung des Suchraums für Technologien bietet sich eine Formulierung als Substantiv-Verb-Paar an.[343] In diesem Zusammenhang bezeichnet GREITEMANN die abstrakte Beschreibung einer Produktionsaufgabe in Anlehnung an die VDI-Richtlinie 2803 als Technologiefunktion.[344] Die VDI 2803 widmet sich im Rahmen der Funktionenanalyse primär einem einzelnen betrachteten Wertanalyseobjekt mit Haupt- und Nebenfunktionen.[345] Um diese Art der Funktionsbeschreibung in Bezug auf den Suchraum für Fertigungstechnologien zu verallgemeinern, wird hierfür im Rahmen dieser Arbeit die Bezeichnung Fertigungsschritt[346] verwendet.

Ein Fertigungsschritt s befindet sich auf der Zwischenebene der Methodik nach Abbildung 5.2 und kann als Baustein eines Teilfertigungsansatzes e^* verstanden werden. Für jeden Teilfertigungsansatz werden systematisch die zugehörigen Fertigungsschritte abgleitet. Hierbei dienen die Features der Fertigungsteilaufgabe $v^*(e^*)$ als Grundlage. Für jedes Feature werden mit Berücksichtigung ihres Ausgangszustands, beschrieben in den Fertigungsteilaufgaben $\overline{v}(e^*)$, ein oder mehrere abstrakte Fertigungsschritte s mittels Substantiv-Verb-Kombinationen beschrieben. In Anlehnung an VDI 2803 erfolgt die Beschreibung mit möglichst aktiven Verben, „die das direkte Geschehen beschreiben und nicht die Möglichkeit (Potenz) hierzu“[347]. Im Beispiel der Bipolarplatte sollte ein Fertigungsschritt somit „Flowfield formen“ statt „Flowfieldgeometrie ermöglichen“ lauten. Gleichzeitig wird ein möglichst hoher Abstraktionsgrad angestrebt, um im Rahmen der späteren Technologiesuche möglichst kreative und innovative Lösungen zu generieren, bspw. durch die Formulierung „Halbplatten fügen“ statt dem weniger lösungsneutralen „Halbplatten verschweißen“. Das Ableiten der Fertigungsschritte erfolgt reihenfolgeunabhängig, d.h. insbesondere ohne Vorgriff auf eine mögliche Fertigungsschrittfolge.

5.2.1.2 Analysieren der Umsetzung der Anforderungen in Fertigungsschritten

Zur Vorbereitung des Technologiesuchraums werden die Fertigungsschritte auf ihren Einfluss auf die Umsetzung der jeweiligen produktionsorientierten Anforderungen einer Fertigungsteilaufgabe deduktiv untersucht.[348] Für jeden Teilfertigungsansatz e^* wird dazu die zugehörige

---

343 Vgl. Schindler (Strategische Planung von Technologieketten) 2014, S. 85; Greitemann (Methodik für die systematische Identifikation) 2016, S. 63.

344 Vgl. ebd. 2016, S. 63.

345 Vgl. Verein Deutscher Ingenieure - Gesellschaft Produkt- und Prozessgestaltung (VDI 2803 Blatt 1: Funktionenanalyse) 2019, S. 3–5.

346 Für die im Rahmen dieser Arbeit gültige Definition siehe Abschnitt 3.2

347 Verein Deutscher Ingenieure - Gesellschaft Produkt- und Prozessgestaltung (VDI 2803 Blatt 1: Funktionenanalyse) 2019, S. 5.

348 GREITEMANN spricht in diesem Zusammenhang von einer Suchfeld-Matrix. Bei Bedarf kann an dieser Stelle auf diese vollständig zurückgegriffen werden, siehe dazu Greitemann (Methodik für die systematische Identifikation) 2016, S. 74–77.

reihenfolgeunabhängige Menge der Fertigungsschritte $s(e^*)$ aufgegriffen und den Anforderungen der Fertigungsteilaufgabe $v^*(e^*)$ gegenübergestellt. Die Gegenüberstellung erfolgt in einer Domain-Mapping-Matrix (DMM).[349]

Für jeden Teilfertigungsansatz e^* ergibt sich eine Beziehungsmatrix $B(e^*)$ der Dimension $(n \times m)$. Jeder Fertigungsschritt s wird von einer Zeile repräsentiert, während jede Anforderung α eine Spalte einnimmt. Die Anwendenden analysieren anhand dessen den Einfluss je eines Fertigungsschrittes auf je eine betrachtete Anforderung. Um die Komplexität gering zu halten werden nur direkte Einflüsse berücksichtigt, d.h. solche, welche eine vorhersagbare, messbare Veränderung der Ausprägung einer Anforderung durch den jeweiligen Fertigungsschritt implizieren. Analog zur DSM in Unterabschnitt 5.1.1 wird die Beziehungsmatrix $B(e^*)$ binär befüllt, sodass für ihre Einträge $b_{i,j}$ mit $i \in [1,n], j \in [1,m]$ gilt:

$$b_{i,j} := \begin{cases} 1 & \text{falls } s_i \text{ direkten Einfluss auf } \alpha_j \text{ hat,} \\ 0 & \text{sonst.} \end{cases} \tag{5.4}$$

Abbildung 5.11 zeigt beispielhaft einen Auszug einer DMM zur Analyse der Beziehungen von Fertigungsschritten und fertigungsorientierten Anforderungen. Hierbei wird deutlich, dass ein Fertigungsschritt u.U. auch Auswirkungen auf Anforderungen hat, welche nicht zu dem Feature gehören, anhand dessen der Fertigungsschritt ursprünglich abgeleitet wurde.

		Korrosionsrate (A07)	Foliendicke (A10)		Kanalradius (B12)	Kanaltiefe (B13)		Positionstoleranz (C08)
		α_7	α_{10}	...	α_{26}	α_{27}	...	α_{39}
Stahlfolie beschichten	s_1	1	1		0	0		0
Flowfield formen	s_2	0	0		1	1		1
Medienkanäle einbringen	s_3	1	0		0	0		1
	⋮							

Abb. 5.11: Domain-Mapping-Matrix mit dem Einfluss der Fertigungsschritte auf die produktionsorientierten Anforderungen

Mithilfe der in Form von Flexibilitätskorridoren vorliegenden Ausprägungen der fertigungsorientierten Anforderungen ist damit der Suchraum für mögliche Fertigungstechnologien, welche jeweils zur Konkretisierung der Fertigungsschritte zu finden sind, bestimmt. Am Beispiel des Fertigungsschritts „Flowfield formen“ wird deutlich, dass eine Fertigungstechnologie gesucht wird, welche u.a. fähig ist, einen Kanalradius von $20\mu m - 60\mu m$ bei einer Kanaltiefe von

349 Vgl. Abschnitt 3.3.

$30\mu m$ – $100\mu m$ zu erzeugen.[350] Dies wird als eine der Suchbedingungen für geeignete Technologiealternativen festgehalten.

5.2.1.3 Suchen und Dokumentieren von Technologien

Die Suche nach Fertigungstechnologien ist i.A. eine umfangreiche, ressourcenintensive Unternehmung, während der die Informationsmenge progressiv ansteigt. Große Unternehmen können und müssen ein dauerhaftes Technologiescreening betreiben, um nicht in einen Nachteil gegenüber Wettbewerbern zu geraten.[351] Das Spektrum der verfügbaren Technologien ist einem ständigen Wandel unterworfen. Der Unterschied der Technologien lässt sich ihrem Lebenszyklus, ihrer Reife und ihrer Eignung für den Einsatz als Produktionstechnologie zuschreiben.[352] Kleine und mittlere Unternehmen (KMU) verfügen häufig weder über die zeitlichen noch personellen Ressourcen, um diesen Aufwand zu betreiben. Die Suche nach Technologien muss so gestaltet sein, dass sie sowohl für KMU als auch für große Unternehmen sinnvoll ist. Insbesondere im Kontext der Brennstoffzellenproduktion muss die Methodik für junge Unternehmen mit hohem Wachstumspotenzial ein gutes Nutzen-Aufwand-Verhältnis darstellen.[353]

Verschiedene Arten von Informationsquellen können zur Identifikation und deskriptiven Dokumentation geeigneter Fertigungstechnologien herangezogen werden.[354] Nach LAUBE bieten sich Methoden der Technologiefrühaufklärung an, wobei eine sorgfältige Auswahl unter Gesichtspunkten ihrer tatsächlichen Nutzung in der betrieblichen Praxis ratsam erscheint. Zu den relevanten, häufig sinnvoll verwendeten Informationsquellen gehören die Expertenbefragung, die Patentanalyse, die Bibliometrie, die Szenariotechnik sowie die Internetrecherche.[355] Weitere häufig in der Literatur vorgeschlagene Ansätze wie die Delphi-Methode oder S-Kurven-Analyse werden als weniger relevant in der Praxis empfunden, da hier die Gefahr einer unzureichenden Genauigkeit besteht.[356] GREITEMANN identifiziert und analysiert 15 relevante Informationsquellen innerhalb der Technologiefrüherkennung.[357] Als relevante Klassifizierungsarten werden die Informationsquellen in formal oder informell, primär oder sekundär sowie günstig oder teuer unterschieden. Formale Quellen sind schriftlicher Natur, während informelle Quellen nicht dokumentiertes Expertenwissen sind. Informationen, die aus erster Hand stammen, sind teurer als Informationen aus zweiter Hand.[358] Außerdem bezieht GREITEMANN zur Ermittlung der Relevanz von Informationsquellen zur Identifikation von Technologien die jeweilige Phase des

[350] Siehe auch Abbildung 5.9.
[351] Vgl. Foster (Innovation) 1986, S. 60; vgl. Lichtenthaler (Organisation der Technology Intelligence) 2000, S. 1f.; vgl. Klocke (Production Technology in High-Wage Countries) 2009, S 20; vgl. Schimpf (Social software supported technology monitoring) 2010, S. 44–47.
[352] Vgl. Abele und Reinhart (Zukunft der Produktion) 2011, S. 12–15; vgl. Schindler (Strategische Planung von Technologieketten) 2014, S. 21.
[353] Vgl. Abschnitt 3.1.
[354] Vgl. Schimpf (Social software supported technology monitoring) 2010, S. 50.
[355] Vgl. Laube (Methodik des interorganisationalen Technologietransfers) 2009, S. 46–51.
[356] Vgl. ebd. 2009, S. 46.
[357] Vgl. Greitemann (Methodik für die systematische Identifikation) 2016, S. 51–53.
[358] Vgl. ebd. 2016, S. 28–30.

Technologielebenszyklus ein, welcher in die vier Phasen Entstehung, Wachstum, Reife und Alter gegliedert wird. Die Informationsquellen in Anlehnung an Greitemann sind in Tabelle 5.1 dargestellt.[359]

Informationsquelle	Intern	Extern	Informell	Formal	Primär	Sekundär	Günstig	Teuer
Externe Experten		•	•		•	•		
Forschungsinstitute und Universitäten		•	•		•	•		•
Interne Experten	•		•		•	•	•	
Internet		•		•	•	•	•	
Interne Berichte und Datenbanken	•			•	•	•	•	
Kapitalmarkt		•		•	•	•		•
Komitees und Verbände		•	•		•			•
Kommerzielle Veranstaltungen		•	•	•	•			•
Kooperationen mit Unternehmen		•	•	•	•	•		•
Öffentliche Förderprogramme		•		•	•		•	
Patente		•		•	•		•	
Persönliche Kontakte	•	•	•		•	•	•	•
Schriftliche Publikationen		•		•	•	•	•	
Technologiestudien		•		•		•	•	•
Wissenschaftliche Veranstaltungen		•	•		•			

Tab. 5.1: Informationsquellen zur Technologieidentifikation i.A.a. Greitemann

Zum Start der Technologiesuche bietet es sich an, alle zu untersuchenden Fertigungsschritte als Longlist vorliegen zu haben. So können Synergien bei gleich oder ähnlich lautenden Fertigungsschritten aus unterschiedlichen Teilfertigungsansätzen bestmöglich genutzt werden. Sofern geeignet, ist die mehrfache Verwendung der gleichen Technologie in verschiedenen Teilfertigungsansätzen explizit erlaubt. Damit die Technologie einen sinnvollen Beitrag zur Bildung von Technologieketten leisten kann, werden zusammenfassend folgende Suchbedingungen formuliert, welche den Suchraum begrenzen:

- Die Technologie konkretisiert die Substantiv-Verb-Beschreibung des geforderten Fertigungsschritts.
- Die Technologie ist fähig, alle mit dem Eintrag 1 in der Beziehungsmatrix gekennzeichneten Anforderungen zu erfüllen.
- Alle Skalierungsmechanismen[360] sind für die Technologie anwendbar, d.h. insbesondere kann die Technologie in Form mehrerer, verschiedener Ressourcen umgesetzt werden.

Die identifizierten Fertigungstechnologien müssen durch die Anwendenden adäquat beschrieben und systematisch dokumentiert werden. Hierfür wird die Methode des Technologiesteckbriefs

[359] Vgl. ebd. 2016, S. 51f.
[360] Vgl. Abschnitt 4.2

vorgesehen. Der Technologiesteckbrief eignet sich als einheitliche Informationsgrundlage, in dem die wesentlichen Daten verkürzt darstellt werden.[361] Dieser wird mit zusätzlichen Informationen, welche im Rahmen dieser Arbeit eine erhöhte Relevanz besitzen, erweitert. Eine Vorlage für einen geeigneten Technologiesteckbrief zeigt Abbildung 5.12.

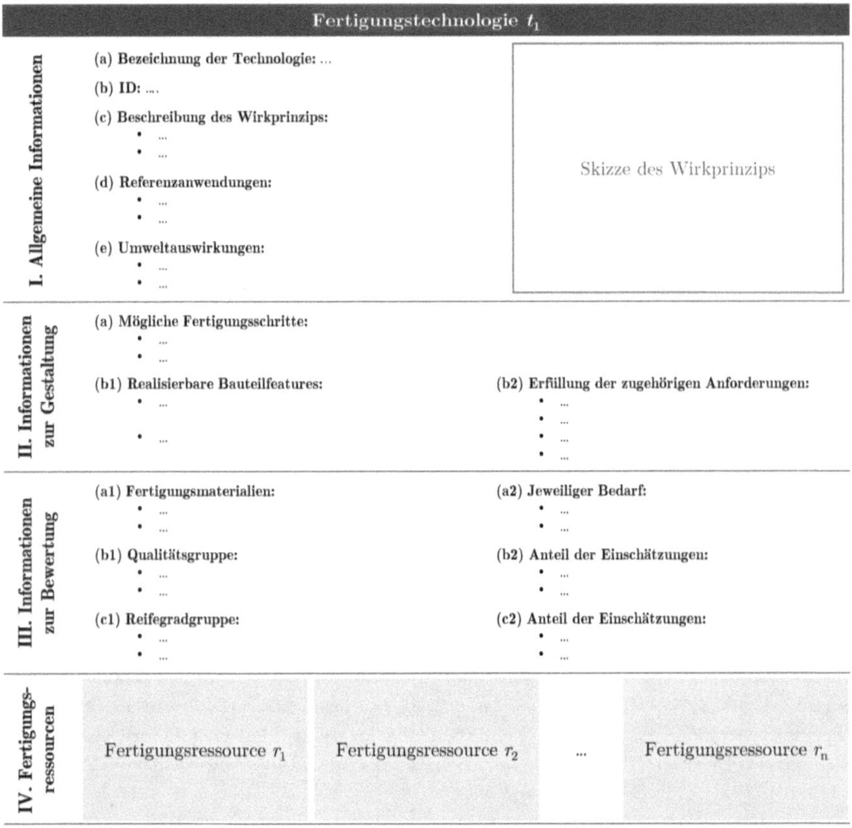

Abb. 5.12: Technologiesteckbrief zur strukturierten Dokumentation der identifizierten Technologien

Der Technologiesteckbrief besteht aus vier Teilen. Im ersten Teil werden allgemeine Informationen aufgenommen, dabei erhält die Technologie eine eindeutige Bezeichnung. Das Wirkprinzip wird qualitativ beschrieben, außerdem sollten Referenzanwendungen und Umweltauswirkungen aufgelistet werden, um eine differenzierte Betrachtung zu ermöglichen. Zur Veranschaulichung

[361] Vgl. Wellensiek et al. (Technologiefrüherkennung) 2011, S. 138; vgl. Schindler (Strategische Planung von Technologieketten) 2014, S. 87f.

kann eine Skizze des Wirkprinzips ergänzt werden. Hilfreich kann hier ergänzend die Angabe der zugehörigen Informationsquelle sein. Im zweiten Teil werden Informationen für die Nutzung der Technologie zur Gestaltung von Technologieketten für die Produktion von Brennstoffzellen gesammelt. Dazu wird dokumentiert, welche der übergeordneten Fertigungsschritte die Technologie zu bedienen vermag. Die mithilfe der Technologie realisierbaren Bauteilfeatures werden gesammelt und die Erfüllung ihrer zugehörigen Anforderungen quantitativ oder binär angegeben. Der dritte Teil widmet sich den Informationen zur Bewertung und wird zunächst nicht bearbeitet. Die erforderlichen monetären und nicht-monetären Informationen zur Bewertung auf Technologieebene werden während des Bewertungsmoduls ergänzt.[362] Im vierten Teil werden zugehörige Fertigungsressourcen zur Technologie als Unterelement angegeben, wobei mehrere Instanzen an Ressourcen angelegt werden können. Die zur Technologie gehörenden Fertigungsressourcen werden in einem untergeordneten Steckbrief beschrieben, welchen Abbildung 5.13 zeigt.

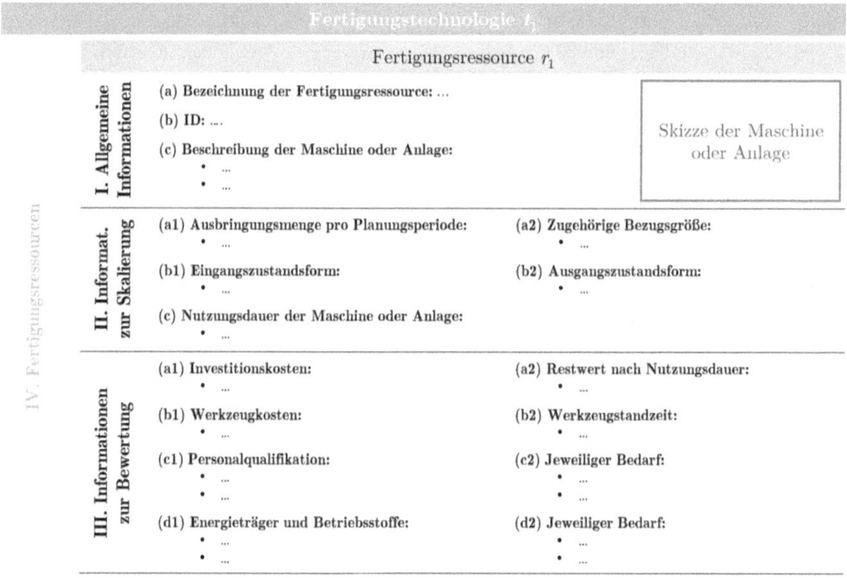

Abb. 5.13: Ressourcensteckbrief als Teil des Technologiestechbriefs

Der Ressourcensteckbrief besteht aus drei Teilen. Im ersten Teil werden analog zum Technologiesteckbrief allgemeine Informationen aufgenommen und auf die wesentlichen Eigenschaften beschränkt. Hier kann eine Skizze der Maschine oder Anlage beigefügt werden. Im dritten Teil finden sich Informationen zur Bewertung. Um möglichst unvoreingenommen eine Vielzahl an Fertigungsressourcen in die Technologiesteckbriefe aufzunehmen, ist zu diesem noch keine

[362] Vgl. Abschnitt 5.3.

Bewertung vorgesehen. Die Informationen zu diesem Teil werden daher während des Bewertungsmoduls ergänzt.[363]

Mit mindestens einem vollständigen Datensatz an Technologiesteckbriefen zu allen Fertigungsschritten ist das Ziel von Phase II.1 erreicht. Die aufbereiteten inhaltlichen Informationen sowie die Struktur der Fertigungstechnologien in ihren jeweils zu Teilfertigungsansätzen gehörenden Fertigungsschritten können anschließend zur Bildung von Technologieketten verwendet werden. Die Methodik ist ab Phase II.1 neu zu durchlaufen, wenn die Informationslage der Fertigungstechnologien technisch überholt erscheint oder neue Technologien einbezogen werden können. Bei regelmäßiger Anwendung der Methodik wird ein jährlicher Turnus als sinnvoll erachtet. In der Regel ist dabei lediglich von einer Überarbeitung oder Erweiterung auszugehen.

5.2.2 Phase II.2: Aufstellung der Technologieketten

Die in Phase II.1 identifizierten Fertigungstechnologien, welche sich auf der Fokusebene nach Abbildung 5.2 befinden, bilden das inhaltlich-wissensorientierte Fundament der Methodik. Damit die bisher den reihenfolgeunabhängigen Fertigungsschritten zugeordneten Technologien sinnvoll zur Herstellung einer Fertigungsteilaufgabe verküpft werden können, ist eine sequentielle Struktur erforderlich. Das Ziel der sich nun anschließenden Phase II.2 ist daher das Vorliegen von alternativen Technologieketten in einer nachvollziehbaren, einheitlichen Logik. Die Phase bildet gleichzeitig den Abschluss des Gestaltungsmoduls, sodass die Erkenntnisse als Ausgangspunkt für die folgende Bewertung nutzbar sein müssen. Dazu wird zunächst die Reihenfolgebildung der Fertigungsschritte zu Fertigungsschrittfolgen untersucht. Anschließend werden Technologieinterdependenzen analysiert, um sich gegenseitig negativ beeinflussende Technologien auszuschließen. Die Bildung der Technologieketten erfolgt dann rein sachlich-kombinatorisch. Einen Überblick über Phase II.2 gibt Abbildung 5.14.

[363] Vgl. Abschnitt 5.3.

Aufstellung der Technologieketten			
Modul	II - Gestaltungsmodul	Phase	II.2
Zielsetzung	Abgeschlossene Gestaltung von alternativen Technologieketten in einer nachvollziehbaren, einheitlichen Logik		

Input	Vorgehen	Output
• Reihenfolgeunabhängige Fertigungsschritte je Teilfertigungsansatz (II.1) • Fertigungsschritten strukturiert zugeordnete Technologien (II.1) • Technologiesteckbriefe mit Fertigungsressourcen (II.1)	• Logisches Verknüpfen von Fertigungsschritten zu Fertigungsschrittfolgen • Analysieren von Technologie-interdependenzen • Kombinatorisches Bilden der Technologieketten	• Systematisierte Technologieketten zur Herstellung der Fertigungsteilaufgaben

Methodische Hilfsmittel	Design-Structure-Matrix, Morphologischer Kasten

Abb. 5.14: Überblick über Phase II.2

5.2.2.1 Logisches Verknüpfen von Fertigungsschritten zu Fertigungsschrittfolgen

Innerhalb jedes Teilfertigungsansatzes e^* liegen mehrere Fertigungsschritte s vor. Diese müssen zunächst sequentiell verknüpft werden, um jeweils eine oder mehrere Fertigungsfolgen ψ zu bilden. Hierfür wird erneut eine Design Structure Matrix (DSM)[364] aufgespannt. Die so entstehende DSM wird im vorliegenden Kontext als Sequenzmatrix Q bezeichnet und dient zur Analyse von Vorgänger- und Nachfolger-Beziehungen für jedes Paar von Fertigungsschritten. Somit gilt für die Einträge $q_{i,j}$ mit $i, j \in [1, n]$ der $(n \times n)-$Matrix $Q(e^*)$:

$$q_{i,j} := \begin{cases} 1 & \text{falls } s_i \text{ zwingend vor } s_j \text{ durchgeführt werden muss,} \\ 0 & \text{sonst.} \end{cases} \tag{5.5}$$

Ein Beispiel für eine Sequenzmatrix ist in Abbildung 5.15 dargestellt. So kann im Beispiel der Fertigungsteilaufgabe „metallische Bipolarplatte“ gefordert werden, dass der Fertigungsschritt „Flowfield formen“ zwingend vor „Halbplatten fügen“ durchzuführen ist.

		s_1	s_2	s_3	…
Stahlfolie beschichten	s_1	1	1	1	
Flowfield formen	s_2	0	0	0	
Medienkanäle einbringen	s_3	1	0	0	
	⋮				

Abb. 5.15: Sequenzmatrix Q zur Analyse der Fertigungsschrittfolge ψ

[364] Für Erläuterungen zur DSM siehe Unterabschnitt 5.1.1

Anhand der Sequenzmatrix können nun deduktiv eine oder mehrere Fertigungsschrittfolgen gebildet werden. Wird die Sequenzmatrix analog zur Adjazenzmatrix eines Graphen verstanden, entspricht eine Fertigungsschrittfolge einem zugehörigen gerichteten Graphen ohne Verzweigungen. Diese Analogie ist jedoch nur eingeschränkt anwendbar, da eine 0 anders als in der eigentlichen Adjazenzmatrix kein Verbot einer Verknüpfung beschreibt, sondern lediglich das Nicht-Vorliegen eines Zwangs. Im Falle der Sequenzmatrix sind somit mehr Freiheitsgrade möglich, sodass aus einer Matrix unterschiedliche Fertigungsschrittfolgen ableitbar sein können.

In Tabelle 5.2 werden die möglichen Fertigungsschritte aus der Beispiel-Sequenzmatrix $Q(e^*)$ dargestellt. Der Fertigungsschritt s_1 „Stahlfolie beschichten" muss demnach stets vor s_3 „Medienkanäle einbringen" durchgeführt werden, zeigt jedoch keine Abhängigkeit zu Fertigungsschritt s_2 „Flowfield formen". Außerdem muss s_2 ebenfalls vor s_3 durchgeführt werden, nicht jedoch vor s_1. Daraus ergeben sich durch Kombination der verbleibenden Möglichkeiten die Fertigungsfolgen ψ_1 und ψ_2, welche beide dem gleichen Teilfertigungsansatz zugeordnet bleiben. Insgesamt sind somit $|E^*|$ Sequenzmatrizen aufzustellen, d.h. zu jedem Teilfertigungsansatz e^* gehört jeweils genau eine Sequenzmatrix Q.

Fertigungsschrittfolge	Fertigungsschritte				
$\psi_1(e^*)$:	s_1	$\prec$	s_2	$\prec$	s_3
$\psi_2(e^*)$:	s_2	$\prec$	s_1	$\prec$	s_3

Tab. 5.2: Abgeleitete Fertigungsschrittfolgen am Beispiel der Sequenzmatrix Q

5.2.2.2 Analysieren von Technologieinterdependenzen

Damit können nun die Fertigungstechnologien t, da sie den Fertigungsschritten s direkt zugeordnet sind, ebenfalls in eine im Sinne der Herstellung der Fertigungsteilaufgabe v^* sinnvolle Reihenfolge gebracht werden. Allerdings liegen noch keine Informationen über mögliche Interdependenzen der Technologien vor. Verschiedene Interdependenz-Analysen können mit den identifizierten Technologien durchgeführt werden. MÜLLER führt hierzu eine Primärverfahren-Primärverfahren-Matrix ein, welche es ermöglicht, „die Sequenzbeziehungen zwischen Primärverfahren zu beschreiben"[365] und damit den Einsatz von Verfahren als Vorgänger oder Nachfolger abzubilden.[366] SCHINDLER untersucht drei Arten von Wechselwirkungen, wobei er mittels einer Technologie-Relations-Matrix modelliert, welche Technologien sich gegenseitig bedingen oder ausschließen.[367] Darüberhinaus kann die Reihenfolgeplanung für sich genommen als eigenes Forschungsfeld angesehen werden, wie die Erkenntnisse von AGOSTINI verdeutlichen.[368]

Der formalen Anforderung der Handhabbarkeit folgend wird im Rahmen dieser Arbeit lediglich eine rudimentäre Analyse von Technologieinterdependenzen durchgeführt. Im Rahmen derer

[365] Müller (Methodik) 2007, S. 101.
[366] Vgl. ebd. 2007, S. 101.
[367] Vgl. Schindler (Strategische Planung von Technologieketten) 2014, S. 98–101.
[368] AGOSTINI liefert eine ausführliche methodische Unterstützung zur Reihenfolgeplanung, vgl. Agostini (Reihenfolgeplanung) 2000.

werden sich gegenseitig ausschließende Technologien ermittelt. Hierzu wird erneut das Analysewerkzeug der DSM verwendet. Damit entsteht die Interdepenzmatrix D, welche für jedes Paar von Technologien t angibt, ob diese Technologien sich stark negativ beeinflussen oder sogar ausschließen und somit nicht in der selben Technologiekette verwendet werden können. Die Interdependenzmatrix der Dimension $n \times n$ ist dabei symmetrisch ($d_{i,j} = d_{j,i}$), da keine Richtung der Abhängigkeit vorliegt. Somit gilt für ihre Einträge $d_{i,j}$ mit $i, j \in [1, n]$:

$$d_{i,j} := \begin{cases} 1 & \text{falls } t_i \text{ und } t_j \text{ sich gegenseitig ausschließen,} \\ 0 & \text{sonst.} \end{cases} \tag{5.6}$$

Da die Interdependenzmatrix somit analog zu den bisher genutzten DSM aufgebaut ist, wird aus Platzgründen auf ein weiteres Beispiel an dieser Stelle verzichtet.

5.2.2.3 Kombinatorisches Bilden der Technologieketten

Mit den zu Fertigungsschrittfolgen sequentiell verknüpften Fertigungsschritten, dem Wissen über geeignete Fertigungstechnologien sowie den analysierten Technologieinterdependenzen liegen damit nun alle Voraussetzungen vor, um Fertigungstechnologieketten aufzustellen. Dies wird anhand einer morphologischen Analyse durchgeführt. Die morphologische Analyse ist auf die vollständige Erfassung eines komplexen Problems ausgerichtet, bei der die Lösungen vorurteilslos betrachtet werden.[369] Das morphologische Denken geht auf ZWICKY zurück und bedient sich als zentralem Bestandteil eines morphologischen Kastens. Bei der Konstruktion und Auswertung eines morphologischen Kastens steht in der linken Spalte das betreffende Merkmal in möglichst präziser und zweckmäßig verallgemeinerter Form. In den anschließenden Spalten werden zu diesem Merkmal seine denkbaren Ausprägungen und Parameter aufgeführt.[370] Damit können alle Aspekte des Problems eingeordnet werden, sodass die der Totalitätsforschung zuzuordnende morphologische Forschung „logisch, moralisch und künstlerisch außerordentlich befriedigend ist“[371].

Im vorliegenden Kontext entsprechen die Einträge in der linken Spalte den Fertigungsschritten, sodass sich in vertikaler Richtung eine Fertigungsschrittfolge ergibt. Die zugehörigen Ausprägungen bestehen in den identifizierten Fertigungstechnologien t zum jeweiligen Fertigungsschritt s. Der morphologische Kasten kann nun systematisch durchlaufen werden, indem verschiedene Pfade durch den Kasten gebildet werden. Dabei sind die Verbotsbeziehungen aus der Interdependenzmatrix zu beachten. Damit ergeben sich kombinatorisch eine oder mehrere Technologieketten τ innerhalb der Fertigungsschrittfolge ψ. Einen morphologischen Kasten am vereinfachten Beispiel der Bipolarplatte zeigt Abbildung 5.16.

[369] Vgl. Schulte-Zurhausen (Organisation) 2010, S. 618f.
[370] Vgl. Zwicky (Entdecken, Erfinden, Forschen) 1966, S. 114–117.
[371] ebd. 1966, S. 114.

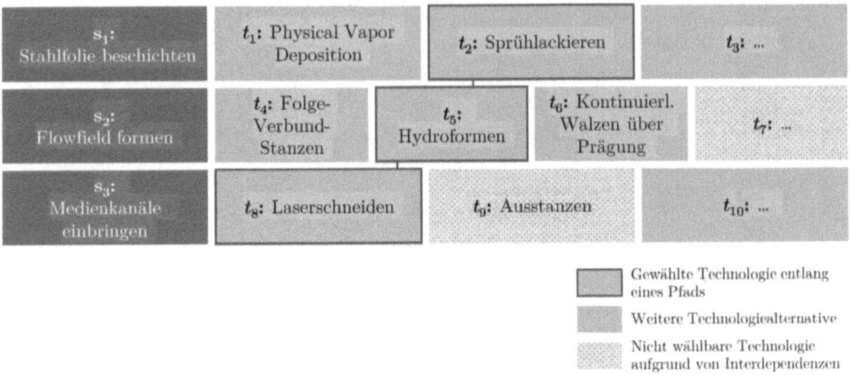

Abb. 5.16: Morphologischer Kasten zur Kombination von Technologien

Zum Fertigungsschritt „Flowfield formen" sind mit „Physical Vapor Deposition" und „Sprühlackieren" zwei Fertigungstechnologien beispielhaft identifiziert. Analog dazu zeigt der morphologische Kasten Fertigungstechnologien zu den weiteren Fertigungsschritten. Ein möglicher Pfad startet im ersten Fertigungsschritt s_1 mit der Technologie t_2. Aufgrund der analysierten Technologieinterdependenzen kann in s_2 die Technologie t_8 nicht mit t_2 kombiniert werden, sodass der Pfad mit t_5 fortgesetzt werden kann. Auf diese Weise ergibt sich als eine mögliche Technologiekette τ_1 die Kombination $t_2 \prec t_5 \prec t_8$.

Insgesamt werden somit $|\Psi|$ morphologische Kästen aufgestellt, d.h. für jede Fertigungsschrittfolge ψ genau ein morphologischer Kasten, aus dem wiederum jeweils eine oder mehrere Technologieketten τ kombinatorisch gebildet werden. Aufgrund der eineindeutigen Zugehörigkeit einer Fertigungsschrittfolge s zu einem Teilfertigungsansatz e^* ist auch transitiv die eineindeutige Zugehörigkeit einer Technologiekette τ zu einem Teilfertigungsansatz e^* gegeben. In ihrer Gesamtheit kann die nun vorliegende Informationsstruktur daher auch als verschachtelter oder mehrstufiger morphologischer Kasten angesehen werden.[372] Da nun alle alternativen Technologieketten zur Herstellung der Fertigungsteilaufgaben in einer einheitlichen Logik strukturiert vorliegen, ist das Ziel von Phase II.2 erreicht. Mit ihrem Abschluss ist auch das Gestaltungsmodul komplettiert. Die gebildeten Technologieketten samt dokumentiertem Wissen können im nachfolgenden Bewertungsmodul im Hinblick auf ihre Eignung für eine skalierbare Brennstoffzellenproduktion evaluiert werden. Die Methodik ist ab Phase II.2 neu zu durchlaufen, sofern veränderte Sequenz-Abhängigkeiten möglich erscheinen oder sich veränderte Technologie-Interdependenzen ergeben.

[372] Siehe auch Abbildung 5.2, welche ebendiese Informationsstruktur in Form von Ebenen darstellt.

5.3 Detaillierung des Bewertungsmoduls

In diesem Abschnitt erfolgt die ausführliche Erläuterung der Bewertung von skalierbaren Technologieketten für die Produktion von Brennstoffzellen. Als Grundlage dienen die im vorherigen Abschnitt aufgestellten Technologieketten, welche einschließlich der zugehörigen Technologiesteckbriefe die Bewertungsobjekte bilden. Für eine methodisch konsistente Durchführung der Bewertung erfolgt in Unterabschnitt 5.3.1 eine Vorkonfiguration, indem insbesondere auf die Verteilung der zu fertigenden Stückzahl und weitere Bewertungshilfen eingegangen wird. Die Bewertung der Technologieketten mit starkem Fokus auf ihre Eignung zur Skalierbarkeit für eine Großserienfertigung ist für eine möglichst differenzierte Aussagekraft der Ergebnisse in zwei grundsätzliche Teile untergliedert. In Unterabschnitt 5.3.2 wird die Skalierungseignung in monetärer Hinsicht bewertet. Anschließend wird in Unterabschnitt 5.3.3 die Skalierungseignung auf Basis nicht-monetärer Kriterien bewertet.

Ziel in allen Phasen dieses Moduls ist, die in die Bewertung einfließenden unvollkommenen Informationen zu wahrscheinlichkeitsbasierten Verteilungen von Zufallsgrößen aufzubereiten und diese mit geeigneten Methoden zu einem reproduzierbaren Bewertungsergebnis zu führen. Hierzu wird eine übergreifende Methode benötigt. Aufgrund der hohen Komplexität der Informationen erscheinen hierzu Simulationsmethoden geeignet, bei denen im Gegensatz zu mathematischen Optimierungsverfahren auf die analytische Herleitung von Resultaten verzichtet wird, da diese das Problem nicht oder nur unter sehr hohem Aufwand lösen können.[373]

Als grundlegendes Hilfsmittel zur Bewertung von Technologieketten im Rahmen dieses Moduls wird daher die Monte-Carlo-Simulation verwendet.[374] Beide Teile der Bewertung, monetäre und nicht-monetäre Skalierungseignung, werden im Vorgehen so weit wie möglich analog aufgebaut, um eine hohe Konsistenz und Validität zu gewährleisten. Dennoch sind beide Teile zunächst separat zu halten, sodass nach Abschluss des Bewertungsmoduls je eine unabhängige Aussage für die monetäre sowie die nicht-monetäre Skalierungseignung vorliegt.

Dazu sind wahrscheinlichkeitsbasierte Verteilungen der Eingangsdaten, welche jeweils als Zufallsgröße X im Sinne einer zufälligen Größe $X(\xi)$ nach KOLMOGOROFF aufgefasst werden können,[375] auf Basis der methodikgeführten Bewertung der Einzeltechnologien[376] zu erzeugen. Zur geforderten Berücksichtigung unvollkommener Informationen können Eingangsdaten in Form von Intervallen bewertet werden. Intervalle erfordern eine Diskretisierung, welche als Funktion modelliert wird. Dabei entsprechen die Werte eines Intervalls $[a, b]$ dem Definitionsbereich der Funktion $f : [a, b]$. Die Funktionswerte $f(x_i)\ \forall\ x_i \in [a, b]$ geben die Wahrscheinlichkeit an, dass die Funktion den jeweiligen Wert x_i annimmt. Die Abtastung der Werte einer Funktion

[373] Vgl. Wälder und Wälder (Methoden zur Risikomodellierung) 2017, S. 82f.

[374] Vgl. Abschnitt 3.3.

[375] Vgl. Kolmogoroff (Grundbegriffe der Wahrscheinlichkeitsrechnung) 1933, S. 20f. Die deutschsprachigen Begriffe Zufallsgröße und zufällige Größe werden als synonym betrachtet. Der aus der englischen Übersetzung häufig anzutreffende Begriff Zufallsvariable (engl. random variable) kann irreführend sein, da es sich streng genommen nicht um eine Variable handelt, und wird daher in dieser Arbeit nicht verwendet.

[376] Siehe dazu die Anwendung für die jeweiligen Bewertungskriterien in Unterabschnitt 5.3.2 und Unterabschnitt 5.3.3.

an bestimmten, vorgegebenen Stellen wird als Sampling bezeichnet.[377] Die Menge der diskreten Werte, die auf dem Intervall abgetastet werden, wird durch die Abtastrate ν_s festgelegt und hängt somit direkt mit den Abständen dieser Werte zusammen. Für die Modellierung der Eingangsdaten werden im Rahmen der Methodik zwei Verteilungen, die Gleichverteilung oder die Normalverteilung, vorgesehen, aus denen durch die Anwendenden für jedes Intervall eine Auswahl zu treffen ist.[378] Im Falle der Annahme einer Gleichverteilung sind keine weiteren Parameter erforderlich. Die Normalverteilung erfordert die zusätzliche Eingabe eines Erwartungswerts μ sowie der Standardabweichung σ. Defaultmäßig wird zur Berechnung von μ und σ im Rahmen der Methodik nach Gleichung 5.7 und Gleichung 5.8 verfahren.[379] Auf diese Weise liegen sämtliche Werte des Intervalls in einer Umgebung von $\pm 2\sigma$ um den Erwartungswert, sodass $\approx 95\%$ der Werte der Normalverteilung den Werten des Intervalls entsprechen.

$$\mu = a + \frac{b-a}{2} \tag{5.7}$$

$$\sigma = \frac{b-a}{2} \tag{5.8}$$

Um mittels der Monte-Carlo-Simulation diskrete Werte auswählen zu können, müssen die als Wahrscheinlichkeiten vorliegenden Funktionswerte in absolute Werte überführt werden. Die Monte-Carlo Simulation entspricht dann einem einmaligen Ziehen im Urnenmodell, wobei jeder Kugel ein diskreter Wert zugeordnet wird und die absolute Häufigkeit des diskreten Werts der Anzahl der Kugeln dieses Werts entspricht. Die Überführung der Funktionswerte in absolute Werte erfolgt durch vorherige Festlegung der Summe aller absoluten Werte N, d.h. der Anzahl Kugeln, und Bestimmung der einzelnen absoluten Werte durch Approximation an Funktionswerte, was der Zuordnung einer Anzahl Kugeln an jeden diskreten Wert entspricht. Die Werte N und ν_s sowie die Verteilungen werden durch die Anwendenden individuell spezifiziert, sodass sie den tatsächlichen Verteilungen der bewerteten Intervallen möglichst gut entsprechen.[380]

Zur Veranschaulichung zeigt Abbildung 5.17 exemplarisch die Diskretisierung eines Intervalls [60, 80] mit der Abtastrate $\nu_s = 10$ unter Annahme einer Gleichverteilung (links) sowie Normalverteilung (rechts). Die Gleichverteilung basiert auf der Summe absoluter Werte $N = \nu_s = 10$, sodass jedem diskreten Wert x_i die absolute Häufigkeit $f(x_i) = 1$ zugeordnet ist. Die Normalverteilung basiert auf der Annahme eines Erwartungswerts von $\mu = a + \frac{b-a}{2} = 70$, der der Mitte des Intervalls entspricht, sowie der Standardabweichung $\sigma = \frac{b-a}{2} = 5$, die einem Viertel des Intervalls entspricht. Die Standardabweichung ist so gewählt, dass sämtliche Werte des Intervalls in einer Umgebung von $\pm 2\sigma$ um den Erwartungswert liegen und damit $\approx 95\%$ der Werte der Normalverteilung den Werten des Intervalls entsprechen. Die Summe der absoluten Werte

[377] Vgl. Ernst et al. (Grundkurs Informatik) 2020, S. 43.

[378] Bei Bedarf können zusätzliche Verteilungen eigenständig in die Methodik integriert werden, bspw. die Binomialverteilung.

[379] Bei Bedarf können davon abweichend auch spezifische Werte durch die Anwendenden vorgegeben werden.

[380] Für einen guten Kompromiss zwischen geringem Aufwand und hoher empirischer Richtigkeit wird $\nu_s \geq 10$ empfohlen. Für die Gleichverteilung wird $N \geq \nu_s$, für die Normalverteilung $N \geq \nu_s^2$ vorgeschlagen. Die Werte können iterativ angepasst werden.

wurde zu $N \geq \nu_s^2 = 100$ festgelegt[381] und die einzelnen absoluten Werte durch Approximation der Normalverteilung bestimmt.

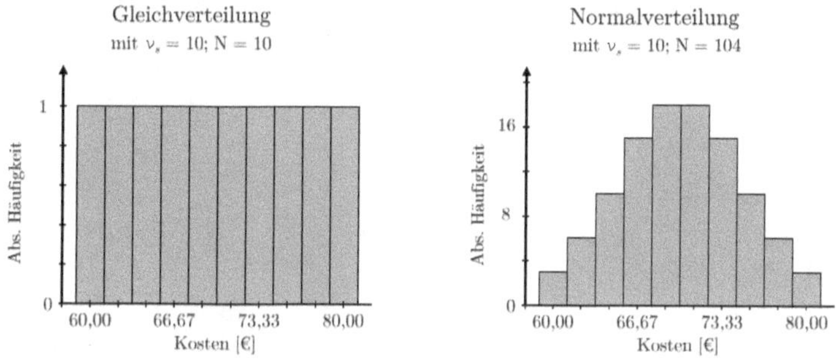

Abb. 5.17: Approximation durch Gleich- und Normalverteilung

5.3.1 Phase III.1: Vorkonfiguration der Bewertung

Neben den aus Unterabschnitt 5.2.2 zu den vorliegenden Technologieketten bereitgestellten Informationen ist für die Durchführung der Bewertung eine Vorkonfiguration erforderlich. Diese Phase verfolgt daher zwei Ziele. Zum einen wird eine widerspruchsfreie Stückzahlverteilung unter Berücksichtigung der mit einem Blick in zukünftig nachgefragte Produktionsvolumen verbundenen Unsicherheit angestrebt. Zum anderen wird der Rahmen für die Ableitung von Fertigungsfolgen geschaffen, welche als Teil der Unterstützungsebene[382] eine Bewertungshilfe darstellen. Einen Überblick über Phase III.1 bietet Abbildung 5.18.

[381] Durch ganzzahlige Rundung ergibt sich die Summe der Funktionswerte in diesem Beispiel insgesamt zu $N = 104$.

[382] Siehe auch Abbildung 5.2.

Vorkonfiguration der Bewertung

Modul	III - Bewertungsmodul	Phase	III.1
Zielsetzung	Kenntnis über die Menge der Fertigungsfolgen als Bewertungshilfe; Erzielung einer widerspruchsfreien Stückzahlverteilung unter Berücksichtigung der Unschärfe		

Input	Vorgehen	Output
• Technologiesteckbriefe mit Fertigungsressourcen (II.1) • Systematisierte Technologieketten (II.2) • Szenarien möglicher zukünftiger Stückzahlen	• Modellieren der Stückzahlverteilung • Generieren von Fertigungsfolgen als Bewertungshilfe	• Kompatible Fertigungsfolgen, zugehörig zu Technologieketten • Wahrscheinlichkeitsbasierte Verteilung der zukünftig zu fertigenden Stückzahl

Methodische Hilfsmittel	Evidenztheorie von Dempster und Shafer; Kombinatorik

Abb. 5.18: Überblick über Phase III.1

5.3.1.1 Modellieren der Stückzahlverteilung

Die Prognose einer zukünftig zu fertigenden Stückzahl des Produkts Brennstoffzellenstack, für das eine signifikante Steigerung der Nachfrage erwartet wird, ist mit erheblichen Unsicherheiten in Form von Ungewissheit verbunden.[383] Analysen und Voraussagen können nur mithilfe von Annahmen getroffen werden, welche die Realität stark vereinfachen und deren exaktes Eintreten nahezu ausgeschlossen ist. Bei der Konfiguration der Stückzahlszenarien können zur Sammlung der Eingangsdaten verschiedene Informationsquellen verwendet werden. Die Anwendenden können hierzu auf externe Informationen, bspw. aus frei zugänglichen Marktstudien, erworbenen Marktanalysen sowie Einschätzungen aus Expertengesprächen, oder interne Informationen, bspw. aus der eigenen Strategieabteilung sowie der langfristigen Absatzplanung, zurückgreifen. Diese Eingangsdaten liegen in der Regel nicht in homogener Form vor und sind ggf. teilweise widersprüchlich.

Zur Berücksichtigung der Stückzahl müssen die inhomogenen, unvollkommenen Eingangsdaten in eine überschneidungs- und widerspruchsfreie Verteilung überführt werden. Die klassische Wahrscheinlichkeitstheorie befasst sich, wie eingangs beschrieben, mit Entscheidungen unter Risiko und setzt bekannte Wahrscheinlichkeitsverteilungen voraus. Die in diesem Kapitel zu modellierende, zukünftig zu produzierende Stückzahl hängt dabei wie in Abschnitt 2.5 beschrieben von einer Vielzahl an nicht oder nur ansatzweise vorhersagbaren Einflüssen u.a. politischer, ökonomischer und technologischer Natur ab. Aufgrund dieser vielschichtigen Dynamik lassen sich feste Wahrscheinlichkeiten für die Stückzahl nicht a priori festlegen,[384] sodass

[383] Vgl. Abschnitt 2.1.
[384] Vgl. Abschnitt 2.5.

eine Entscheidung unter Ungewissheit vorliegt. Im Sinne von KNIGHT[385] reichen Methoden der klassischen Wahrscheinlichkeitstheorie für die Modellierung der Stückzahlverteilung somit nicht aus. Eine Erweiterung der klassischen Wahrscheinlichkeitstheorie, welche den Einbezug der gesamten Bandbreite an unvollkommenen Informationen erlaubt, ist die Dempster-Shafer-Evidenztheorie.[386] Da diese somit eine explizite Unterstützung für die im vorliegenden Kontext bestehende Entscheidung unter Ungewissheit bietet und unsichere Aussagen verschiedener Informationsquellen zu kombinieren vermag, wird für die Stückzahlkonfiguration im Rahmen dieser Methodik auf die Dempster-Shafer-Evidenztheorie zurückgegriffen.[387] Auf diese Weise wird die Aussagekraft der Stückzahlverteilung in Bezug auf ihre Gültigkeit und Konsistenz erhöht, sodass die fünfte Anforderung an die Methodik[388] in angemessenem Maße erfüllt werden kann.

Zur Konfiguration der Stückzahlen wird die Dempster-Shafer-Evidenztheorie in vier Schritten angewendet. Im ersten Schritt werden durch die Anwendenden verschiedene Szenarien festgelegt. Als Szenario sind dabei mögliche zukünftige Produktionsvolumina an Brennstoffzellenstacks zu verstehen, welche die zu bewertenden Technologieketten ermöglichen. Für jedes Szenario kann die zu fertigende Stückzahl innerhalb einer Planungsperiode als feste Stückzahl oder als Intervall angegeben werden. Die Angabe als Intervall lässt gegenüber der Angabe eines festen Werts unsichere Aussagen zu. Auf diese Weise können beliebig viele Szenarien erzeugt werden, wobei keine zeitliche Abhängigkeit zwischen den Stückzahlen bestehen muss. Dies bedeutet insbesondere, dass mehrere verschieden skalierte Produktionsvolumina gleichermaßen Eingang in die Konfiguration finden können. Zudem sind Überschneidungen in den Intervallen zu erwarten und explizit unterstützt.

Im zweiten Schritt wird jedem Intervall eine Evidenz für das Eintreten des jeweiligen Szenarios durch je ein bpa in Form der einfachen Unterstützungsfunktion zugewiesen. Dies bedeutet, dass das jeweilige Szenario während des Planungshorizonts mit einer entsprechenden Wahrscheinlichkeit eintritt. Für das Nicht-Eintreten liegt im Sinne der Evidenztheorie keine Aussage vor. Den Anwendenden steht frei, die Evidenz entweder, sofern vorhanden, aus einer zugehörigen Informationsquelle direkt zu übernehmen oder selbst anhand der Glaubwürdigkeit der Quelle zu definieren. In beiden Fällen ist eine unabhängige Betrachtung jedes Szenarios per se wichtig. Wie in den Ausführungen zur Dempster-Shafer-Evidenztheorie erläutert, ist die Evidenz eines Szenarios nicht abhängig von der Evidenz eines anderes Szenarios, sodass die Summe der Evidenzen aller Szenarien nicht 100% beträgt. In Tabelle 5.3 sind exemplarisch drei Szenarien dargestellt, denen jeweils eine Evidenz zugeordnet ist.

---

385 Vgl. Knight (Risk, uncertainty and profit) 1964, S. 225–232.
386 Vgl. Smets (Imperfect information) 1997, S. 242f.; vgl. Presser (Dempster-Shafer Evidenztheorie) 2000, S. 19f.
387 Vgl. Abschnitt 3.3.
388 Vgl. Abschnitt 3.1.

Nr.	Stückzahl je Planungsperiode	Evidenz
(i)	20.000 – 50.000	60%
(ii)	20.000	30%
(iii)	30.000 – 60.000	80%

Tab. 5.3: Planung der Stückzahlszenarien und Zuordnung von Evidenzen

Im dritten Schritt wird aus der Szenarioplanung eine kumulierte Zutrauens- und Plausibilitätsfunktion der möglichen Stückzahlen berechnet. Dazu ist zunächst der Umfang des Urteilsvermögens Θ zu bestimmen. Da es möglich ist, dass sich einzelne Bereiche der prognostizierten Stückzahlen überschneiden, werden diese zunächst in überschneidungsfreie Teilbereiche unterteilt. Jeder Teilbereich entspricht einer einelementigen Teilmenge von Θ. Anschließend erfolgt die Zuweisung der Evidenzen der prognostizierten Stückzahlen an die neuen Teilbereiche. Besteht ein vollständiger, prognostizierter Bereich aus lediglich einem Teilbereich, wird die Evidenz des prognostizierten Bereiches der entsprechenden einelementigen Teilmenge zugewiesen. Exemplarisch ist der Umfang des Urteilsvermögens und die Zuweisung der Massefunktionen ausschnittsweise in Tabelle 5.4 gezeigt.

Fokalelement A_i	Element von 2^Θ	Bereich der Stückzahl	Masse
A_1	$\{a\}$	[20.000]	$m_1 = 0,3$
A_2	$\{b\}$	[20.001 – 29.999]	
A_3	$\{c\}$	[30.000 – 50.000]	
A_4	$\{d\}$	[50.001 – 60.000]	
A_5	$\{e\}$	[0 – 19.999]	$m_5 = 0$
A_6	$\{f\}$	[60.001 – ∞]	$m_6 = 0$
	$\vdots$		
A_7	$\{c,d\}$	[30.000 – 60.000]	$m_7 = 0,8$
	$\vdots$		
A_8	$\{a,b,c\}$	[20.000 – 50.000]	$m_8 = 0,6$
	$\vdots$		

Tab. 5.4: Umfang des Urteilsvermögens Θ und Zuweisung der Masse

Zur Berechnung der Zutrauens- und Plausibilitätsfunktion werden die bpa der neuen Teilbereiche mittels Dempster's rule of combination[389] kombiniert. Dazu wird zunächst die Renormalisierungskonstante K bestimmt. Mit der Renormalisierungskonstante K ergibt sich somit für das Fokalelement $A_1 = \{a\} \subset \Theta$ die Wahrscheinlichkeitsmasse des kombinierten bpa $m_{ges}(\{a\})$. Für die weiteren Fokalelemente $A_i \subset \Theta$, denen eine gesamte Wahrscheinlichkeitsmasse $m_{ges}(A_i) \neq 0$ zugewiesen wird, wird analog vorgegangen. Somit ergibt sich durch Kombination der einfachen

[389] Vgl. Abschnitt 3.3

Unterstützungsfunktionen m_1, m_7 und m_8 insgesamt das kombinierte bpa m_{ges} in Form der separierbaren Unterstützungsfunktion. Aus dem kombinierten bpa m_{ges} lässt sich nach Gleichung 3.7 das Zutrauen in die einelementigen Teilmengen $A_i \subseteq \Theta$ durch Addition der Wahrscheinlichkeitsmasse ihrer Teilmengen $B_j \subseteq A_i$ berechnen. Die Plausibilität der Teilmenge $A_i = \{a\} \subset \Theta$ berechnet sich nach Gleichung 3.8 durch Addition der Wahrscheinlichkeitsmassen sämtlicher Teilmengen $B_j \subseteq \Theta$, für die $\{a\} \cap \{B_j\} \neq \emptyset$ gilt. Das Zutrauen sowie die Plausibilität ergeben sich analog für sämtliche Teilmengen $A_i \subseteq \Theta$.

Im vierten Schritt wird aus der Zutrauens- sowie der Plausibilitätsfunktion eine Häufigkeitsverteilung der möglichen Stückzahlen bestimmt, welche als Zufallsgröße Y modelliert wird und im Zuge der Bewertung der Skalierungseignung genutzt wird. Zur Bestimmung der Häufigkeitsverteilung werden die Bereiche außerhalb der prognostizierten Szenarien vernachlässigt, im Falle des Beispiels die Fokalelemente A_5 und A_6, da diese zu unerwünschten Extremwerten führen könnten. Stückzahlen gegen null oder unendlich könnten unter anderem die Skalierung von Fertigungsfolgen verfälschen oder zu stark von der Realität abweichenden Herstellkosten führen, da diese auf die zu produzierenden Stückzahlen verteilt werden. Für jeden einelementigen Teilbereich der Szenarioplanung wird ein Gewicht w bestimmt, mit welchem dieser in der Häufigkeitsverteilung gewichtet wird. Für die Berechnung des Gewichts $w(A_i)$ einer einelementigen Teilmenge wird für diese Arbeit nach Gleichung 5.9 zum Zutrauen der Teilmenge die Hälfte der Differenz zwischen Plausibilität und Zutrauen addiert und das Ergebnis auf die Summe der Gewichte aller Teilmengen unter Vernachlässigung der Teilmengen e und f normiert.

$$
\begin{aligned}
w_{norm}(A_i) &= \frac{w(A_i)}{\sum\limits_{A_j \in \Theta \setminus \{e\},\{f\}} w(A_j)} \\
\text{mit } w(A_i) &= Bel(A_i) + \frac{Pl(A_i) - Bel(A_i)}{2} \\
A_i &\in \Theta \setminus \{e\},\{f\}
\end{aligned}
\tag{5.9}
$$

Exemplarisch ist in Abbildung 5.19 eine sich aus der kumulierten Zutrauens- und Plausibilitätsfunktion (links) ergebende Häufigkeitsverteilung (rechts) gezeigt. Damit liegt der erste Output von Phase III.1 in Form einer wahrscheinlichkeitsbasierten Verteilung der zukünftig zu fertigenden Stückzahl vor. Die Methodik ist ab Phase III.1 neu zu durchlaufen, sobald die Unsicherheit in Bezug auf die zukünftige Stückzahl verringert werden kann, bspw. aufgrund einer präziseren Informationslage durch ein verabschiedetes Gesetz oder eines unternehmensinternen Strategiewechsels.

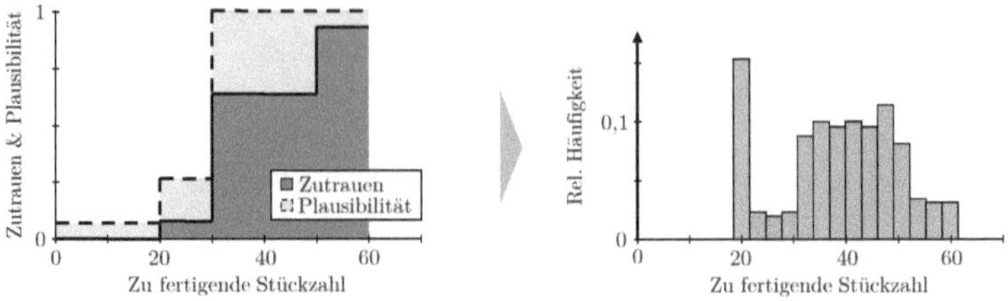

Abb. 5.19: Kumulierte Zutrauens- und Plausibilitätsfunktion sowie Häufigkeitsverteilung der zu fertigenden Stückzahl

5.3.1.2 Generieren von Fertigungsfolgen als Bewertungshilfe

Zur Vorkonfiguration der Bewertung sind neben der Stückzahlverteilung die Fertigungsfolgen als Bewertungshilfe auf der Unterstützungsebene nach Abbildung 5.2 zu generieren. Die Kosten für die Umsetzung einer Technologie können nur auf Ebene der Fertigungsressourcen sinnvoll angegeben werden, sodass für eine monetäre Bewertung nicht auf diese verzichtet werden kann. Eine Fertigungsfolge φ gehört dabei stets zu genau einer Technologiekette τ. Fertigungsfolgen entstehen durch Verkettung von Fertigungsressourcen. Mit den als Output von Abschnitt 5.2 dokumentierten Fertigungstechnologien samt zugehöriger Fertigungsressourcen sowie den gebildeten Technologieketten lassen sich die Fertigungsfolgen kombinatorisch durch logische Verknüpfung aufbauen.

Die in einer Fertigungsressource bearbeiteten Werkstücke können in unterschiedlichen Zustandsformen vorliegen, welche sich in kontinuierlich und diskontinuierlich unterscheiden lassen. Als im Kontext der Brennstoffzellenfertigung relevante Zustandsformen sind im eingeführten Technologiesteckbrief[390] Batch, Rolle und Stück vorgesehen. Daraus ergibt sich für die Generierung der Fertigungsfolgen eine notwendige Bedingung. Zwei Fertigungsressourcen r_1 und r_2 können in einer Fertigungsfolge φ_i nur dann sinnvoll aufeinanderfolgend verknüpft werden, wenn die Eingangszustandsform von r_2 mit der Ausgangszustandsform von r_1 übereinstimmt. Auf diese Weise ist die Kompatibilität der Fertigungsressource mit dem ihr zugeführten Werkstück sichergestellt. Eine Fertigungsressource kann die Fähigkeit besitzen, das Werkstück derart zu modifizieren, dass seine Zustandsform verändert wird. Bspw. bewirkt das Schneiden eines Bandmaterials eine Veränderung von Rolle zu Stück. Daher ist für die gleiche Fertigungsressource die Ausgangszustandsform nicht automatisch gleichzusetzen mit der Eingangszustandsform.

Unter Berücksichtigung dieser notwendigen Bedingung können nun für alle Technologieketten τ eine oder mehrere Fertigungsfolgen φ kombinatorisch gebildet werden. Dieses Vorgehen kann analog zum Bilden der Technologieketten selbst[391] angesehen werden und erweitert als neue unterste Stufe den dort skizzierten mehrstufigen, verschachtelten morphologischen Kasten. Mit

[390] Vgl. Unterabschnitt 5.2.1.
[391] Vgl. Unterabschnitt 5.2.2.

dem Vorliegen aller sich so ergebenden kompatiblen Fertigungsfolgen ist das Ziel von Phase III.1 erreicht.

5.3.2 Phase III.2: Bewertung der monetären Skalierungseignung

Die Bewertung der Skalierungseignung von Technologieketten zur Brennstoffzellenproduktion anhand von monetären Kriterien bildet einen der beiden großen Teile der methodischen Entscheidungsfindung. Diese Phase hat daher zum Ziel, je Technologiekette eine Aussage zur Skalierungseignung auf Basis monetärer Kriterien zu erhalten. Die Aussage der monetären Bewertung erhebt dabei nicht den Anspruch, einen umsetzungsbezogenen Finanzplan zu ersetzen, sondern eine relative Vergleichbarkeit zwischen verschiedenen Lösungsalternativen zu ermöglichen.[392] Zur Berücksichtigung von Unsicherheiten werden wahrscheinlichkeitsbasierte Verteilungen der Kosten quantifiziert. Nach der Initialisierung relevanter globaler Kostenparameter werden dazu zunächst die Einzeltechnologien entlang einer Technologiekette bewertet. Anschließend erfolgt mittels Monte-Carlo-Simulation die Bewertung der aus diesen Einzeltechnologien bestehenden Technologieketten unter Berücksichtigung ihrer Unsicherheiten. Einen Überblick über Phase III.2 gibt Abbildung 5.20.

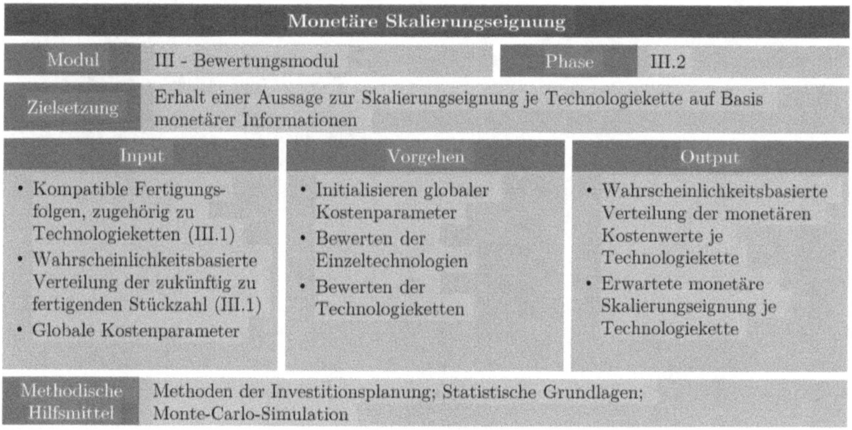

Abb. 5.20: Überblick über Phase III.2

5.3.2.1 Initialisieren globaler Kostenparameter

In Vorbereitung auf die Bewertung der Technologieketten werden globale Kostenparameter initialisiert. Diese können auch als über alle Technologieketten hinweg gültige allgemeine Annahmen für das Kostenmodell angesehen werden. Einzelne Fertigungsressourcen unterscheiden

---

[392] Vgl. Abschnitt 4.2.

sich vor allem in Bezug auf das einzusetzende Kapital zur Investition sowie den Aufwänden zum Betrieb. Im Kontext der Brennstoffzellenproduktion werden für diese Arbeit daher wie in Abschnitt 4.2 hergeleitet die Kriterien Materialkosten, Investitionskosten, Personalkosten sowie sonstige Kosten herangezogen. Innerhalb dieser können die jeweiligen spezifischen Kostensätze X mit dem jeweiligen Bedarf γ einer Fertigungsressource multipliziert werden.

Das eingesetzte Material kann sich in Ausprägung und Menge je nach Fertigungsansatz oder Fertigungstechnologie stark unterscheiden. Wird für unterschiedliche Technologien das gleiche Material benötigt, soll jedoch auf die identischen Informationen zugegriffen werden können. Daher wird eine Materialdatenbank initialisiert, welche die Eintragung des Materials samt der spezifischen Kosten je zu definierender Referenzeinheit erlaubt. Die Kosten können hierbei als Intervall angegeben werden, um Unsicherheiten und Schwankungen am Markt widerzuspiegeln. Dabei bietet sich an, jedem Material eine eindeutige Identifikationsnummer (ID) zuzuordnen. Die Datenbank ist zunächst leer und wird in den folgenden Abschnitten befüllt.

Je nach Automatisierungsgrad einer Fertigungsressource sind manuelle Tätigkeiten erforderlich. Diese sind mit Personalkosten verbunden. Daher werden Personalkostensätze in einer weiteren Datenbank festgelegt, wobei verschiedene Qualifikationsstufen angegeben werden können.

Als Teil der sonstigen Kosten können bei energieintensiven Prozessen die Energiekosten starken Einfluss auf das monetäre Bewertungsergebnis haben. Daher wird zudem eine Datenbank für Energiekostensätze angelegt. Neben Kostensätzen für elektrischen Strom je festzulegender Einheit können hier weitere Medien unter dem Oberbegriff Energie gesammelt werden, wie bspw. Druckluft.

5.3.2.2 Bewerten der Einzeltechnologien

Die Fertigungstechnologien t liegen als Output des Gestaltungsmoduls einzeln samt ihrer Technologiesteckbriefe sowie verknüpft zu Technologieketten τ vor. Zunächst werden diese einzeln anhand der in der Methodikkonzeption[393] hergeleiteten monetären Kriterien Materialkosten, Investitionskosten, Personalkosten und sonstige Kosten bewertet. Dazu bietet sich ein systematisches Vorgehen entlang der Technologien einer Technologiekette an, bevor anschließend die Technologien der nächsten Technologiekette schrittweise bewertet werden. Enthält diese eine Technologie, welche bereits vollständig bewertet ist, kann auf eine erneute Bewertung verzichtet werden. Einige Kriterien hängen direkt von der Umsetzung in einer Fertigungsressource ab und werden daher für jede zugehörige Fertigungsressource r einer Fertigungstechnologie t bewertet.

Aufgrund der Komplexität der monetären Bewertung und der wechselseitigen Abhängigkeiten muss bei der folgenden, rein sequentiellen Beschreibung der Bewertung ein Kompromiss aus übersichtlicher Vorgehensweise und aufeinander aufbauendem Informationsgehalt gefunden werden. Konkret wird jedes Kriterium anhand der Einzeltechnologien in vier Schritten

[393] Vgl. Abschnitt 4.2

bewertet. Für den jeweils vierten Schritt sind jedoch Informationen zur Stückzahl erforderlich, welche erst bei der Bewertung der Technologieketten erzeugt werden. Der jeweils vierte Schritt wird hier daher zwar zum Verständnis des Zusammenhangs dargestellt, die vollständige Berechnung erfolgt jedoch erst für jeden Simulationslauf n_{sim} im Zuge der Bewertung der Technologieketten.

Eine eingesetzte Fertigungstechnologie hat direkten Einfluss auf die Art und Menge der verwendeten Materialien. Bspw. ist für einen Fügeprozess mittels Kleben ein Klebstoff als Material erforderlich, während beim Laserschweißen kein zusätzliches Material verwendet wird. Die Bewertung des Kriteriums Materialkosten erfolgt je Fertigungstechnologie t in vier Schritten, welche in Abbildung 5.21 beispielhaft visualisiert sind.

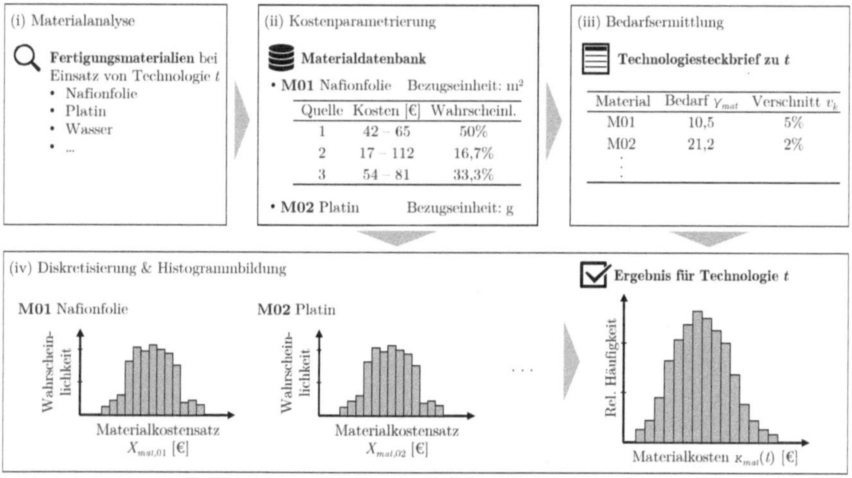

Abb. 5.21: Bewertungsvorgehen für das Kriterium Materialkosten

Im ersten Schritt ist zu prüfen, welche Materalien durch die Fertigungstechnologie erfordert werden. Diese sind mit der globalen Materialdatenbank abzugleichen und, falls noch nicht vorhanden, mit neuer ID dort einzutragen.

Im zweiten Schritt sind zugehörige spezifische Kosten je Mengen- bzw. Gewichtseinheit als Intervall in der globalen Materialdatenbank zu hinterlegen. Je Material ist dabei nicht nur ein fester Preis, sondern eine beliebige Anzahl an Datensätzen bestehend aus je einem Preisintervall und einer Eintrittswahrscheinlichkeit parametrierbar. Dabei entspricht ein Datensatz je einer zugrundeliegende Quelle, auf die bei der Angabe des Preisintervalls zurückgriffen wird. Hierfür können bspw. Katalog- oder Angebotspreise von potenziellen Lieferanten, aktuelle Kurse an Rohstoffbörsen oder Selbstkosten bei der Eigenfertigung im Unternehmen herangezogen werden. Die Eintrittswahrscheinlichkeit wird von den Anwendenden der Methodik anhand der für die Anwendenden vorliegenden Relevanz und Seriosität der zugrundeliegenden Quelle abgeschätzt.[394] Als eine mögliche Methode zur Abschätzung kann der paarweise Vergleich genutzt werden.[395] Hierbei wird eine quadratische Matrix M mit den zugrundeliegenden Informationsquellen als Zeilen- und Spaltenbeschriftung aufgespannt. Die Diagonale erhält keine Einträge. Zeilenweise werden nun jeweils zwei Informationsquellen verglichen und die nicht-diagonalen Einträge $m_{i,j}\ \forall\ i \neq j$ der Matrix mit Werten zwischen 0 und 2 befüllt:

$$m_{i,j} := \begin{cases} 2 & \text{falls Quelle } i \text{ relevanter als Quelle } j, \\ 1 & \text{falls Quelle } i \text{ gleich relevant wie Quelle } j, \\ 0 & \text{falls Quelle } i \text{ weniger relevant als Quelle } j. \end{cases} \tag{5.10}$$

Dabei reicht die Befüllung der oberen Dreiecksmatrix aus, da sich die untere Dreiecksmatrix entsprechend nach $m_{j,i} = 2 - m_{i,j}$ ergibt. Anschließend wird für jede Quelle die Zeilensumme gebildet. Mittels Normierung auf die Gesamtsumme aller Zeilen ergibt sich die zu berücksichtigende Eintrittswahrscheinlichkeit. Ein paarweiser Vergleich für drei Quellen ist in Abbildung 5.22 beispielhaft dargestellt. Der zweite Schritt kann übersprungen werden, sofern das Material in der Datenbank bereits vorhanden und ausreichend gut beschrieben ist.

		Q_1	Q_2	Q_3	Σ	Normiert
Informationsquelle 1	Q_1		2	1	3	50%
Informationsquelle 2	Q_2	0		1	1	16,7%
Informationsquelle 3	Q_3	1	1		2	33,3%
				Gesamt:	6	100 %

Abb. 5.22: Abschätzung der Eintrittswahrscheinlichkeit mittels paarweisem Vergleich

Im dritten Schritt wird für jedes Material der Fertigungstechnologie die zugrundeliegende Material-ID aus der globalen Datenbank übernommen sowie der benötigte Bedarf γ_{mat} in der jeweiligen Mengenreferenzeinheit stückbezogen, d.h. je zu fertigender Einheit des Endprodukts Brennstoffzellenstack, angegeben. Zusätzlich erfolgt die Abschätzung eines Verschnitts v. Diese Informationen sind Teil des Technologiesteckbriefs und werden dort hinterlegt.

Im vierten und letzten Schritt werden die so aggregierten Informationen wie eingangs von Abschnitt 5.3 erläutert mithilfe der Abtastrate diskretisiert. Je Material wird der Materialkostensatz X_{mat} in Form einer Zufallsgröße errechnet, indem die Intervalle der einzelnen Quellen gemäß ihrer Eintrittswahrscheinlichkeiten gewichtet werden. Die Verteilung der stückbezogenen Materialkosten κ_{mat} einer Technologie t ergibt sich damit nach Gleichung 5.11 und wird als Histogramm dargestellt.

[394] Unter Berücksichtigung der klassischen Wahrscheinlichkeitstheorie muss die Summe der Wahrscheinlichkeiten hier je Material 100% betragen.

[395] Vgl. Kampker et al. (Conception of Technology Chains) 2013, S. 202f.

$$\kappa_{mat}(t) = \sum_k \gamma_{mat,k}(t) \cdot (1 + v_k(t)) \cdot X_{mat,k}$$
$$\text{mit } k = \text{Laufender Index für Material-ID} \tag{5.11}$$

Das Kriterium Investitionskosten ist eng mit der tatsächlichen Realisierung einer technischen Maschine oder Anlage verbunden und kann daher nur für Fertigungsressourcen, nicht aber übergreifend für Fertigungstechnologien bewertet werden. Auch hier bietet sich ein systematisches Abarbeiten in sequenzieller Reihenfolge der Fertigungsfolgen an, bis alle Fertigungsressourcen bewertet sind. Die Bewertung erfolgt in vier Schritten, welche sich leicht gegenüber den anderen monetären Kriterien unterscheiden und in Abbildung 5.23 beispielhaft gezeigt sind.

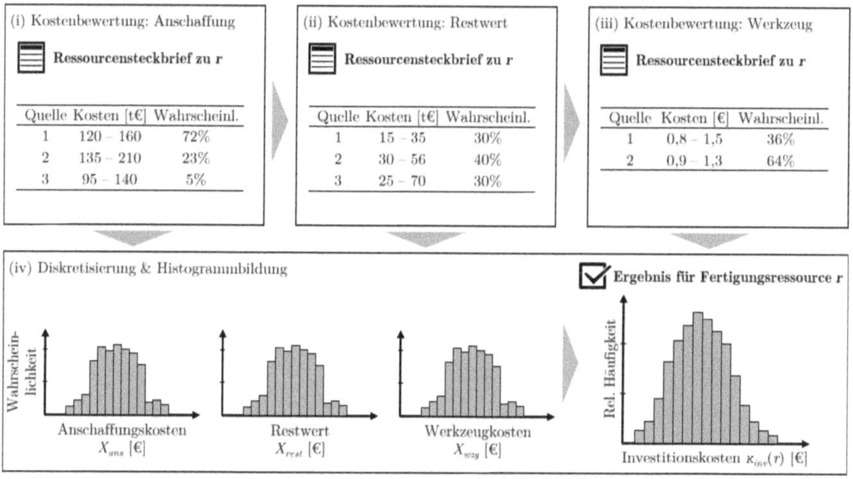

Abb. 5.23: Bewertungsvorgehen für das Kriterium Investitionskosten

Im ersten Schritt wird der Anschaffungspreis X_{ans} als Intervall parametriert. Hierzu können als Quellen bspw. Angebote von Lieferanten, Expertenschätzungen oder Erfahrungswerte genutzt werden. Im zweiten Schritt ist ein Restwert X_{rest} für die Ressource nach Ablauf der Nutzungsdauer anzugeben. Die Nutzungsdauer im Sinne eines Lebenszyklus der Anlage ist im Ressourcensteckbrief vermerkt. Sie besteht in Vielfachen n_p von Planungsperioden, welche die zeitliche Referenzeinheit in der folgenden Monte-Carlo-Simulation bilden. Eine Planungsperiode ist dabei nicht notwendigerweise mit einem Kalenderjahr gleichzusetzen, sondern kann insbesondere mehrere Jahre umfassen, um eine größere Flexiblität bei gleichzeitiger Reduktion des Rechenaufwands zu erzielen. Der Horizont der folgenden MCS wird auf drei Planungsperioden festgelegt, um eine handhabbare Bewertbarkeit zu gewährleisten. Im dritten Schritt sind die Werkzeugkosten X_{wzg} pro gefertigtem Stück anzugeben. Auch hierzu können Quellen analog zur Anlageninvestition herangezogen werden, wobei zusätzlich der Verschleiß zu quantifizieren ist. Für die Bestimmung der jeweiligen Wahrscheinlichkeiten kann analog zu den Materialkosten jeweils ein paarweiser Vergleich durchgeführt werden. Im vierten Schritt erfolgt analog zu den Materialkosten die Diskretisierung der Intervalle und die Berechnung der Häufigkeitsverteilung für die stückbezogenen Investitionskosten κ_{inv} nach Gleichung 5.12.

$$\kappa_{inv}(r) = \frac{X_{ans}(r) - X_{rest}(r)}{\sum\limits_{i=0,1,2} y_i} \cdot \frac{3}{n_p} + X_{wzg} \tag{5.12}$$

mit n_p = Lebensdauer in Vielfachen der Planungsperiode

Das Kriterium Personalkosten wird ebenfalls auf Ebene der Fertigungsressourcen bewertet. Die Bewertung erfolgt in vier Schritten nach dem Beispiel in Abbildung 5.24.

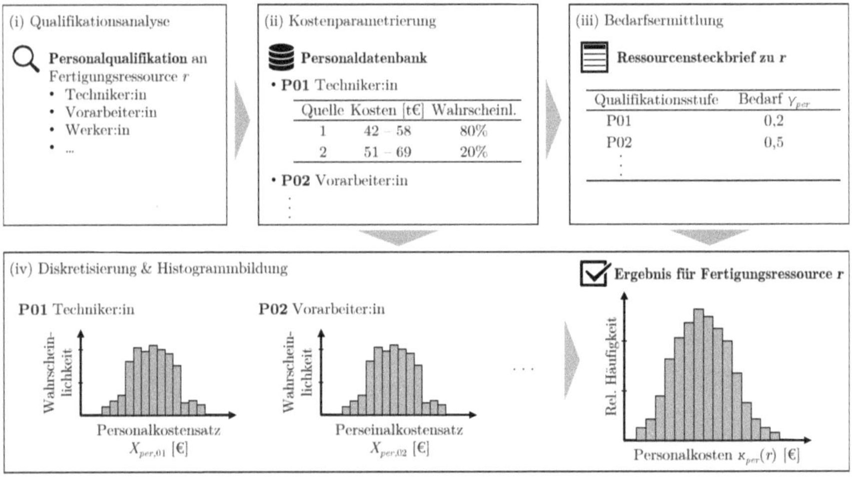

Abb. 5.24: Bewertungsvorgehen für das Kriterium Personalkosten

Im ersten Schritt ist festzulegen, welche Qualifikationen für das Personal zur Arbeit an der jeweiligen Fertigungsressource erforderlich sind. Diese Qualifikationsstufen werden mit der globalen Personaldatenbank abgeglichen und, falls noch nicht vorhanden, dort ergänzt. Im zweiten Schritt sind zugehörige spezifische Personalkosten X_{per}, in der Regel unternehmenseigene Bruttolohnkosten inkl. Nebenkosten je Planungsperiode p, in der globalen Personaldatenbank zu parametrieren. Auch hier können Unsicherheiten durch Nutzung von Intervallen berücksichtigt werden. Für die Bestimmung der jeweiligen Wahrscheinlichkeiten kann analog zu den Materialkosten jeweils ein paarweiser Vergleich durchgeführt werden. Der Schritt kann übersprungen werden, sofern die Qualifikationsstufe in der Datenbank bereits vorhanden und ausreichend gut beschrieben ist. Im dritten Schritt wird für jede benötigte Qualifikationsstufe der Personalbedarf γ_{per} als Vollzeitäquivalent (engl. full time equivalent, FTE) für die jeweilige Fertigungsressource angegeben. Diese Informationen sind Teil des Ressourcensteckbriefs und werden dort hinterlegt. Im vierten Schritt erfolgt die Diskretisierung der Intervalle und die Berechnung der Häufigkeitsverteilung für die mit der Stückzahl y der betrachteten Planungsperiode p stückbezogenen Personalkosten κ_{per} nach Gleichung 5.13.

$$\kappa_{per}(r) = \frac{1}{y} \cdot \sum_{k} \gamma_{per,k}(r) \cdot X_{per,k} \tag{5.13}$$

mit k = Laufender Index für Qualifikationsstufe

Mit dem Kriterium sonstige Kosten werden bisher nicht berücksichtigte Kostenkategorien auf Ebene der Fertigungsressourcen bewertet. Dazu werden die in Abbildung 5.25 beispielhaft dargestellten vier Schritte vorgesehen, welche bei Bedarf angepasst bzw. einheitlich weggelassen werden sollten, sofern nicht zu allen Ressourcen nutzbare Eingangsinformationen in vergleichbarem Detailgrad vorliegen.

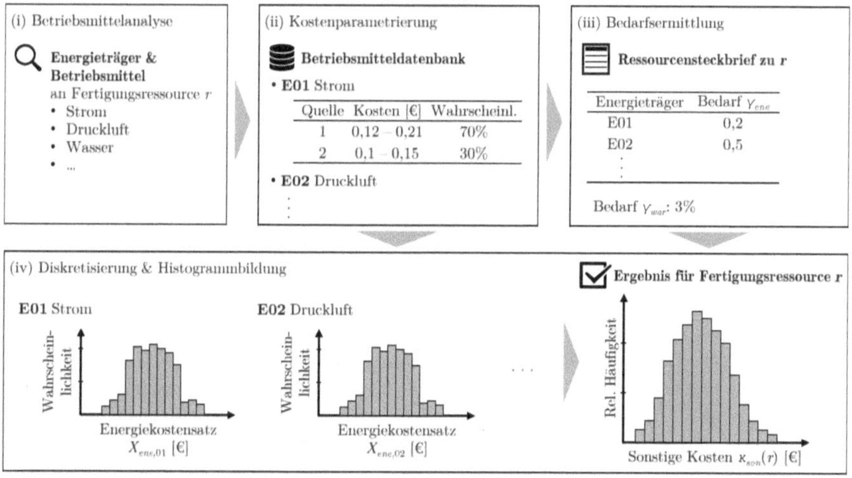

Abb. 5.25: Bewertungsvorgehen für das Kriterium sonstige Kosten

Im ersten Schritt ist zu prüfen, welche Energieträger und weiteren Betriebsmittel wie Druckluft, Wasser, technischen Gasen durch die jeweilige Fertigungsressource r benötigt werden. Diese werden mit der globalen Betriebsmitteldatenbank abgeglichen und, falls noch nicht vorhanden, dort ergänzt. Im zweiten Schritt sind die individuell gültigen Energie- und Betriebsmittelkostensätze X_{ene} in der globalen Datenbank zu parametrieren. Auch hier können Unsicherheiten durch Nutzung von Intervallen berücksichtigt werden. Für die Bestimmung der jeweiligen Wahrscheinlichkeiten kann analog zu den Materialkosten jeweils ein paarweiser Vergleich durchgeführt werden. Der Schritt kann übersprungen werden, sofern die Kostensätze bereits vorhanden und ausreichend gut beschrieben sind. Im dritten Schritt wird der jeweilige Bedarf γ_{ene} an Energie und weiteren Betriebsmitteln abgeschätzt. Diese Informationen sind Teil des Ressourcensteckbriefs und werden dort hinterlegt. Um Aufwände für Wartung und Instandhaltung zu berücksichtigen, wird außerdem der Wartungsbedarf γ_{war} relativ zum Anschaffungspreis der Fertigungsressource bewertet. Im vierten Schritt erfolgt die Diskretisierung der Intervalle und die Berechnung der Häufigkeitsverteilung für die mit der Stückzahl y der betrachteten Planungsperiode p stückbezogenen sonstigen Kosten κ_{son} nach Gleichung 5.14.

$$\kappa_{son}(r) = \frac{1}{y} \cdot \left(\sum_k \gamma_{ene,k}(r) \cdot X_{ene,k} + \gamma_{war}(r) \cdot X_{ans}(r) \right) \tag{5.14}$$

mit k = Laufender Index für Energieträger oder Betriebsmittel

5.3.2.3 Bewerten der Technologieketten

Mit der abgeschlossenen Bewertung der Einzeltechnologien liegen die häufigkeitsverteilten Eingangsgrößen in Form von Kosten κ je monetärem Bewertungskriterium vor, welche nun zur Bewertung der Technologieketten verwendet werden. Die Bewertung erfolgt mittels Monte-Carlo-Simulation. Ergebnis der Bewertung ist die Skalierungseignung jeder Technologiekette τ_i, welche wiederum als häufigkeitsverteilte Zufallsgröße je Bewertungskriterium modelliert wird. Das methodische Vorgehen dazu ist in Algorithmus 1 als Pseudocode[396] dargestellt.

Eingangs werden zur Begrenzung des Bereichs der stückzahlbezogenen Skalierbarkeit der Minimalwert und der Maximalwert der in Unterabschnitt 5.3.1 durchgeführten Stückzahlkonfiguration als untere Schranke y_0 und obere Schranke y_3 gesetzt. Nun werden für jede Fertigungsfolge φ_j zugehörig zur Technologiekette τ_i[397] n_{sim} Simulationsläufe durchgeführt. Diese Simulationsläufe können als (Meta-)Monte-Carlo-Simulation von einzelnen Monte-Carlo-Simulationen verstanden werden. In der übergeordneten MCS mit n_{sim} Simulationsläufen wird die Skalierung der Stückzahl statistisch nachgebildet, während in den darunter durchgeführten MCS mit n_{mc} Zufallsexperimenten die wahrscheinlichkeitbasierten Eingangsdaten zur Bewertung der Technologieketten verrechnet werden. Beide Parameter sind zu Beginn zu konfigurieren, wobei im Rahmen dieser Methodik defaultmäßig $n_{sim} = 100$ und $n_{mc} = 1000$ angenommen wird. Die Parameter können iterativ angepasst werden, um bspw. die Rechenintensität zu verringern oder das Bewertungsergebnis feiner aufzulösen.

Zunächst werden zufällig zwei Stückzahlausprägungen aus der Stückzahlkonfiguration gezogen, welche sich innerhalb der Schranken befinden, sodass $y_0 < y_1 < y_2 < y_3$. Die Fertigungsfolge φ_j

[396] Pseudocode ist nicht maschineninterpretierbar, weist jedoch Ähnlichkeit mit Programmiersprachen, gemischt mit natürlicher Sprache und mathematischer Notation, auf, um den Bewertungsablauf kompakter als realer Code und weniger missverständlich als natürliche Sprache darzustellen.

[397] Schreibweise im Folgenden auch als Funktion: $\tau(\varphi)$ beschreibt die zu Fertigungsfolge φ gehörige Technologiekette τ, $t(r)$ die zu Fertigungsressource r gehörige Technologie t.

Algorithmus 1: Monte-Carlo-Simulation zur monetären Bewertung

```
Setze Stückzahl y_0 := Minimalwert der Stückzahlplanung, y_3 := Maximalwert
foreach τ_i mit i = 1 to |T| do
    foreach φ_j mit j = 1 to |Φ| und φ_j zugehörig zu τ_i do
        for n = 1 to n_sim do
            Ziehe y_1, y_2 aus Histogramm der Stückzahlplanung, sodass y_0 < y_1 < y_2 < y_3
            Initialisierung: Skaliere φ_j auf Stückzahl y_0 mithilfe des 1. Skalierungsmechanismus
            Erste Skalierung: Skaliere φ_j von y_0 auf y_1 mithilfe des 1. oder 2. Skalierungsmechanismus,
              sodass sich eine Umgebung U an Fertigungsfolgen φ_u ∈ U ergibt
            Initialisiere beste Fertigungsfolge φ*, sodass μ(K_ges(φ*)) := ∞
            foreach φ_u ∈ U do
                for m = 1 to n_mc do
                    Ziehe aus jeder Fertigungsressource r ∈ φ_u je einen Kostenwert aus Histogrammen zu
                      κ_mat(r), κ_inv(r), κ_per(r), und κ_son(r)
                    Berechne alle vier monetären Kriterien K_mat(φ_u), K_inv(φ_u), K_per(φ_u), und K_son(φ_u)
                      nach Gleichung 5.16 bis Gleichung 5.19
                    Füge Werte den Histogrammen aller vier Kriterien für φ_u hinzu
                end
                Gib vollständige Histogramme aller vier Kriterien für φ_u aus
                Berechne K_ges(φ_u) nach Gleichung 5.20
                if μ(K_ges(φ_u)) < μ(K_ges(φ*)) then φ* := φ_u ;
            end
            Füge Bewertungsergebnisse von φ* für y_1 den Histogrammen von τ_i hinzu
            Zweite Skalierung: Skaliere φ* von y_1 auf y_2 mithilfe des 1., 2. oder 3.
              Skalierungsmechanismus, sodass sich eine Umgebung U an Fertigungsfolgen φ_u ∈ U ergibt
            Initialisiere beste Fertigungsfolge φ*, sodass μ(K_ges(φ*)) := ∞
            foreach φ_u ∈ U do
                for m = 1 to n_mc do
                    Ziehe aus jeder Fertigungsressource r ∈ φ_u je einen Kostenwert aus Histogrammen zu
                      κ_mat(r), κ_inv(r), κ_per(r), und κ_son(r)
                    Berechne alle vier monetären Kriterien K_mat(φ_u), K_inv(φ_u), K_per(φ_u), und K_son(φ_u)
                      nach Gleichung 5.16 bis Gleichung 5.19
                    Füge Werte den Histogrammen aller vier Kriterien für φ_u hinzu
                end
                Gib vollständige Histogramme aller vier Kriterien für φ_u aus
                Berechne K_ges(φ_u) nach Gleichung 5.20
                if μ(K_ges(φ_u)) < μ(K_ges(φ*)) then φ* := φ_u ;
            end
            Füge Bewertungsergebnisse von φ* für y_2 den Histogrammen von τ_i hinzu
        end
    end
    Gib vollständige Histogramme aller vier Kriterien K_mat(τ_i), K_inv(τ_i), K_per(τ_i), und K_son(τ_i) sowie der
      resultierenden monetären Skalierungseignung K_ges(τ_i) aus
end
```

wird initial auf die Stückzahl y_0 skaliert. Dazu ist lediglich der 1. Skalierungsmechanismus[398] zugelassen, sodass die Fertigungsfolge erhalten bleibt und eine möglicherweise erforderliche Erhöhung der Stückzahl einer Fertigungsressource durch Parallelisierung geschaffen wird. Dabei wird die Anzahl paralleler Fertigungsressourcen c durch das Verhältnis aus benötigter Stückzahl y und möglicher Ausbringungsmenge[399] z pro Planungsperiode, welche dem Ressourcensteckbrief entnommen werden kann, nach Gleichung 5.15 bestimmt. Da nur ganze Fertigungsressourcen umsetzbar sind, ist dieses aufzurunden. Die so eindeutig erzeugte skalierte Fertigungsfolge dient als normierter Ausgangspunkt für die anschließende erste und zweite Skalierung, welche die Bewertungsergebnisse hervorbringen.

$$c(r) = \left\lceil \frac{z(r)}{y} \right\rceil \tag{5.15}$$

Bei der ersten Skalierung wird die Fertigungsfolge φ_j von y_0 auf y_1 skaliert. Dabei ist der 1. oder 2. Skalierungsmechanismus zugelassen, sodass mehr als eine Lösung existieren kann. Der sich auf diese Weise ergebende Lösungsraum wird Umgebung U von φ_j bezeichnet und beinhaltet die entstandenen Fertigungsfolgen φ_u. Damit dieser nicht unendlich groß wird, wird die Umgebung U so definiert, dass sich jede Fertigungsfolge φ_u von φ_j maximal um β Fertigungsressourcen unterscheidet. Diese Anzahl β ist von den Anwendenden zu parametrieren. Aus dieser Umgebung soll nun die beste skalierte Fertigungsfolge identifiziert werden, um eine Aussage zur Skalierungseignung der zugehörigen Technologiekette τ_i zu erhalten. Dazu wird für jede Fertigungsfolge $\varphi_u \in U$ die zuvor festgelegte Anzahl n_{mc} Zufallsexperimente durchgeführt. Entlang der Fertigungsfolge φ_u ergeben sich damit der Materialkostenwert K_{mat} nach Gleichung 5.16, der Investitionskostenwert K_{inv} nach Gleichung 5.17, der Personalkostenwert K_{per} nach Gleichung 5.18 und der sonstige Kostenwert K_{son} nach Gleichung 5.19 als Simulationsergebnisse in Form von Zufallsgrößen.

$$K_{mat}(\varphi_u) = \sum_{r \in \varphi_u} \kappa_{mat}(t(r)) \tag{5.16}$$

$$K_{inv}(\varphi_u) = \sum_{r \in \varphi_u} \kappa_{inv}(r) \cdot c(r) \tag{5.17}$$

$$K_{per}(\varphi_u) = \sum_{r \in \varphi_u} \kappa_{per}(r) \cdot c(r) \tag{5.18}$$

$$K_{son}(\varphi_u) = \sum_{r \in \varphi_u} \kappa_{son}(r) \cdot c(r) \tag{5.19}$$

[398] Vgl. Abschnitt 4.2

[399] In der Ausbringungsmenge sind Nebenzeiten und Anlagenstillstände bereits berücksichtigt. Die ausführliche Herleitung dieser Informationen würde den Rahmen der Methodik sprengen und bietet keinen Mehrwert, da es sich um produktionstechnisches Basiswissen handelt.

Die Bewertungsergebnisse je Kriterium liegen in einer zählbaren monetären Einheit vor, welche für alle vier Kriterien identisch ist. Daher kann das übergeordnete Kriterium des Gesamtkostenwerts K_{ges} durch ungewichtete Addition im Sinne der Monte-Carlo-Simulation nach Gleichung 5.20 bestimmt werden.

$$K_{ges}(\varphi_u) = K_{mat}(\varphi_u) + K_{inv}(\varphi_u) + K_{per}(\varphi_u) + K_{son}(\varphi_u) \tag{5.20}$$

Für die Bestimmung der besten Fertigungsfolge muss eine Vergleichbarkeit des als Zufallsgröße modellierten Bewertungsergebnisses jeder Fertigungsfolge φ_u hergestellt werden. Dazu werden die Erwartungswerte der Gesamtkosten $\mu(K_{ges}(\varphi_u))$ gebildet. Aufgrund der monetären Ausprägung ist die Eignung umso höher einzuschätzen, je geringer die Kosten ausfallen. Die Fertigungsfolge mit den geringsten Gesamtkosten wird als φ^* bezeichnet und liefert damit einen Beitrag zur Aussage der Skalierungseignung der zugehörigen Technologiekette τ_i. Die Bewertungsergebnisse $K_{mat}(\varphi^*)$, $K_{inv}(\varphi^*)$, $K_{per}(\varphi^*)$ und $K_{son}(\varphi^*)$ gehen daher als Ergebnis der ersten Skalierung in die Bewertungsergebnisse von τ_i, welche ebenfalls als Zufallsgröße modelliert sind, ein. Zudem dient φ^* als Ausgangspunkt für die zweite Skalierung.

Bei der zweiten Skalierung wird die Fertigungsfolge φ^* von y_1 auf y_2 skaliert. Dabei ist der 1., 2. oder 3. Skalierungsmechanismus zugelassen. Erneut kann somit mehr als eine Lösung existieren, sodass sich unter Berücksichtigung des Parameters β eine neue Umgebung U ergibt. Die weitere Bewertung erfolgt analog zur ersten Skalierung nach Gleichung 5.16 bis Gleichung 5.20, sodass eine neue beste Fertigungsfolge φ^* zu finden ist. Als Ergebnis der zweiten Skalierung gehen somit $K_{mat}(\varphi^*)$, $K_{inv}(\varphi^*)$, $K_{per}(\varphi^*)$ und $K_{son}(\varphi^*)$ in die Bewertungsergebnisse von τ_i ein.[400]

Nach Durchführung der Monte-Carlo-Simulationen für jede Technologiekette τ_i werden die Bewertungsergebnisse der vier Kriterien $K_{mat}(\tau_i)$, $K_{inv}(\tau_i)$, $K_{per}(\tau_i)$, $K_{son}(\tau_i)$ sowie der resultierende Gesamtkostenwert $K_{ges}(\tau_i)$ vollständig in Form von Histogrammen dargestellt. Aus monetären und nicht-monetären Bewertungsergebnissen ist in Abschnitt 5.4 ein Gesamtergebnis zu erzeugen. Da die Kostenwerte nicht ohne weiteres mit den in der folgenden Phase III.3 zu erzielenden Nutzenwerte aufgrund unterschiedlicher Einheiten vergleichbar sind, wird der monetäre Eignungsgrad zur Skalierung Λ_K eingeführt. Dazu wird eine lineare Wertfunktion $f_w(K_{ges})$ mit dem Bildbereich [0, 1] nach Gleichung 5.21 definiert. Dies entspricht einer Normierung des Kostenwerts K_{ges} einer Technologiekette in Bezug auf den minimalen und maximalen Kostenwert aller bei einer Durchführung[401] von Algorithmus 1 betrachteten Fertigungsfolgen φ_j. Das Intervall zwischen minimalem und maximalem Kostenwert bildet somit gleichzeitig den Definitionsbereich von $f_w(K_{ges})$. Dabei ist zu beachten, dass ein hoher monetärer Eignungsgrad gleichbedeutend mit geringen Kosten sein soll.

400 Durch Anwendung des 3. Skalierungsmechanismus kann die Umgebung U explizit Lösungen außerhalb der ursprünglichen Technologiekette τ_i enthalten. Das Bewertungsergebnis wird dennoch τ_i zugerechnet, da dieses einen maßgeblichen Anteil der Skalierungseignung ebendieser ursprünglichen Technologiekette aufzeigt.

401 Wie eingangs von Kapitel 5 zur Ebenenstruktur erläutert finden die Bewertungen in Phase III.2 und III.3 stets innerhalb eines Teilfertigungsansatzes e^* statt. Hierauf beziehen sich somit die Minimal- und Maximalwerte, sodass in Summe je e^* eine Wertfunktion gebildet wird.

$$f(K_{ges}) := 1 - \frac{1-0}{K_{ges}^{max}(\varphi_j) - K_{ges}^{min}(\varphi_j)} \cdot K_{ges}$$
$$\text{mit } K_{ges}^{max}(\varphi_j) = max(\ \{K_{ges}(\varphi_j) \mid j \in [1, |\Phi|]\}\ )$$
$$K_{ges}^{min}(\varphi_j) = \min(\ \{K_{ges}(\varphi_j) \mid j \in [1, |\Phi|]\}\ ) \quad (5.21)$$

Der monetäre Eignungsgrad zur Skalierung Λ_K einer Technologiekette τ_i ergibt sich damit nach Gleichung 5.22. Die Normierung dieses Ergebnisses, welches weiterhin als Zufallsgröße modelliert vorliegt, ist in Abbildung 5.26 beispielhaft visualisiert.

$$\Lambda_K(\tau_i) = f(K_{ges}(\tau_i)) \quad (5.22)$$

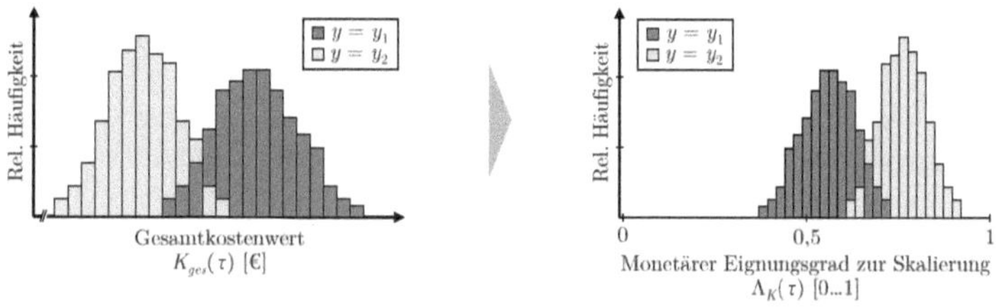

Abb. 5.26: Monetärer Eignungsgrad zur Skalierung einer Technologiekette

Damit liegt je Technologiekette eine Aussage zur monetären Skalierungseignung vor und die Zielsetzung von Phase III.2 ist erreicht. Zur Vergleichbarkeit können die Histogramme der Technologieketten in einem Diagramm dargestellt werden, sodass die Häufigkeiten der jeweiligen Eignungsgrade differenzierter betrachtet oder deren Erwartungswerte gegenübergestellt werden können. Dies markiert den Abschluss von Phase III.2. Die Methodik ist ab Phase III.2 neu zu durchlaufen, sofern die Informationsgrundlage der Kostensätze sich verändert, bspw. durch verbesserte Angebote von Lieferanten oder gestiegene Energie- und Personalkosten.

5.3.3 Phase III.3: Bewertung der nicht-monetären Skalierungseignung

Die Bewertung der Skalierungseignung von Technologieketten zur Brennstoffzellenproduktion anhand von nicht-monetären Kriterien bildet den zweiten der beiden großen Teile der methodischen Entscheidungsfindung. Diese Phase hat daher zum Ziel, je Technologiekette eine Aussage zur Skalierungseignung auf Basis nicht-monetärer Kriterien zu erhalten und so in erster Linie eine relative Vergleichbarkeit zwischen verschiedenen Lösungsalternativen zu ermöglichen. Die nicht-monetäre Bewertung muss ebenfalls Unsicherheiten in den Eingangsdaten berücksichtigen können, sodass wahrscheinlichkeitsbasierte Verteilungen gebildet und berechnet werden. Die nicht-monetären Kriterien werden zunächst genauer betrachtet und im Hinblick auf ihre Zielerreichung gewichtet. Für solche Bewertungskriterien, die die Eignung einzelner Technologien beschreiben, werden anschließend ebendiese Einzeltechnologien entlang ihrer Technologiekette bewertet. Hiernach erfolgt mittels Monte-Carlo-Simulation die Bewertung der aus diesen Einzeltechnologien bestehenden Technologieketten unter Berücksichtigung ihrer Unsicherheiten. Einen Überblick über Phase III.3 gibt Abbildung 5.27.

Nicht-monetäre Skalierungseignung			
Modul	III - Bewertungsmodul	Phase	III.3
Zielsetzung	Erhalt einer Aussage zur Skalierungseignung je Technologiekette auf Basis nicht-monetärer Informationen		

Input	Vorgehen	Output
• Kompatible Fertigungsfolgen, zugehörig zu Technologieketten (III.1) • Wahrscheinlichkeitsbasierte Verteilung der zukünftig zu fertigenden Stückzahl (III.1)	• Initialisieren der Nutzengewichte • Bewerten der Einzeltechnologien • Bewerten der Technologieketten	• Wahrscheinlichkeitsbasierte Verteilung der nicht-monetären Nutzenwerte je Technologiekette • Erwartete nicht-monetäre Skalierungseignung je Technologiekette

Methodische Hilfsmittel	Trade-off-Verfahren; Statistische Grundlagen; Monte-Carlo-Simulation

Abb. 5.27: Überblick über Phase III.3

5.3.3.1 Initialisieren der Nutzengewichte

Im Zuge der nicht-monetären Bewertung der Skalierungseignung werden die vier Kriterien Qualität, Reifegrad, Skalierungspotenzial und Veränderungsgrad herangezogen,[402] die jeweils Ausprägungen in Form von Nutzenwerten annehmen können. Das Kriterium Qualität H_{qua} dient zur Bewertung des Überdeckungsgrads zwischen expliziten und impliziten Forderungen des Kunden und den gelieferten Eigenschaften durch die Fertigungstechnologie. Dabei kann ein subjektives Qualitätsverständnis einbezogen werden, welches aus dem Erfahrungswissen der Anwendenden resultiert. Die Qualität wird auf einer Skala von 0 bis 12 bewertet, wobei 12 den Nutzenwert bei der höchsten Qualität darstellt.

Das Kriterium Reifegrad H_{rei} beschreibt, in welchem Maße Chancen und Risiken mit dem Einsatz einer Technologie bestehen. Der Reifegrad wird ebenfalls auf einer Skala von 0 bis 12 bewertet. Der Nutzenwert 12 entspricht dem höchsten Reifegrad, welcher einer etablierten, äußerst zuverlässigen Technologie in großindustrieller Anwendung zugeschrieben wird.

Das Kriterium Skalierungspotenzial H_{ska} beschreibt die Anzahl an möglichen Fertigungsfolgen, zu denen ausgehend von einer betrachteten Fertigungsfolge bei Änderung der zu produzie-

[402] Vgl. Abschnitt 4.2

renden Stückzahl durch Veränderung von maximal β Fertigungsressourcen gewechselt werden kann. Mögliche Fertigungsfolgen sind somit diejenigen Fertigungsfolgen, die bei entsprechender Skalierung[403] die neu zu produzierende Stückzahl realisieren können. Sofern die betrachtete Fertigungsfolge ebenfalls auf die neue Stückzahl skaliert werden kann,[404] wird diese mitgezählt. Die Bewertung erfolgt rechnerisch auf der Ebene der Fertigungsfolgen auf einer Kardinalskala von 0 bis H_{ska}^{max}. Die Parameter β und H_{ska}^{max} werden durch die Anwendenden angegeben. Ein hoher Nutzenwert spricht demnach dafür, dass die betrachtete Fertigungsfolge auf viele verschiedene Weisen skaliert werden kann.

Das Kriterium Veränderungsgrad H_{ver} beschreibt die Anzahl an Fertigungsressourcen, welche im Zuge einer Skalierung und dem damit möglicherweise verbundenen Wechsel einer vorherigen zur betrachteten Fertigungsfolge verändert oder hinzugefügt wurden. Auch hier erfolgt die Bewertung rechnerisch auf der Ebene der Fertigungsfolgen auf einer Kardinalskala, welche durch den Parameter H_{ver}^{max} von den Anwendenden nach oben beschränkt wird. Im Fertigungsumfeld sind im Allgemeinen möglichst wenige Veränderungen der Anlagentechnik wünschenswert, um Produktionausfälle und langwierige Anlaufphasen zu vermeiden. Daher wird ein möglichst geringer Nutzenwert als erstrebenswert angesehen.

Erkennbar ist, dass die nicht-monetären Nutzenwerte auf unterschiedlichen Skalen bewertet werden. Im Unterschied zu den monetären Kriterien, welche sich in Kostenwerten manifestieren, können die Nutzenwerte nicht ohne Weiteres miteinander verrechnet werden. Daher müssen die Kriterien auf eine einheitliche Skala gebracht und anschließend vor dem Hintergrund der individuellen Präferenzen der Anwendenden der Methodik gewichtet werden, um bei der folgenden Bewertung der Technologieketten die jeweilige nicht-monetäre Skalierungseignung als skalares Ergebnis in Form eines Histogramms durch gewichtete Addition erhalten zu können. Die Gewichtung der nicht-monetären Kriterien erfolgt nach dem Trade-off Verfahren.[405] Das Trade-off Verfahren erfordert für $n = 4$ Kriterien $n - 1 = 3$ Indifferenzaussagen.

Da das Ziel Qualität ein Kriterium mit großer Bandbreite auf einer kontinuierlichen Skala darstellt und zudem gegenüber den anderen drei als greifbareres und relevanteres Kriterium[406] eingestuft wird, bietet sich das Trade-off Verfahren hier durch Vergleich des Kriteriums Qualität mit den drei anderen Kriterien Reifegrad, Skalierungspotenzial und Veränderungsgrad an. Dazu werden nach Gleichung 5.23 zunächst für alle Kriterien lineare Wertfunktionen $f_w(H)$ mit dem jeweiligem Definitionsbereich basierend auf der oben beschriebenen Bewertungsskala und dem Bildbereich [0, 1] definiert.[407]

$$f_w(H_i) := \frac{1-0}{H_i^{max} - H_i^{min}} \cdot H_i, \qquad H_i \in \{H_{qua}, H_{rei}, H_{ska}, H_{ver}\} \tag{5.23}$$

403 D.h. unter Nutzung des 1., 2. oder 3. Skalierungsmechanismus.

404 D.h. unter Nutzung des 1. Skalierungsmechanismus.

405 Vgl. Abschnitt 3.3.

406 Siehe Herleitung der Kriterien in Abschnitt 4.2.

407 Mithilfe eines mehrstufigen Trade-off-Verfahrens können nichtlineare bzw. abschnittsweise lineare Wertefunktionen gebildet werden. Somit lassen sich bei Bedarf differenziertere Bewertungen erzeugen, welche jedoch im Rahmen dieser Arbeit vor dem Hintergrund der Anforderung eines geringen Aufwands nicht weiter verfolgt werden.

Anschließend müssen drei Indifferenzaussagen getätigt werden. Dazu werden stets zwei Fälle verglichen, für welche die Anwendenden eine Indifferenz herstellen sollen. Gleichung 5.24 zeigt die Gegenüberstellung zweier Fälle a und b für die Kriterien Qualität und Reifegrad. In Fall a nimmt das Kriterium Qualität den Wert 12 und das Kriterium Reifegrad den Wert 0 an. Die Anwendenden wählen nun den Qualitätswert für Fall b so, dass er gemeinsam mit dem Reifegrad von 12 in Fall b indifferent zwischen beiden Fällen ist. Für ein einfaches Vorgehen bietet sich wie in diesem Beispiel der Vergleich der Extrem- oder Mittelwerte der jeweiligen Skalen an, jedoch sind auch andere Kombinationen möglich.

$$(H_{qua}(a) = 12;\ H_{rei}(a) = 0) \sim (H_{qua}(b) = ?\,;\ H_{rei}(b) = 12) \tag{5.24}$$

Auf diese Weise werden drei Indifferenzaussagen getätigt, aus denen zusammen mit der Normierungsvorschrift ein voll bestimmtes lineares Gleichungssystem nach Gleichung 5.25 aufgestellt wird. Mit dessen Lösung ergeben sich leicht die Nutzengewichte w_{qua}, w_{rei}, w_{ska} und w_{ver}.

$$\begin{aligned}
w_{qua} \cdot [f_w(H_{qua}(a)) - f_w(H_{qua}(b))] + w_{rei} \cdot [f_w(H_{rei}(a)) - f_w(H_{rei}(b))] &= 0\\
w_{qua} \cdot [f_w(H_{qua}(a)) - f_w(H_{qua}(c))] + w_{ska} \cdot [f_w(H_{ska}(a)) - f_w(H_{ska}(c))] &= 0\\
w_{qua} \cdot [f_w(H_{qua}(a)) - f_w(H_{qua}(d))] + w_{ver} \cdot [f_w(H_{ver}(a)) - f_w(H_{ver}(d))] &= 0\\
w_{qua} + w_{rei} + w_{ska} + w_{ver} &= 1
\end{aligned} \tag{5.25}$$

5.3.3.2 Bewerten der Einzeltechnologien

Die Fertigungstechnologien t liegen als Output des Gestaltungsmoduls einzeln samt ihrer Technologiesteckbriefe sowie verknüpft zu Technologieketten τ vor. Diese werden analog zur monetären Bewertung zunächst einzeln anhand der in der Methodikkonzeption[408] hergeleiteten nicht-monetären Kriterien bewertet. Dazu bietet sich ein systematisches Vorgehen entlang der Technologien einer Technologiekette an, bevor anschließend die Technologien der nächsten Technologiekette schrittweise bewertet werden. Enthält diese eine Technologie, welche bereits vollständig bewertet ist, kann auf eine erneute Bewertung verzichtet werden.

Das zur Einzeltechnologie zugehörige Kriterium Qualität wird auf Ebene der Fertigungstechnologie bewertet. Die Bewertung erfolgt anhand einer Kardinalskala von $\eta_{qua} = 0$ bis 12. Auf diese Weise können vier übergreifende Gruppen definiert werden, innerhalb derer eine dreistufige feine Unterteilung möglich ist. Zusätzlich bietet die 0 eine Ausprägung für die untere Grenze der akzeptierten Qualität. Tabelle 5.5 ordnet jeder Ausprägung eine linguistische Beschreibung der Qualität zu, anhand derer die Bewertung vorgenommen wird. Dazu können die Anwendenden sowohl eigene Erfahrungen und unternehmensinterne Quellen als auch externes Expertenwissen einbringen.

[408] Vgl. Abschnitt 4.2.

Beschreibung der Qualitätsgruppe	Feinausprägung	η_{qua}
Deutlich überdurchschnittlich, Premiumsegment, kein Ausschuss zu erwarten, hohe Produktlebensdauer	+	12
	o	11
	-	10
Eher überdurchschnittlich, gehobenes Segment, seltene Produktreklamationen	+	9
	o	8
	-	7
Eher unterdurchschnittlich, mittlere Produktlebensdauer mit Fokus auf Funktionsfähigkeit	+	6
	o	5
	-	4
Unterdurchschnittlich, stark preisgetrieben, hoher Ausschuss, geringe Produktlebensdauer	+	3
	o	2
	-	1
Untere Grenze der akzeptierten Qualität	o	0

Tab. 5.5: Bewertungsskala des Kriteriums Qualität

Die Summe der bewerteten Ausprägungen muss 100% betragen. Sind alle zur Bewertung herangezogenen Quellen einer Meinung, können die 100% genau dieser Ausprägung von η_{qua} zugeordnet werden. Aufgrund der insbesondere bei neuen Technologien zu erwartenden Unsicherheiten ist jedoch von unterschiedlichen Einschätzungen auszugehen, sodass die 100% auf mehrere Werte aufteilbar sind. Hierfür wird eine einfache Gewichtung durch Zählen der Stimmen für eine Ausprägung vorgeschlagen. Abschließend ist analog zu den monetären Kriterien eine Häufigkeitsverteilung zu berechnen. Da bereits eine diskrete Skala vorliegt, kann diese unmittelbar aus der Bewertung gebildet werden. Damit ergibt sich das als Zufallsgröße modellierte Bewertungskriterium η_{qua} wie beispielhaft in Abbildung 5.28 dargestellt.

η_{qua}	Wahrscheinlichkeit
7	5%
8	20%
9	60%
10	15%

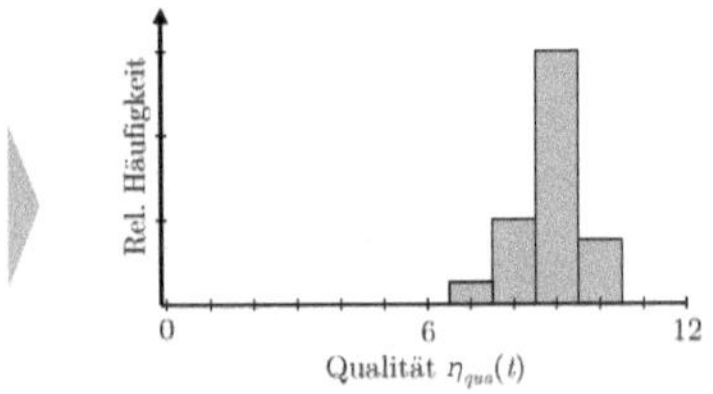

Abb. 5.28: Bewertungsvorgehen für das Kriterium Qualität

Das zur Einzeltechnologie zugehörige Kriterium Reifegrad wird ebenfalls auf Ebene der Fertigungstechnologie bewertet. Die Bewertung erfolgt anhand einer Kardinalskala von $\eta_{rei} = 0$ bis 12. Auf diese Weise können analog zum Kriterium Qualität vier übergreifende Gruppen definiert werden, innerhalb derer eine dreistufige feine Unterteilung möglich ist. Zusätzlich bietet die 0 eine Ausprägung für die untere Grenze des akzeptierten Reifegrads. Tabelle 5.6

ordnet jeder Ausprägung eine linguistische Beschreibung des Reifegrads zu, anhand derer die Bewertung vorgenommen wird. Dazu können die Anwendenden sowohl eigene Erfahrungen und unternehmensinterne Quellen als auch externes Expertenwissen einbringen.

Beschreibung der Reifegradgruppe	Feinausprägung	η_{rei}
Etabliert und in verschiedenen Branchen in industriellen Serienfertigungen eingesetzt, zuverlässig lieferbar	+	12
	o	11
	-	10
Im industriellen Umfeld erprobt, meist lieferbar	+	9
	o	8
	-	7
Prototypisch oder im Kleinserienmaßstab eingesetzt, mit kalkulierbaren Risiken verbunden	+	6
	o	5
	-	4
Im Labormaßstab eingesetzt, keine industriellen Erfahrungen, unbekannte zukünftige Entwicklung, limitiert lieferbar	+	3
	o	2
	-	1
Untere Grenze des akzeptierten Reifegrads	o	0

Tab. 5.6: Bewertungsskala des Kriteriums Reifegrad

Die Summe der bewerteten Ausprägungen muss 100% betragen, welche analog zum Kriterium der Qualität auf die Ausprägungen η_{qua} verteilt werden können. Abschließend ist eine Häufigkeitsverteilung zu berechnen, welche mit der bereits vorliegenden diskreten Skala unmittelbar aus der Bewertung gebildet wird. Damit ergibt sich das als Zufallsgröße modellierte Bewertungskriterium η_{rei} wie beispielhaft in Abbildung 5.29 dargestellt.

η_{rei}	Wahrscheinlichkeit
8	15%
9	35%
10	30%
11	20%

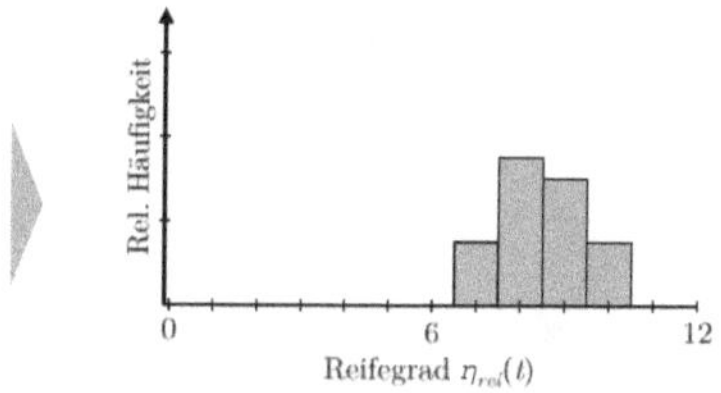

Abb. 5.29: Bewertungsvorgehen für das Kriterium Reifegrad

Die Kriterien Skalierungspotenzial und Veränderungsgrad werden, wie bereits eingangs erläutert, nicht auf Ebene der Einzeltechnologien bewertet. Diese ergeben sich rechnerisch im Zuge der Monte-Carlo-Simulation auf Ebene der Fertigungsfolgen.

5.3.3.3 Bewerten der Technologieketten

Mit der abgeschlossenen Bewertung der Einzeltechnologien liegen die häufigkeitsverteilten Eingangsgrößen in Form von Nutzenwerten η für zwei der nicht-monetären Bewertungskriterien vor, welche nun zur Bewertung der Technologieketten verwendet und dabei durch zwei weitere Kriterien ergänzt werden. Die Bewertung erfolgt mittels Monte-Carlo-Simulation. Ergebnis der Bewertung ist die Skalierungseignung jeder Technologiekette τ_i, welche wiederum als häufigkeitsverteilte Zufallsgröße je Bewertungskriterium modelliert wird. Das methodische Vorgehen dazu ist in Algorithmus 2 als Pseudocode dargestellt und wird für eine hohe Konsistenz der Lösung analog zur monetären Bewertung strukturiert.

Eingangs werden analog zur monetären Bewertung y_0 als untere Schranke und y_3 als obere Schranke der stückzahlbezogenen Skalierbarkeit gesetzt. Nun wird für jede Fertigungsfolge φ_j zugehörig zur Technologiekette τ_i die zuvor festgelegte Anzahl n_{sim} Simulationsläufe durchgeführt. Diese laufen jeweils analog ab.

Zunächst werden zufällig zwei Stückzahlausprägungen aus der Stückzahlkonfiguration gezogen, sodass $y_0 < y_1 < y_2 < y_3$ gilt. Die Fertigungsfolge φ_j wird initial auf die Stückzahl y_0 skaliert. Dazu ist lediglich der 1. Skalierungsmechanismus[409] zugelassen, sodass die Fertigungsfolge erhalten bleibt und eine möglicherweise erforderliche Erhöhung der Stückzahl einer Fertigungsressource durch Parallelisierung geschaffen wird. Die so eindeutig erzeugte skalierte Fertigungsfolge dient als normierter Ausgangspunkt für die anschließende erste und zweite Skalierung, welche die Bewertungsergebnisse hervorbringen.

Bei der ersten Skalierung wird die Fertigungsfolge φ_j von y_0 auf y_1 skaliert. Dabei ist der 1. oder 2. Skalierungsmechanismus zugelassen, sodass mehr als eine Lösung existieren kann. Der sich auf diese Weise unter Berücksichtigung des Parameters β ergebende Lösungsraum wird Umgebung U von φ_j bezeichnet und beinhaltet die entstandenen Fertigungsfolgen φ_u. Aus dieser Umgebung soll nun die beste skalierte Fertigungsfolge identifziert werden, um eine Aussage zur Skalierungseignung der zugehörigen Technologiekette τ_i zu erhalten. Dazu werden die vier Bewertungskriterien herangezogen. Zunächst wird für jede Fertigungsfolge $\varphi_u \in U$ die zuvor festgelegte Anzahl n_{mc} Zufallsexperimente durchgeführt. Entlang der Fertigungsfolge φ_u ergeben sich damit die Nutzenwerte zur Qualität H_{qua} nach Gleichung 5.26 und die Nutzenwerte zum Reifegrad H_{rei} nach Gleichung 5.27 als Simulationsergebnisse in Form von Zufallsgrößen. Das Skalierungspotenzial entspricht der Anzahl an Fertigungsfolgen, welche bei gedachter nachfolgender Skalierung der jeweils betrachteten Fertigungsfolge φ_u entstehen. Diese können wiederum durch eine neue Umgebung U' beschrieben werden. Je Fertigungsfolge ergibt sich daher ein Nutzenwert zum Skalierungspotenzial H_{ska} nach Gleichung 5.28. Der Veränderungsgrad beschreibt die Anzahl an Fertigungsressourcen, welche bei der Skalierung von der vorherigen Ausprägung der Fertigungsfolge zur jeweils betrachteten Fertigungsfolge φ_u hinzugefügt oder verändert wurden. Somit ergibt sich je Fertigungsfolge ein Nutzenwert zum Veränderungsgrad H_{ver} nach Gleichung 5.29.

[409] Vgl. Abschnitt 4.2.

Algorithmus 2: Monte-Carlo-Simulation zur nicht-monetären Bewertung

```
Setze Stückzahl y_0 := Minimalwert der Stückzahlplanung, y_3 := Maximalwert
foreach τ_i mit i = 1 to |T| do
    foreach φ_j mit j = 1 to |Φ| und φ_j zugehörig zu τ_i do
        for n = 1 to n_sim do
            Ziehe y_1, y_2 aus Histogramm der Stückzahlplanung, sodass y_0 < y_1 < y_2 < y_3
            Initialisierung: Skaliere φ_j auf Stückzahl y_0 mithilfe des 1. Skalierungsmechanismus
            Erste Skalierung: Skaliere φ_j von y_0 auf y_1 mithilfe des 1. oder 2. Skalierungsmechanismus,
              sodass sich eine Umgebung U an Fertigungsfolgen φ_u ∈ U ergibt
            Initialisiere beste Fertigungsfolge φ*, sodass μ(Λ_H(φ*)) := 0
            foreach φ_u ∈ U do
                for m = 1 to n_mc do
                    Ziehe aus jeder Fertigungsressource r ∈ φ_u je einen Ausprägungswert aus
                      Histogrammen zu η_qua(r) und η_rei(r)
                    Berechne H_qua(φ_u) nach Gleichung 5.26 und H_rei(φ_u) nach Gleichung 5.27
                    Füge Werte den Histogrammen der beiden Kriterien für φ_u hinzu
                end
                Berechne H_ska(φ_u) nach Gleichung 5.28 und H_ver(φ_u) nach Gleichung 5.29
                Gib Ergebnisse bzw. vollständige Histogramme aller vier Kriterien für φ_u aus
                Berechne Λ_H(φ_u) nach Gleichung 5.30
                if μ(Λ_H(φ_u)) > μ(Λ_H(φ*)) then φ* := φ_u ;
            end
            Füge Bewertungsergebnisse von φ* für y_1 den Histogrammen von τ_i hinzu
            Zweite Skalierung: Skaliere φ* von y_1 auf y_2 mithilfe des 1., 2. oder 3. Skalierungs-
              mechanismus, sodass sich eine Umgebung U an Fertigungsfolgen φ_u ∈ U ergibt
            Initialisiere beste Fertigungsfolge φ*, sodass μ(H_nse(φ*)) := 0
            foreach φ_u ∈ U do
                for m = 1 to n_mc do
                    Ziehe aus jeder Fertigungsressource r ∈ φ_u je einen Ausprägungswert aus
                      Histogrammen zu η_qua(r) und η_rei(r)
                    Berechne H_qua(φ_u) nach Gleichung 5.26 und H_rei(φ_u) nach Gleichung 5.27
                    Füge Werte den Histogrammen der beiden Kriterien für φ_u hinzu
                end
                Berechne H_ska(φ_u) nach Gleichung 5.28 und H_ver(φ_u) nach Gleichung 5.29
                Gib Ergebnisse bzw. vollständige Histogramme aller vier Kriterien für φ_u aus
                Berechne Λ_H(φ_u) nach Gleichung 5.30
                if μ(Λ_H(φ_u)) > μ(Λ_H(φ*)) then φ* := φ_u ;
            end
            Füge Bewertungsergebnisse von φ* für y_2 den Histogrammen von τ_i hinzu
        end
    end
    Gib vollständige Histogramme aller vier Kriterien H_qua(τ_i), H_rei(τ_i), H_ska(τ_i) und H_ver(τ_i) sowie des
      resultierenden nicht-monetären Eignungsgrads Λ_H(τ_i) aus
end
```

$$H_{qua}(\varphi_u) = \frac{1}{|\{r|r \in \varphi_u\}|} \cdot \sum_{r \in \varphi_u} \eta_{qua}(t(r)) \tag{5.26}$$

$$H_{rei}(\varphi_u) = \frac{1}{|\{r|r \in \varphi_u\}|} \cdot \sum_{r \in \varphi_u} \eta_{rei}(t(r)) \tag{5.27}$$

$$\begin{aligned} H_{ska}(\varphi_u, y_i) &= \min\left(\left| \{\varphi \mid \varphi \in U'(\varphi_u, y_{i+1})\} \right|, H_{ska}^{max} \right) \\ \text{mit } i &= \begin{cases} 1 & \text{während der ersten Skalierung} \\ 2 & \text{während der zweiten Skalierung} \end{cases} \end{aligned} \tag{5.28}$$

$$\begin{aligned} H_{ver}(\varphi_u, y_i) &= \min\left(\left| \{r \mid r \in \varphi_u(y_i) \wedge r \notin \varphi(y_{i-1})\} \right|, H_{ver}^{max} \right) \\ \text{mit } \varphi &= \begin{cases} \varphi_j & \text{falls } i = 1 \text{ (erste Skalierung)} \\ \varphi^* & \text{falls } i = 2 \text{ (zweite Skalierung)} \end{cases} \end{aligned} \tag{5.29}$$

Die Bewertungsergebnisse liegen nun für die vier Kriterien auf unterschiedlichen dimensionslosen Ordinalskalen vor, wie eingangs von Unterabschnitt 5.3.3 erläutert. Zur Bestimmung des übergeordneten Kriteriums des nicht-monetären Eignungsgrads Λ_H der Skalierung werden die einzelnen Kriterien mit der Lösung aus dem Trade-off-Verfahren gewichtet, sodass sich Λ_H durch gewichtete Addition im Sinne der Monte-Carlo-Simulation nach Gleichung 5.30 ergibt.

$$\begin{aligned} \Lambda_H(\varphi_u) = {} & w_{qua} \cdot f_w\left(H_{qua}(\varphi_u)\right) + w_{rei} \cdot f_w\left(H_{rei}(\varphi_u)\right) \\ & + w_{ska} \cdot f_w\left(H_{ska}(\varphi_u)\right) + w_{ver} \cdot f_w\left(H_{ver}(\varphi_u)\right) \end{aligned} \tag{5.30}$$

Für die Bestimmung der besten Fertigungsfolge muss eine Vergleichbarkeit des als Zufallsgröße modellierten Bewertungsergebnisses jeder Fertigungsfolge φ_u hergestellt werden. Dazu werden die Erwartungswerte der jeweiligen Eignungsgrade $\mu(\Lambda_H(\varphi_u))$ gebildet. Die Fertigungsfolge $\varphi_u \in U$ mit dem höchsten Erwartungswert des nicht-monetären Eignungsgrads wird als φ^* bezeichnet und liefert damit einen Beitrag zur Aussage der Skalierungseignung der zugehörigen Technologiekette τ_i. Die Bewertungsergebnisse $H_{qua}(\varphi^*)$, $H_{rei}(\varphi^*)$, $H_{ska}(\varphi^*)$ und $H_{ver}(\varphi^*)$ gehen daher als Ergebnis der ersten Skalierung in die Bewertungsergebnisse von τ_i, welche ebenfalls als Zufallsgröße modelliert sind, ein. Zudem dient φ^* als Ausgangspunkt für die zweite Skalierung.

Bei der zweiten Skalierung wird die Fertigungsfolge φ^* von y_1 auf y_2 skaliert. Dabei ist der 1., 2. oder 3. Skalierungsmechanismus zugelassen. Erneut kann somit mehr als eine Lösung existieren, sodass sich unter Berücksichtigung des Parameters β eine neue Umgebung U ergibt. Die weitere Bewertung erfolgt analog zur ersten Skalierung nach Gleichung 5.26 bis Gleichung 5.29, sodass eine neue beste Fertigungsfolge φ^* zu finden ist. Als Ergebnis der zweiten Skalierung gehen somit $H_{qua}(\varphi^*)$, $H_{rei}(\varphi^*)$, $H_{ska}(\varphi^*)$ und $H_{ver}(\varphi^*)$ in die Bewertungsergebnisse von τ_i ein.[410]

Nach Durchführung der Monte-Carlo-Simulationen für jede Technologiekette τ_i werden die Bewertungsergebnisse der vier Kriterien $H_{qua}(\tau_i)$, $H_{rei}(\tau_i)$, $H_{ska}(\tau_i)$, $H_{ver}(\tau_i)$ sowie der resultierende nicht-monetäre Eignungsgrad der Skalierung $\Lambda_H(\tau_i)$ vollständig in Form von Histogrammen dargestellt. Letzterer ist als Beispiel für eine Technologiekette in Abbildung 5.30 visualisiert.

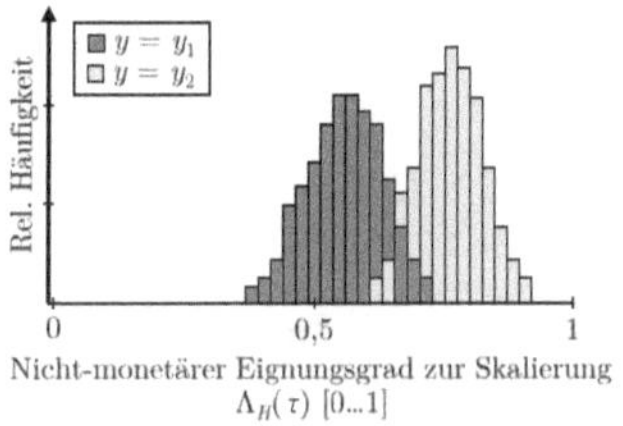

Abb. 5.30: Nicht-monetärer Eignungsgrad zur Skalierung einer Technologiekette

Damit liegt je Technologiekette eine Aussage zur nicht-monetären Skalierungseignung vor und die Zielsetzung von Phase III.3 ist erreicht. Zur Vergleichbarkeit können die Histogramme der Technologieketten in einem Diagramm dargestellt werden, sodass die Häufigkeiten der jeweiligen Eignungsgrade differenzierter betrachtet oder deren Erwartungswerte gegenübergestellt werden können. Diese erwartete nicht-monetäre Skalierungseignung je Technologiekette als Output von Phase III.3 wird in Abschnitt 5.4 wieder aufgegriffen, um ein Gesamtergebnis aus monetären und nicht-monetären Bewertungsergebnissen zu erzeugen. Die Methodik ist ab Phase III.3 neu zu durchlaufen, sofern sich qualitativ-technische Änderungen für die Fertigungstechnologien ergeben, bspw. indem junge Technologien ihren Reifegrad oder Qualität steigern konnten. Bei einer Veränderung der relativen Wichtigkeit der Bewertungskriterien für die Anwendenden ist das Trade-off-Verfahren zur Bestimmung der Nutzengewichte erneut durchzuführen.

5.4 Detaillierung des Interpretationsmoduls

Nach Abschluss des Bewertungsmoduls liegen die Bewertungsergebnisse mit dem monetären und dem nicht-monetären Eignungsgrad zur Skalierung in zwei Teilen vor, welche eine differenzierte Aussage zur Skalierungseignung einer Technologiekette ermöglichen. In diesem Abschnitt wird das Interpretationsmodul beschrieben, welches die Bewertungsergebnisse aufgreift und diese für eine praxisnahe Entscheidungsfindung beim Aufbau einer Fertigung interpretierbar

[410] Durch Anwendung des 3. Skalierungsmechanismus kann die Umgebung U explizit Lösungen außerhalb der ursprünglichen Technologiekette τ_i enthalten. Das Bewertungsergebnis wird dennoch τ_i zugerechnet, da dieses einen maßgeblichen Anteil der Skalierungseignung ebendieser ursprünglichen Technologiekette aufzeigt.

macht. Damit erfolgt im Interpretationsmodul die Überführung der Lösung des Formalproblems in die Lösung des Originalproblems im Sinne der Modelltheorie.[411] Das Interpretationsmodul besteht aus zwei Phasen. Zunächst werden in Unterabschnitt 5.4.1 die monetären und nicht-monetären Bewertungsergebisse zu einem Gesamtergebnis der Skalierungseignung je Technologiekette auf der Fokusebene der Methodik zusammengeführt, sodass die Technologieketten in eine Rangfolge gebracht werden können. In Unterabschnitt 5.4.2 wird mit den Bewertungsergebnissen der Technologieketten ein Rückschluss auf die zugehörigen Fertigungsansätze gezogen.

5.4.1 Phase IV.1: Zusammenführung der Bewertungsergebnisse

Ziel von Phase IV.1 ist das Erzeugen einer absoluten Rangfolge der Technologieketten durch Kombination der monetären und nicht-monetären Skalierungseignung. Dies erfolgt weiterhin innerhalb der Fokusebene der Methodik, sodass je Teilfertigungsansatz e^* der gesamte Skalierungseignungsgrad λ_{ges} skalar gebildet werden kann. Einen Überblick über Phase IV.1 gibt Abbildung 5.31.

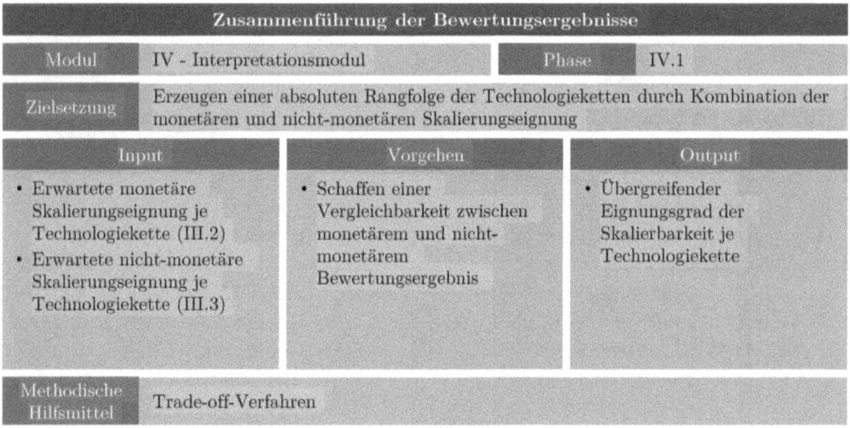

Abb. 5.31: Überblick über Phase IV.1

Der monetäre Eignungsgrad zur Skalierung Λ_K aus Phase III.2 sowie der nicht-monetäre Eignungsgrad zur Skalierung Λ_H aus Phase III.3 dienen als Input von Phase IV.1. Zwischen diesen Teilergebnissen der Bewertung soll nun eine Vergleichbarkeit hergestellt werden, sodass jede Technologiekette mit lediglich einer quantitativen Zielgröße beschrieben werden kann. Zur Gewichtung der beiden Eignungsgrade wird erneut auf das Trade-off-Verfahren zurückgegriffen. Beide Eignungsgrade Λ_K und Λ_H liegen modelliert als Zufallsgröße dimensionslos auf dem Intervall $[0, 1]$ vor, welches direkt für die lineare Gewichtung herangezogen wird, sodass keine neue

[411] Vgl. Abschnitt 4.3.

Wertfunktion benötigt wird. Das Trade-off Verfahren erfordert für $n = 2$ Kriterien $n - 1 = 1$ Indifferenzaussage.

Zur Tätigung der Indifferenzaussage werden zwei Fälle verglichen, für welche durch die Anwendenden eine Indifferenz herzustellen ist. Gleichung 5.31 zeigt die Gegenüberstellung zweier Fälle a und b für die Kriterien Λ_K und Λ_H. In Fall a nimmt Λ_K den Wert 0,5 und Λ_H den Wert 0,5 an.[412] Der Anwender wählt nun $\Lambda_K$für Fall b so, dass er gemeinsam mit Λ_H von 1 in Fall b indifferent zwischen beiden Fällen ist. Für ein einfaches Vorgehen bietet sich wie in diesem Beispiel der Vergleich der Extrem- oder Mittelwerte der jeweiligen Skalen an, jedoch sind auch andere Kombinationen möglich.

$$(\Lambda_K(a) = 0,5;\ \Lambda_H(a) = 0,5) \sim (\Lambda_K(b) = ?\,;\ \Lambda_H(b) = 1) \tag{5.31}$$

Aus der Indifferenzaussage wird zusammen mit der Normierungsvorschrift ein voll bestimmtes lineares Gleichungssystem nach Gleichung 5.32 aufgestellt. Mit dessen Lösung ergeben sich leicht die Kriteriengewichte w_K und w_H.

$$\begin{aligned} w_K \cdot (\Lambda_K(a) - \Lambda_K(b)) + w_H \cdot (\Lambda_H(a) - \Lambda_H(b)) &= 0 \\ w_K + w_H &= 1 \end{aligned} \tag{5.32}$$

Der gesamte Skalierungseignungsgrad λ_{ges} soll als reelle skalare Zielgröße vorliegen. Daher wird jeweils der Erwartungswert μ der als Zufallsgrößen modellierten vorliegenden Eignungsgrade zur Berechnung des gesamten Skalierungseignungsgrads λ_{ges} gebildet. Dieser ergibt sich damit je Technologiekette τ_i nach Gleichung 5.33.

$$\lambda_{ges}(\tau_i) = w_K \cdot \mu(\Lambda_K(\tau_i)) + w_H \cdot \mu(\Lambda_H(\tau_i)) \tag{5.33}$$

Mithilfe von λ_{ges} kann nun leicht eine Rangfolge der Technologieketten τ_i innerhalb eines Teilfertigungsansatzes e^* gebildet werden, wie Tabelle 5.7 beispielhaft für einen Teilfertigungsansatz mit drei Technologieketten zeigt. Mit dieser erhalten die Anwendenden für jeden Teilfertigungsansatz Transparenz über die beste Technologiekette im Sinne der Skalierungseignung. Auf diese Weise wird die Entscheidungsfindung beim Aufbau einer Fertigung von Brennstoffzellen im Hinblick auf die optimalerweise auszuwählenden Fertigungstechnologien unterstützt. Weiterhin ist durch die Angabe des absoluten Gesamtkostenwerts die Praktikabilität durch eine greifbarere finanzielle Einheit gegeben. Damit ist das Ziel von Phase IV.1 erreicht. Der gesamte Skalierungseignungsgrad wird in Phase IV.2 für Rückführung der Erkenntnisse auf ganze Fertigungsansätze ϵ weiterverwendet. Die Methodik ist ab Phase IV.1 neu zu durchlaufen, sofern die Zielsetzung der Anwendenden sich in Bezug auf die Gewichtung zwischen monetären und nicht-monetären Kriterien verschiebt.

[412] Hinweis: Ein höherer monetärer Eignungsgrad Λ_H entpricht geringeren Kosten, siehe Gleichung 5.21.

Rang	Technologie-kette	Gesamter Skalierungseignungsgrad	Nicht-monetärer Eignungsgrad	Monetärer Eignungsgrad	Gesamtkostenwert
1	τ_2	0,8	0,7	0,9	200 €
2	τ_1	0,7	0,8	0,6	300 €
3	τ_3	0,6	0,45	0,75	250 €

Tab. 5.7: Mögliche Rangfolge der Technologieketten nach Skalierungseignungsgrad

5.4.2 Phase IV.2: Rückschluss auf Fertigungsansätze

Phase IV.2 bildet den Abschluss der Methodik. Mit den Erkenntnissen aus der Gestaltung und Bewertung von Technologieketten auf der Fokusebene der Methodik[413] kann nun induktiv auf die Skalierungseignung der Fertigungsansätze auf der Ergebnisebene geschlossen werden. So wird der optimale Fertigungsansatz für das zu fertigende Gesamtprodukt sowie jede Fertigungsteilaufgabe bestimmt. Damit können die Anwendenden die Bewertungsergebnisse für den praxisnahen Einsatz interpretieren. Einen Überblick über Phase IV.2 gibt Abbildung 5.32.

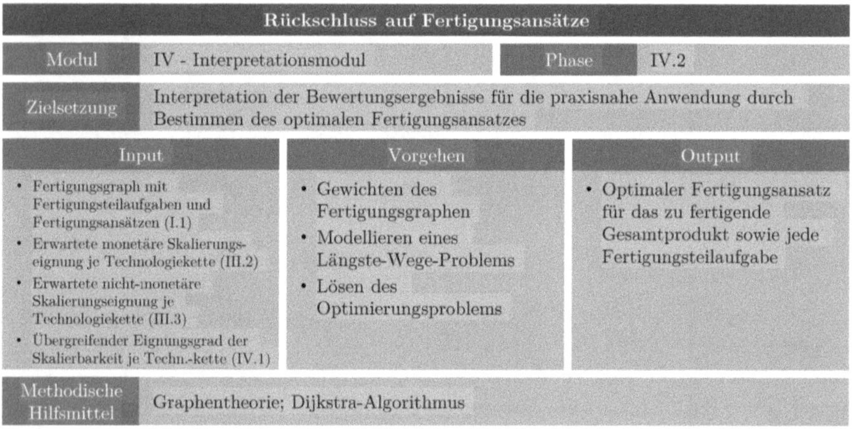

Abb. 5.32: Überblick über Phase IV.2

Auf der Ergebnisebene wird der in Unterabschnitt 5.1.2 modellierte Fertigungsgraph wieder aufgegriffen. Dieser ermöglicht die Verortung der Ergebnisse in einer eindeutigen Struktur. Weiterhin gültig ist entsprechend die Kombination der Teilfertigungsansätze e^* mit ihren zugehörigen Technologieketten τ zu übergreifenden Fertigungsansätzen ϵ nach Gleichung 5.3. Bei steigender Komplexität des Fertigungsgraphen ist ersichtlich, dass ein direkter Vergleich

[413] Vgl. Kapitel 5.

der Skalierungseignungsgrade verschiedener zu Fertigungsansätzen kombinierter Technologieketten schnell zu exponentiell wachsendem Aufwand führt. Daher ist eine optimierte Vorgehensweise erforderlich, welche entlang der Teilfertigungsaufgaben e^* den besten übergreifenden Fertigungsansatz ϵ auswählt. Dazu wird der Fertigungsgraph zu einem gewichteten Graphen weiterentwickelt. Während in der klassischen Graphentheorie die einfachen Kanten e gewichtet werden, geschieht dies im Fertigungsgraphen dieser Methodik für Kantengruppen, d.h. für die Teilfertigungsaufgaben e^*. Die Frage, welche Kombination von Teilfertigungsansätzen, die wiederum Wege durch den Graphen darstellen, den höchsten gesamten Skalierungseignungsgrad bietet, soll in dieser Phase beantwortet werden.

Für das Finden der optimalen Lösung ist die Berechnung der Skalierungseignung eines aus verknüpften Teilfertigungsansätzen e^* bestehenden Fertigungsansatzes ϵ notwendig. Die Skalierungseignung eines Teilfertigungsansatzes wird nach Gleichung 5.34 bestimmt durch die Skalierungseignung der besten zugehörigen Technologiekette, welche aus der jeweiligen Rangfolge aus Phase IV.1 vorliegt.

$$\begin{aligned} \lambda_{ges}(e_i^*) &= \max(\{\lambda_{ges}(\tau_j) \mid j = [1, ..., n]\}) \\ &\text{mit } \tau_j \text{ zugehörig zu } e_i^* \\ &n = \text{Anzahl der zu } e_i^* \text{ zugehörigen Technologieketten} \end{aligned} \tag{5.34}$$

Die kombinierte Skalierungseignung für einen Fertigungsansatz ϵ_i wird durch Bildung des Mittelwertes der Skalierungseignung sämtlicher Teilfertigungsansätze e_j^* des so betrachteten Weges berechnet und ergibt sich nach Gleichung 5.35.

$$\begin{aligned} \lambda_{ges}(\epsilon_i) &= \frac{1}{|E^*|} \cdot \sum_j \lambda_{ges}(e_j^*) \\ &\text{mit } e_j^* \text{ zugehörig zu } \epsilon_i \\ &E^* = \{e_j^* \mid e_j^* \text{ zugehörig zu } \epsilon_i\} \end{aligned} \tag{5.35}$$

Die Skalierungseignung wird definitionsseitig auf Knoten des Graphen, d.h. auf Fertigungsteilaufgaben v, erweitert. Demnach entspricht die Skalierungseignung λ_{ges} zur Herstellung einer Fertigungsteilaufgabe v_i dem Fertigungsansatz ϵ, für welchen v_i den Zielknoten des letzten Teilfertigungsansatzes darstellt. Dieser bestmögliche Weg durch den Fertigungsgraphen bis zum Knoten v_i ist nun zu bestimmen, was sich als modifiziertes Längste-Wege-Problem auffassen lässt.

Zur Lösung des Längste-Wege-Problems wird ein Optimierungsalgorithmus auf Basis des Algorithmus von Dijkstra entwickelt. Der Algorithmus von Dijkstra berechnet in der klassischen Graphentheorie die kürzesten Wege von einem Knoten v_1 zu allen übrigen Knoten $v_i \in V(G)$ mit $i \neq 1$ in einem gerichteten, gewichteten Graphen.[414] Der berechnete Weg ist dabei definiert

[414] Vgl. Briskorn (Operations Research) 2020, S. 296.

durch ein Tupel aus n Knoten $(v_1, v_2, ..., v_n) \in V^n$, $n \in \mathbb{N}$, die durch eine sequentielle Folge von Kanten $\{v_k, v_{k+1}\} \in E, 1 \leq k \leq n$ miteinander verbunden sind. Da ein Teilfertigungsansatz e^* als eine Gruppe von Kanten und nicht als einzelne Kante zwischen zwei Knoten v definiert ist, wird der Algorithmus von Dijkstra dahingehend angepasst. Zudem wird dieser so verändert, dass anstatt eines Kürzeste-Wege-Problems das hier vorliegende Längste-Wege-Problem gelöst werden kann. Algorithmus 3 zeigt den entwickelten Optimierungsalgorithmus zur Lösung des Längste-Wege-Problems im gewichteten Fertigungsgraphen.

Algorithmus 3: Optimierungsalgorithmus zur Suche des besten Fertigungsansatzes

```
Initialisiere abzuarbeitende Menge an Fertigungsteilaufgaben V' := {v_i | ∃ e* : v*(e*) = v_i} und an
  Teilfertigungsansätzen E*' := E*
Initialisiere Skalierungseignung λ_ges(v_i) := 0 ∀v_i ∈ V'
Optimiere Knoten: while V' ≠ ∅ do
    foreach e*_k ∈ E*' do
        if ∄ v_j ∈ v̄(e*_k) : v_j ∈ V' then
            Berechne λ*_ges(v_i) nach Gleichung 5.36
            if λ*_ges(v_i) > λ_ges(v_i) then
                Setze λ_ges(v_i) = λ*_ges(v_i)
                Setze e*_k als optimalen Teilfertigungsansatz zur Fertigung von v_i
                Aktualisiere abzuarbeitende Menge an Teilfertigungsansätzen E*' = E*' \ {e*_k}
            end
            if ∄ e* ∈ E*' : v_i = v*(e*) then
                V' = V' \ {v_i}
            end
        end
    end
end
```

Zunächst werden die abzuarbeitenden Mengen an Fertigungsteilaufgaben und Teilfertigungsansätzen definiert. Zu Beginn entspricht V' dabei, anders als beim eigentlichen Algorithmus von Dijkstra, nicht der vollständigen Knotenmenge V, sondern beinhaltet lediglich diejenigen Knoten, die einen Zielknoten v^* eines beliebigen Teilfertigungsansatzes darstellen, d.h. nicht als Quellen des Fertigungsgraphen in Erscheinung treten. Die Menge abzuarbeitender Teilfertigungsansätze $E^{*\prime}$ entspricht initial der vollständigen Menge der Teilfertigungsansätze $E^{*\prime} = E^*$. Anschließend wird die Skalierungseignung sämtlicher Knoten mit $\lambda_{ges}(v_i) = 0$ initialisiert, um für diese mithilfe des Optimierungsalgorithmus jeweils das Maximum zu finden.

Aufbauend auf diesen Vorarbeiten erfolgt nun die eigentliche Optimierung, indem die abzuarbeitende Menge an Teilfertigungsansätzen $E^{*\prime}$ so lange durchlaufen wird, bis sämtliche Knoten der abzuarbeitenden Knotenmenge V' optimal sind. Dabei werden abgearbeitete Knoten v_i aus der Menge V' entfernt, bis die abzuarbeitende Menge $V' = \emptyset$ leer ist.

Für jeden Teilfertigungsansatz e_k^* aus der abzuarbeitenden Menge $E^{*\prime}$ wird zunächst geprüft, ob dieser abgearbeitet werden kann. Ein Teilfertigungsansatz e_i^* kann abgearbeitet werden, falls keiner dessen Startknoten $\overline{v}(e_k^*)$ Element der abzuarbeitenden Menge V' ist. Dies ist entweder der Fall, wenn ein Knoten bereits optimal ist und somit aus V' entfernt wurde oder es sich um eine Quelle des Graphen handelt.

Anschließend wird die neue Skalierungseignung $\lambda^*_{ges}(v_i)$, die sich bei Wahl des aktuell betrachteten Teilfertigungsansatzes e^*_k für dessen Zielknoten $v_i = v^*(e^*_k)$ ergeben würde, nach Gleichung 5.36 berechnet. Dabei liegt der Berechnung derjenige mögliche, neue Weg durch den Fertigungsgraphen zugrunde, der sowohl den aktuellen Teilfertigungsansatz e^*_k als auch die jeweils optimalen Fertigungsgansätze zur Herstellung von dessen Startknoten $\overline{v}(e^*_k)$ enthält. Der einzusetzende Fertigungsansatz ϵ_l kann also noch unvollständig sein, sofern die Fertigungsteilaufgabe nicht dem zu fertigenden Gesamtprodukt entspricht.

$$\begin{aligned} \lambda^*_{ges}(v_i) &= \lambda_{ges}(\epsilon_l) \\ \text{mit } v_i &= v^*(e^*_k) \\ \epsilon_l &= \{..., e^*_k\} \end{aligned} \tag{5.36}$$

Falls die mögliche neue Skalierungseignung $\lambda^*_{ges}(v_i)$ die bisherige Skalierungseignung $\lambda_{ges}(v_i)$ übersteigt, wird die Skalierungseignung des Knotens überschrieben. Zusätzlich wird der Teilfertigungsansatz e^*_i als neuer, optimaler Teilfertigungsansatz zur Herstellung der Fertigungsteilaufgabe v_i festgelegt. Der Teilfertigungsansatz ist anschließend vollständig abgearbeitet und wird aus der abzuarbeitenden Menge $E^{*\prime}$ entfernt. Abschließend wird für v_i geprüft, ob in der Menge $E^{*\prime}$ weitere Teilfertigungsansätze vorhanden sind, die v_i als Zielknoten besitzen. Ist dies nicht der Fall, ist ein optimaler Fertigungsansatz, der v_i als Zielknoten besitzt, gefunden. Somit ist v_i vollständig abgearbeitet und wird aus der abzuarbeitenden Knotenmenge V' entfernt. Sobald es keine weiteren, abzuarbeitenden Knoten mehr gibt, sodass $V' = \emptyset$ gilt, ist die Optimierung abgeschlossen.

Abbildung 5.33 zeigt beispielhaft den zuvor aufgestellten Fertigungsgraphen. Als optimaler Fertigungsansatz wurde $\epsilon = \{e^*_3, e^*_4\}$ ermittelt, welche im Fertigungsgraphen hervorgehoben sind. Der Fertigungsansatz ϵ beinhaltet dabei die Fertigungsteilaufgaben ν_1, ν_3, ν_4 und ν_5.

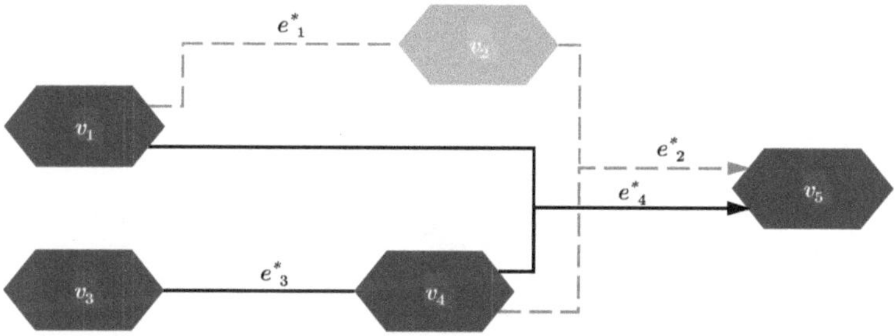

Abb. 5.33: Fertigungsgraph mit Hervorhebung des optimalen Fertigungsansatzes

Zur Herstellung jeder Fertigungsteilaufgabe einschließlich des zu fertigenden Gesamtprodukts ist damit der jeweils optimale Fertigungsansatz bestimmt. Somit ist die induktive Ableitung der am besten geeigneten Teilfertigungsansätze aus dem Ranking sämtlicher Technologieketten durchgeführt und das Ziel von Phase IV.2 erreicht. Mit dem Abschluss von Phase IV.2 ist die Methodik vollendet. Für eine differenziertere Interpretation der finalen Bewertungsergebnisse können die Anwendenden für die gefundenen optimalen Fertigungsansätze wiederum die zugrundeliegenden Technologieketten in Bezug auf ihre als Zufallsgrößen modellierten Kosten- und Nutzenwerte der jeweiligen einzelnen Bewertungskriterien in ihre Entscheidungsfindung einbeziehen. Wie in Abschnitt 4.2 konzipiert ist eine Vollkosten- oder Profitabilitätsrechnung explizit kein Ziel der Methodik. Dennoch können die Ergebnisse genutzt werden, um aus diesen eine Investitionsplanung oder einen business case für den Aufbau einer realen Fertigung weiterzuentwickeln. Dazu können vor allem folgende, in der Methodik im Sinne des Verkürzungsmerkmals bei allen Fertigungsansätzen konkomitant auftretenden und daher nicht berücksichtigten Einflussgrößen einbezogen werden:

- Planungs- und Beratungsaufwände für Produktion und Gebäude
- Opportunitäts- bzw. Kapitalbindungskosten der Investitionen
- Aufwände für Genehmigungs- und Prüfverfahren
- Aufwände für Anlauf, Arbeitsvorbereitung, und serienbegleitende Entwicklung
- Kosten für Logistik und Lagerhaltung
- Kosten für die Lieferantenentwicklung bzw. Qualitätssicherung der Kaufteile
- Gewinnmargen

6 Validierung der Methodik

Für den Forschungsprozess dieser Arbeit, welcher wie in Kapitel 1 erläutert den normalen Wissenschaften nach KUHN zugeordnet werden kann, wurde der systemtheoretische Ansatz nach ULRICH ET AL. als grundlegendes Vorgehen herangezogen. Demnach beginnt und endet der Forschungsprozess in der Praxis. Nachdem Abschluss der Entwicklung der Methodik in Kapitel 5 erfolgt daher in diesem Kapitel eine Überprüfung und Einordnung vor dem Hintergrund der Anwendbarkeit im industriellen Umfeld. In Abschnitt 6.1 wird die Methodik beispielhaft zur Herstellung eines Brennstoffzellenstacks angewendet. Anschließend werden die Erkenntnisse in Abschnitt 6.2 kritisch reflektiert.

6.1 Anwendung der Methodik

Die Anwendung der Methodik erfolgt anhand der vier Module mit insgesamt neun Phasen, welche sequentiell durchlaufen werden. Für die technischen und kostenbezogenen Eingangsdaten werden die Erfahrungen des Autors aus einer Vielzahl von Industrie- und Forschungsprojekten mit Bezug zur Produktion von Brennstoffzellen aus der Tätigkeit als wissenschaftlicher Mitarbeiter am Lehrstuhl PEM der RWTH Aachen herangezogen. Die Grundlage bildet konkret ein Ausschnitt der Herstellung eines Brennstoffzellenstacks aus einem im Jahr 2021 durchgeführten Konsortialprojekt. In diesem wurden mit insgesamt 13 beteiligten Unternehmen aus der Zuliefererindustrie sowie dem Maschinen- und Anlagenbau sowie einem Fahrzeughersteller auf Basis eines realen Zelldesigns und einer bestehenden Pilotlinie, welche mittelfristig für größere Stückzahlen skaliert werden soll, mögliche zukünftige Produktionskonzepte und einsetzbare Fertigungstechnologien diskutiert und daraus Technologieketten und Invesitions- sowie Betriebskosten abgeleitet. Die Anwendung der Methodik wird somit anhand dieses Praxisbeispiels durchgeführt. Dabei werden einige Zusammenhänge verkürzt oder leicht abgeändert dargestellt, um die Anonymität der Unternehmen und die Geheimhaltung sensibler Informationen zu wahren. Aufgrund der insbesondere im Bewertungsmodul erforderlichen komplexen Rechenoperationen mit großen Datenmengen wird die Anwendung durch eine softwareseitige Implementierung unterstützt.

6.1.1 Initiierungsmodul

Den Beginn der Anwendung markiert wie in der Methodik vorgesehen die Phase I.1 des Initiierungsmoduls. Zunächst wurde die Struktur des bestehende Produktdesigns aus dem eingangs beschriebenen Projektkontext auf Zell- und Stackebene analysiert. Vorläufige Fertigungszeichnungen wurden gesichtet und die Materialkombinationen festgelegt. Die zusätzlich zugrundeliegenden Produktinformationen zeigt Tabelle 6.1.

Produktinformation	Ausprägung	Einheit
Elektrische Nettoleistung Stack	95	kW
Anzahl Zellen je Stack	350	Stück
Breite Wiederholteil*	125	mm
Länge Wiederholteil*	400	mm
Aktive Fläche	320	mm
Flächenbezogene Leistung	$0,95$	W/cm^2
Typ der Bipolarplatte	metallisch	
Verspannprinzip	Spannbänder	
Stackhöhe komprimiert	334	mm

* Im realen Produktdesign besitzt die MEA i.d.R. ein geringes Aufmaß gegenüber der BPP, um eine ausreichende Isolation zur gewährleisten. Diese Differenz wird hier vernachlässigt.

Tab. 6.1: Anforderungsliste relevanter Produktbestandteile des Beispielstacks

Anschließend wurden mögliche Zwischenzustände während der Fertigung identifiziert und darauf aufbauend die Fertigungsteilaufgaben modelliert. Für eine handhabbare Komplexität wurde davon ausgegangen, dass die Wiederholteile zugekauft werden und deren Herstellung daher nicht Teil der Betrachtung ist. Insgesamt ergaben sich auf diese Weise fünf herzustellende Fertigungsteilaufgaben $\nu_1 - \nu_5$ zuzüglich weiteren fünf Fertigungsteilaufgaben als Eingangsmaterial $\nu_6 - \nu_{10}$. Die zugehörige Design Structure Matrix zur Analyse der sequentiellen Abhängigkeiten ist in Abbildung 6.1 dargestellt.

		v_1	v_2	v_3	v_4	v_5	v_6	v_7	v_8	v_9	v_{10}
MEA Einzelblatt	v_1	0	0	0	1	0	0	0	0	0	0
BPP gefügtes Einzelblatt	v_2	0	0	0	1	0	0	0	0	0	0
Montierte Zelle Sandwich	v_3	0	0	0	1	0	0	0	0	0	0
Montierter Stack ohne Gehäuse	v_4	0	0	0	0	1	0	0	0	0	0
Finalisierter Stack	v_5	0	0	0	0	0	0	0	0	0	0
MEA bahnförmig	v_6	1	0	1	0	0	0	0	0	0	0
BPHP Anode bahnförmig	v_7	0	1	1	0	0	0	0	0	0	0
BPHP Kathode bahnförmig	v_8	0	1	1	0	0	0	0	0	0	0
Stackvormontage	v_9	0	0	0	1	0	0	0	0	0	0
Gehäuse	v_{10}	0	0	0	0	1	0	0	0	0	0

Abb. 6.1: Fertigungsteilaufgaben mit ihren sequentiellen Abhängigkeiten

Mithilfe des im Konsortialprojekt vorhandenen Expertenwissens wurden die technisch sinnvollen Kombinationen der Fertigungsteilaufgaben zum Gesamtprodukt Brennstoffzellenstack festgelegt. Durch Analyse der jeweiligen Start- und Zielknoten wurden insgesamt 6 Teilfertigungsansätze aufgestellt. Daraus wurde als Ergebnis von Phase I.1 der Fertigungsgraph modelliert, welchen Abbildung 6.2 zeigt.

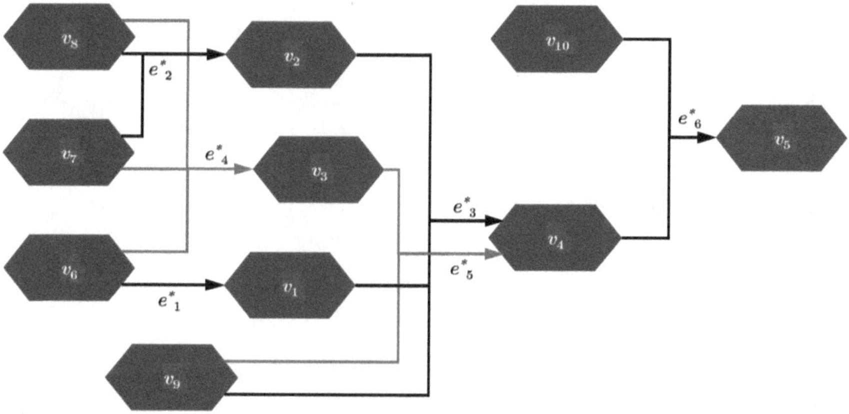

Abb. 6.2: Fertigungsgraph des Anwendungsbeispiels

In Phase I.2 wurden die Anforderungen an die Fertigungsteilaufgaben konkretisiert. Hierzu wurde das Featuremodell eingesetzt und wo immer möglich quantitative Ausprägungen formuliert.

Auf diese Weise erhielten alle Fertigungsteilaufgaben eine eineindeutige Beschreibung ihrer Eigenschaften. Dabei besaßen insbesondere solche Anforderungen eine hohe Relevanz, welche für die spätere Suche von Fertigungstechnologien notwendig waren. Für die Fertigungsteilaufgabe 8 zeigt Abbildung 6.3 die Anforderungen des Anwendungsbeispiels, wo hilfreich in Form von quantitativen Flexibilitätskorridoren.

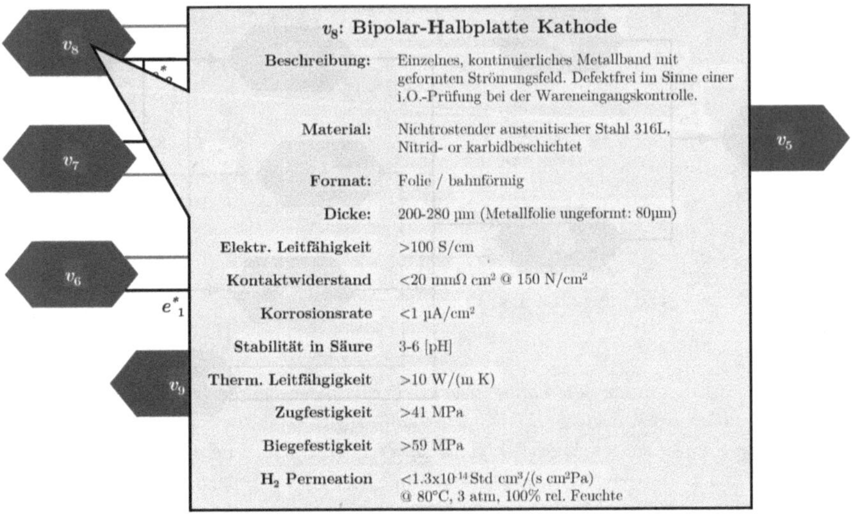

Abb. 6.3: Beschreibung und Anforderungen der Fertigungsteilaufgabe 8

Die Kernergebnisse des Initiierungsmoduls mit dem Fertigungsgraphen und den Anforderungen der Fertigungsteilaufgaben dienten als Eingangsdaten für das folgende Gestaltungsmodul.

6.1.2 Gestaltungsmodul

Im sich anschließenden Gestaltungsmodul wurden in Phase II.1 mögliche Technologiealternativen identifiziert. Zunächst wurden dazu für jeden Teilfertigungsansatz die eingeschlossenen Fertigungsschritte ermittelt, wobei noch keine Reihenfolge gebildet wurde. Die Fertigungsschritte wurden als Substantiv-Verb-Kombination formuliert, um einen möglichst hohen Abstraktionsgrad zu gewährleisten. Mithilfe je einer Beziehungsmatrix in Gestalt einer Domain Mapping Matrix wurden die Einflüsse eines jeden Fertigungsschritts auf die Ausprägungen der Anforderungen binär analysiert. Mithilfe dieser Datenstrukturen wurde der Suchraum für die jeweils zur Konkretisierung eines Fertigungschritts einsetzbaren Fertigungstechnologien aufgespannt.

Dank der im Konsortialprojekt versammelten Unternehmen aus dem Maschinen- und Anlagenbau konnte eine umfassende Informationsbasis zu den möglichen Fertigungstechnologien projektintern aggregiert werden. Tabelle 6.2 zeigt die weiteren für die Technologieidentifikation im Rahmen der Anwendung der Methodik genutzten Informationsquellen basierend auf den in Unterabschnitt 5.2.1 vorgeschlagenen Informationsquellen in Anlehnung an GREITEMANN.

Informationsquelle	Anwendung
Externe Experten	•
Forschungsinstitute und Universitäten	•
Interne Experten	•
Internet	•
Interne Berichte und Datenbanken	•
Kapitalmarkt	
Komitees und Verbände	•
Kommerzielle Veranstaltungen	
Kooperationen mit Unternehmen	•
Öffentliche Förderprogramme	•
Patente	•
Persönliche Kontakte	•
Schriftliche Publikationen	•
Technologiestudien	•
Wissenschaftliche Veranstaltungen	•

Tab. 6.2: Eingesetzte Informationsquellen zur Technologieidentifikation

Die identifizierten Technologien wurden mithilfe von Technologiesteckbriefen dokumentiert. Zwecks elektronischer Verarbeitbarkeit wurden diese unter Beibehaltung der Grobstruktur nach Abbildung 5.12 in Microsoft Excel angelegt. Insgesamt wurden 20 Fertigungstechnologien mit 36 Fertigungsressourcen für das Anwendungsbeispiel ausgearbeitet.

In Phase II.2 erfolgt die Aufstellung der Technologieketten. Hierzu wurden zunächst die sequentiellen Abhängigkeiten der Fertigungsschritte mithilfe der jeweiligen Sequenzmatrix in Form einer Design Structure Matrix untersucht. Aus der daraus entnommenen Reihenfolge der Fertigungsschritte wurden kombinatorisch Technologieketten gebildet. Die entstandenen insgesamt 15 Technologieketten, zugehörig zu den 6 Teilfertigungsansätzen, zeigt in dieser Logik Tabelle 6.3.

Die nun erzeugten systematisierten Technologieketten samt der Informationen aus den Technologiesteckbriefen dienten als Eingangsinformationen für das folgende Bewertungsmodul.

Teilfertigungsansatz	Technologiekette	Fertigungstechnologien						
e_1^*	τ_1	$t_4 \prec$	$t_6 \prec$	t_7				
	τ_2	$t_5 \prec$	$t_6 \prec$	t_7				
e_2^*	τ_3	$t_{16} \prec$	$t_{18} \prec$	$t_6 \prec$	t_7			
	τ_4	$t_{17} \prec$	$t_{18} \prec$	$t_6 \prec$	t_7			
	τ_5	$t_{16} \prec$	$t_{19} \prec$	$t_6 \prec$	t_7			
	τ_6	$t_{17} \prec$	$t_{19} \prec$	$t_6 \prec$	t_7			
e_3^*	τ_7	$t_6 \prec$	$t_{20} \prec$	$t_9 \prec$	$t_{10} \prec$	$t_{12} \prec$	$t_{13} \prec$	t_{14}
	τ_8	$t_6 \prec$	$t_{20} \prec$	$t_9 \prec$	$t_{11} \prec$	$t_{12} \prec$	$t_{13} \prec$	t_{14}
e_4^*	τ_9	$t_{18} \prec$	$t_1 \prec$	$t_2 \prec$	$t_3 \prec$	$t_4 \prec$	$t_6 \prec$	t_7
	τ_{10}	$t_{18} \prec$	$t_1 \prec$	$t_2 \prec$	$t_3 \prec$	$t_5 \prec$	$t_6 \prec$	t_7
	τ_{11}	$t_{19} \prec$	$t_1 \prec$	$t_2 \prec$	$t_3 \prec$	$t_4 \prec$	$t_6 \prec$	t_7
	τ_{12}	$t_{19} \prec$	$t_1 \prec$	$t_2 \prec$	$t_3 \prec$	$t_5 \prec$	$t_6 \prec$	t_7
e_5^*	τ_{13}	$t_8 \prec$	$t_9 \prec$	$t_{10} \prec$	$t_{12} \prec$	$t_{13} \prec$	t_{14}	
	τ_{14}	$t_8 \prec$	$t_9 \prec$	$t_{11} \prec$	$t_{12} \prec$	$t_{13} \prec$	t_{14}	
e_6^*	τ_{15}	$t_{15} \prec$	t_9					

Tab. 6.3: Gebildete Technologieketten für das Praxisbeispiel

6.1.3 Bewertungsmodul

Im Bewertungsmodul wurden die Technologieketten hinsichtlich ihrer monetären sowie nicht-monetären Skalierungseignung bewertet. Um die durchzuführenden Rechenoperationen abzubilden, wurde ein Software-Tool in MathWorks Matlab 2019b implementiert. In diesem werden sowohl die Grundannahmen und Simulationsparameter hinterlegt als auch die Bewertung nach den in Abschnitt 5.3 und Abschnitt 5.4 entwickelten Algorithmen u.a. zur Monte-Carlo-Simulation automatisiert durchgeführt. Für das Software-Tool wurde eine grafische Benutzeroberfläche entworfen, welche die Funktionalitäten in mehreren Ansichten verortet.

Bei der Festlegung der grundlegenden Simulationsparameter wurde zwischen hohem Detailgrad und akzeptabler Rechenzeit abgewogen und dazu $n_{sim} = 1000$ und $n_{mc} = 1000$ festgelegt. Für die Abtastung der Intervalle in den Eingangsdaten wurde eine Normalverteilung mit einer Streuung von $\pm 2\sigma$ und eine Abtastrate von $\nu = 100$ gewählt.[415]

In Phase III.1 wurde die Bewertung vorkonfiguriert. Dies beinhaltete insbesondere das Modellieren der Stückzahlverteilung mithilfe der Dempster-Shafer-Evidenztheorie. Dazu wurden im Konsortium des Projekts verschiedene Marktanalysen untersucht und je nach subjektiver Relevanz unter den Projektpartnern mit einer Evidenz belegt. So ließen sich mehrere Ausbaustufen der Produktion ableiten, wie in Tabelle 6.4 zusammenfasst.[416]

[415] Die Festlegung der Simulationsparameter erfolgt im Software-Tool in der Ansicht „Dateien einlesen".
[416] Die Eingabe und Berechnung der Stückzahlen erfolgt im Software-Tool in der Ansicht „Anwendungskonfiguration".

Nr.	Stückzahl je Planungsperiode	Evidenz
(i)	3.000 – 125.000	80%
(ii)	28.000 – 34.000	60%
(iii)	94.000 – 125.000	40%

Tab. 6.4: Planung der Stückzahlszenarien für das Anwendungsbeispiel

Außerdem wurden die zu den Technologieketten gehörenden Fertigungsfolgen generiert. Diese stark formalisierte Bildung der Fertigungsfolgen wurde komplett im Software-Tool implementiert. Mit den 20 Fertigungstechnologien und 36 Fertigungsressourcen ergaben sich 356 einzelne Fertigungsfolgen.

In Phase III.2 erfolgte die Bewertung der monetären Skalierungseignung. Zunächst wurden globale Kostenparameter anhand von in Deutschland üblichen Kostensätzen für Industriestrom und Fertigungspersonal hinterlegt.[417]

Anschließend wurden die Einzeltechnologien bewertet. Hierzu wurden die Technologiesteckbriefe mit monetären Daten erweitert. Die Preise für bspw. Materialien sowie Maschinen und Anlagen wurden mithilfe des Expertenwissens im Konsortium als Intervall abgeschätzt. Für einige Fertigungsressourcen konnte zudem auf Angebote externer Hersteller zurückgegriffen werden. Die Diskretisierung und Modellierung der parametrierten Daten als zufällige Größe wurde softwareseitig automatisiert durchgeführt.

Zur monetären Bewertung der Technologieketten wurde der in Unterabschnitt 5.3.2 entwickelte Algorithmus 1 implementiert und unter Einbezug aller vorhandenen Daten ausgeführt. Die Ergebnisse, welche das Software-Tool in der Ansicht „Technologieketten"–„Monetäre Bewertung" ausgibt, sind in Abbildung 6.4 dargestellt. Darin befindet sich rechts eine Auflistung der Technologieketten, wobei jeweils eine durch Anklicken ausgewählt werden kann. In Abbildung 6.4 ist exemplarisch Technologiekette 14 ausgewählt.[418] Für die ausgewählte Technologiekette werden daraufhin die Bewertungsergebnisse angezeigt. So finden sich im unteren Bereich die Histogramme zu den vier Kritierien Materialkosten, Investitionskosten, Personalkosten und Sonstige Kosten. Oben wird zentral die resultierende monetäre Skalierungseignung, hier in Form des Gesamtkostenwerts in € dargestellt. Auf der linken Seite befinden sich die Stückzahlszenarien. Diese können für genauere Erkenntnisse einzeln zu- und abgewählt werden. Mithilfe der in den Histogrammen überlagert dargestellten Szenarien ist ersichtlich, dass erwartungsgemäß eine Degression der Gesamtkosten bei steigender Stückzahl stattfindet.

[417] Die Eingabe der Kostenparameter erfolgt im Software-Tool in der Ansicht „Anwendungskonfiguration".
[418] Aus Gründen der besseren Maschinenlesbarkeit wurden die in der Methodik verwendeten Symbole im Software-Tool durch Abkürzungen ersetzt, bspw. TK für Technologiekette.

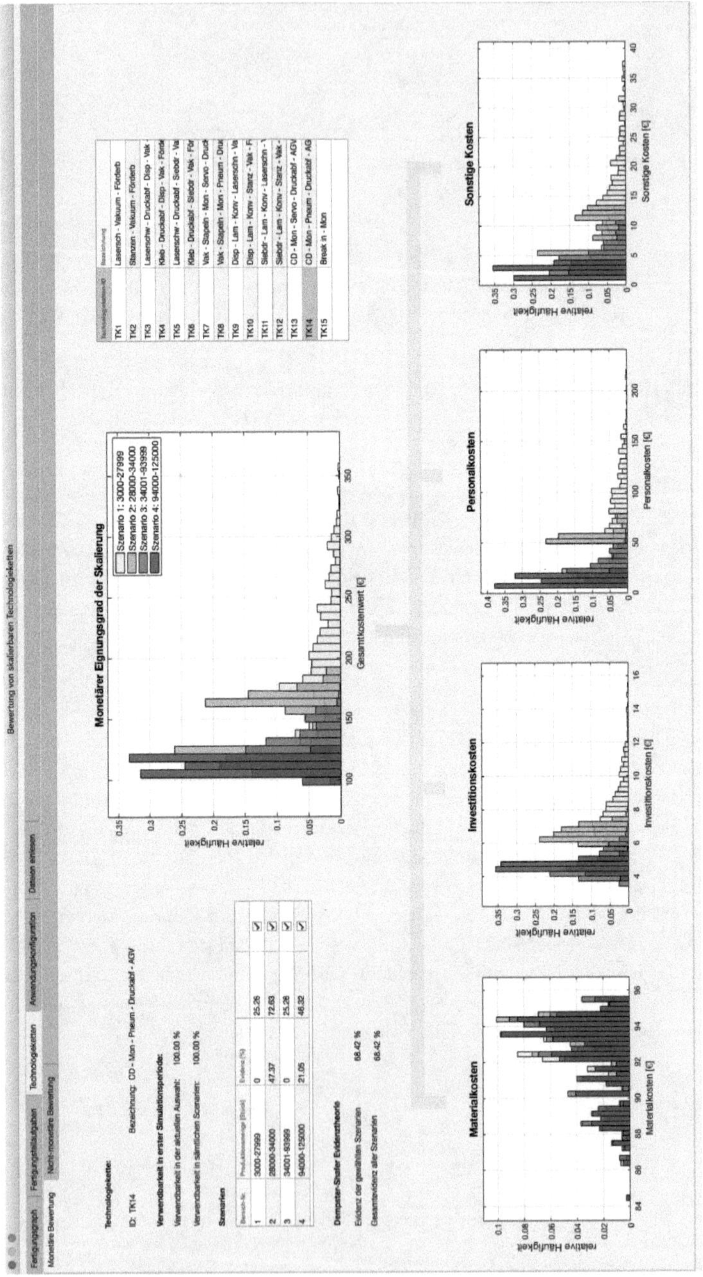

Abb. 6.4: Ansicht des Software-Tools: Technologieketten – Monetäre Bewertung

In Phase III.3 wurde in Analogie dazu die Bewertung der nicht-monetären Skalierungseignung durchgeführt. Im Unterschied zu Phase II.2 erfolgte zunächst die Initialisierung der Nutzengewichte. Dazu wurden drei Indifferenzaussagen getätigt und die Nutzengewichte nach dem Trade-off Verfahren softwaretechnisch ermittelt. Mit den Indifferenzaussagen ergeben sich die Nutzengewichte nach Tabelle 6.5. Die Ansicht „Anwendungskonfiguration“, welche die Gewichtung erlaubt, ist in Abbildung 6.5 gezeigt.

Kriterium	Nutzengewicht
Skalierungspotenzial	31,37%
Veränderungsgrad	27,45%
Qualität	20,53%
Reifegrad	17,65%

Tab. 6.5: Nutzengewichte der nicht-monetären Bewertungskriterien für das Anwendungsbeispiel

Anschließend wurden die Einzeltechnologien bewertet. Hierzu wurden die Technologiesteckbriefe mit nicht-monetären Daten erweitert. Die Ausprägungen der Qualität und des Reifegrads wurden mithilfe des Expertenwissens im Konsortium bewertet.

Zur nicht-monetären Bewertung der Technologieketten wurde der in Unterabschnitt 5.3.3 entwickelte Algorithmus 2 implementiert und unter Einbezug aller vorhandenen Daten ausgeführt. Die Ergebnisse, welche das Software-Tool in der Ansicht „Technologieketten“–„Nicht-monetäre Bewertung“ ausgibt, sind in Abbildung 6.6 dargestellt. Exemplarisch ist Technologiekette 14 in der Liste ausgewählt. Für die ausgewählte Technologiekette werden daraufhin die Bewertungsergebnisse angezeigt. Im unteren Bereich finden sich die Histogramme zu den vier Kriterien Skalierungspotenzial, Veränderungsgrad, Qualität und Reifegrad. Oben wird zentral die resultierende nicht-monetäre Skalierungseignung dargestellt. Auf der linken Seite befinden sich erneut die Stückzahlszenarien, welche einzeln zu- und abgewählt werden.

Mit den vorliegenden Bewertungsergebnissen zur monetären und nicht-monetären Skalierungseignung auf Ebene der Technologieketten wurde das Bewertungsmodul abgeschlossen. Die Ergebnisse dienten als Eingangsinformationen für das Interpretationsmodul.

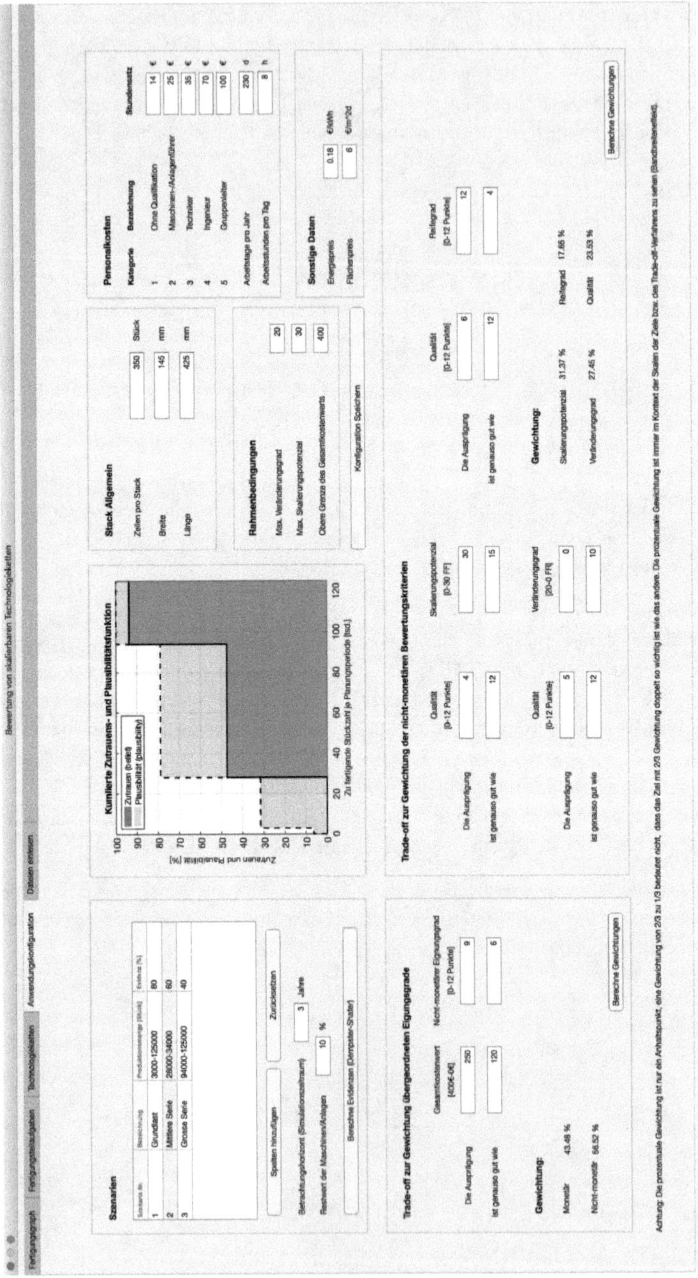

Abb. 6.5: Ansicht des Software-Tools: Anwendungskonfiguration

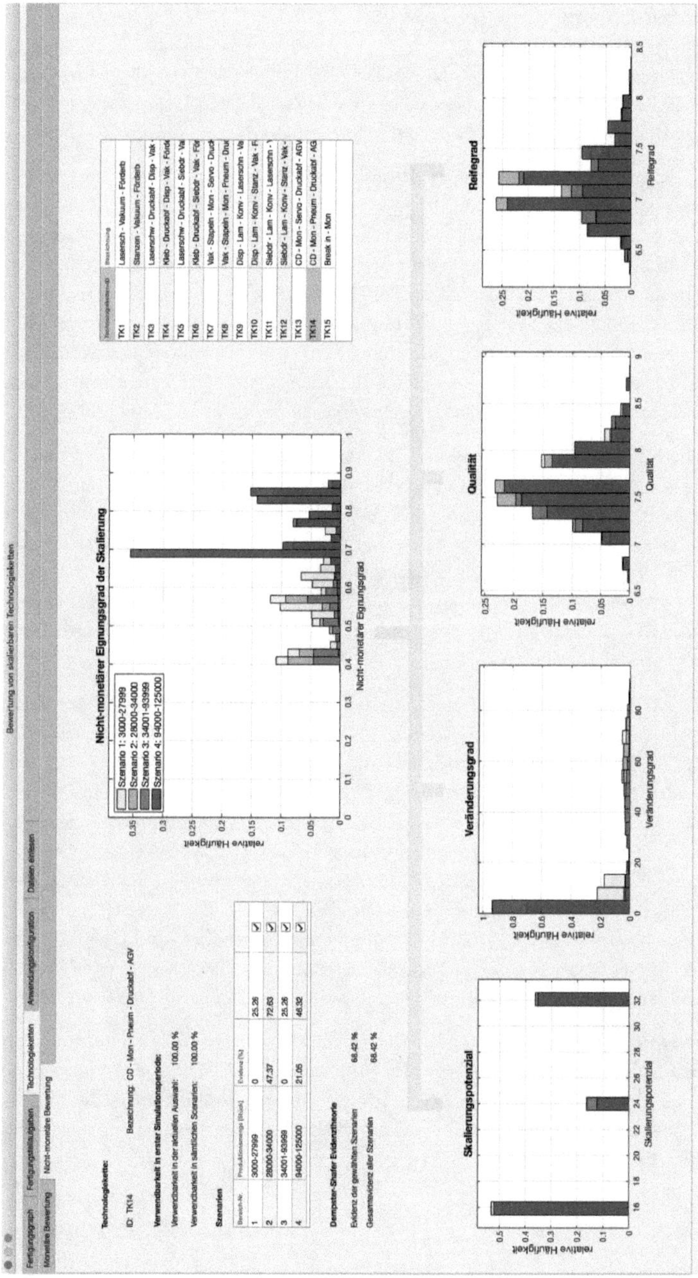

Abb. 6.6: Ansicht des Software-Tools: Technologieketten – Nicht-monetäre Bewertung

6.1.4 Interpretationsmodul

Das Interpretationsmodul bildete den Abschluss der Anwendung der Methodik. Mithilfe der Zusammenführung der monetären und nicht-monetären Bewertungsergebnisse zu einem Gesamtergebnis konnten Erkenntnisse auf die Ebene der Fertigungsansätze zurückgeführt werden.

In Phase IV.1 wurde die Vergleichbarkeit zwischen monetären und nicht-monetären Bewertungsergebnissen mithilfe des Trade-off Verfahrens geschaffen. Dazu wurde eine Indifferenzaussage vorgenommen und die Kriteriengewichte ermittelt.[419] Mit dem damit errechneten gesamten Skalierungseignungsgrad je Technologiekette konnte innerhalb jedes Teilfertigungsansatzes ein Ranking der Technologieketten aufgestellt werden. Dieses wird im Software-Tool in der Ansicht „Fertigungsgraph", welche in Abbildung 6.7 dargestellt ist, unten rechts in Tabellenform ausgegeben. Mithilfe einer automatisierten Darstellung des Fertigungsgraphen lässt sich hier jeder Teilfertigungsansatz durch Anklicken auswählen. Im Beispiel ist Teilfertigungsansatz 4 gezeigt. Die beste Technologiekette zeigt hier einen gesamten Eignungsgrad zur Skalierung von 0,72.

Für die beteiligten Unternehmen am Konsortialprojekt konnten somit mehrere Erkenntnisse erzielt werden. Zum einen konnte anhand der Rankings der Technologieketten ein Beitrag zur Entscheidungsfindung zur Erweiterung der bei einem Partner bestehenden Pilotlinie sowohl in Bezug auf Kosten als auch die zukünftige Skalierbarkeit geleistet werden. Zum anderen erhielten die Partner wertvolle Informationen zur Eignung verschiedener Fertigungstechnologien für die zukünftige Brennstoffzellenproduktion. Insbesondere Maschinen- und Anlagenbauer konnten so genauer einschätzen, inwiefern ihre angebotenen Technologien in diesem Bereich Potenzial besitzen.

In Phase IV.2 wurde auf Basis der jeweiligen gesamten Skalierungseignung der optimale Fertigungsansatz für den zu fertigenden Brennstoffzellenstack berechnet. Hierzu wurde der in Unterabschnitt 5.4.2 entwickelte Algorithmus 3 implementiert und ausgeführt. Der optimale Fertigungsansatz ist in der Ansicht „Fertigungsgraph" durch eine breitere, durchgehende Linie hervorgehoben. Außerdem werden unten links die aggregierten Eignungsgrade angezeigt. Hier ist zu erkennen, dass für die Herstellung des gesamten Brennstoffzellenstacks über den optimalen Fertigungsansatz Kosten von 403, 58€ pro Stack erwartet wurden, bezogen auf den hier betrachteten Ausschnitt der gesamten Brennstoffzellenfertigung. Die Ansicht „Fertigungsteilaufgaben" des Software-Tools zeigt zudem detailliertere Eignungsgrade und Gesamtkostenwerte in Form von Histogrammen abhängig Stückzahlszenario. Hier lassen sich sowohl der Stack als Gesamtprodukt als auch die einzelnen Fertigungsteilaufgaben auswählen.

Diesen Ergebnissen konnten die beteiligten Unternehmen somit vor allem quantitative Informationen zur Kostendegression bei steigender Stückzahl entnehmen. Diese sind von großer Relevanz für die Einschätzung der Nachfrage in verschiedenen Anwendungsfällen und damit verbunden das eigene Umsatzpotenzial bei einem Markteintritt in die Brennstoffzellenproduktion oder -zulieferindustrie.

[419] Die Berechnung der Gesamtgewichtung erfolgt im Software-Tool in der Ansicht „Anwendungskonfiguration".

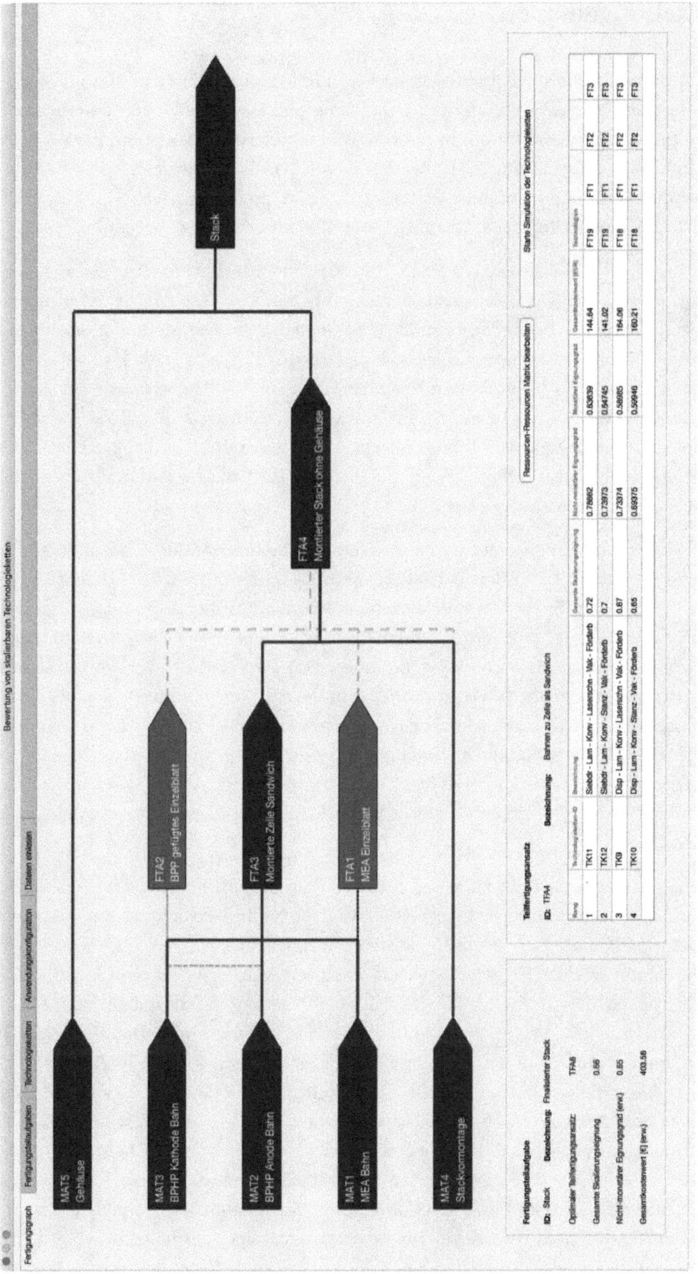

Abb. 6.7: Ansicht des Software-Tools: Fertigungsgraph

6.2 Kritische Reflexion

Mithilfe des Anwendungsbeispiels in Abschnitt 6.1 konnte demonstriert werden, dass die Anwendbarkeit der entwickelten Methodik zur Gestaltung und Bewertung von skalierbaren Technologieketten für die Großserienproduktion von Brennstoffzellen in der industriellen Praxis gegeben ist. In diesem Abschnitt wird die Methodik vor dem Hintergrund der in Abschnitt 3.1 aufgestellten inhaltlichen und formalen Anforderungen kritisch reflektiert. Dabei sollen auch Limitationen in Bezug auf Aussagekraft und Umsetzbarkeit aufgezeigt werden.

Anhand eines realen Produktdesigns aus der Industrie konnte bei der Anwendung der Methodik gezeigt werden, dass eine offene Lösungsfindung in unterschiedliche Richtungen von Produktionskonzepten und Fertigungstechnologien möglich war. Die Methodik erlaubte dabei ohne Einschränkung eine systematische Dekomposition der Produktarchitektur des bestehenden Brennstoffzellenstacks. Eine etablierte Referenz-Fertigung wurde ebenso wie eine bekannte, sichere Nachfragesituation nicht benötigt, um die Methodik anzuwenden. Jede sinnvolle Fertigungstechnologie, unabhängig von ihrem Wirkprinzip oder Reifegrad, konnte gleichermaßen dokumentiert und einbezogen werden. Somit können die inhaltlichen Anforderungen des Objektbereichs als erfüllt angesehen werden.

Verschiedene Methoden wurden genutzt, um unvollkommene Informationen abzubilden. Bei der Parametrierung der zukünftig zu fertigenden Stückzahl konnte mithilfe der Dempster-Shafer-Evidenztheorie ein großes Spektrum an jährlicher Ausbringungsmenge berücksichtigt werden und gleichzeitig gezielt einige Ausbaustufen der Produktion höher gewichtet werden. Alle Eingangsdaten wurden auf konsistente Weise in Intervallen parametriert und mit statistischen Verteilungen abgetastet, um anschließend mithilfe von Monte-Carlo-Simulationen die Unsicherheiten der Eingangsdaten in aussagekräftige, quantitative Schwankungen der Ausgangsdaten zu übersetzen. Bei der so erfolgten durchgängigen Modellierung wurde belegt, dass der Einbezug monetärer und nicht-monetärer Kriterien zu transparenten, objektiv nachvollziehbaren Ergebnissen führte. Diese bestätigten damit auch die Erfüllung der inhaltlichen Anforderungen des Zielbereichs.

Wie in Abschnitt 3.1 erläutert, ist aufgrund von inhärenten Zielkonflikten eine volle Erfüllung aller sechs formalen Anforderungen nicht erzielbar. Durch die Anwendung der Methodik im Industriekonsortium konnte ein hoher Realitätsbezug nachgewiesen werden, da alle relevanten Systemparameter ausführlich mit Experten diskutiert wurden. Dies deutet auf eine hohe empirische Richtigkeit der Methodik hin. Gleichzeitig war jedoch erkennbar, dass eine klare Abhängigkeit der Ergebnisse von den Eingangsdaten, insbesondere vom Detailgrad der Informationen und von der Anzahl und Datenqualität der Fertigungsressourcen je Technologie, vorliegt. In Summe kann die empirische Richtigkeit endgültig erst in den kommenden Jahrzehnten beantwortet werden, wenn tatsächliche Erfahrungsdaten aus dem Aufbau einer realen Großserienproduktion für Brennstoffzellen vorliegen. Aus formaler Sicht waren bei der Anwendung keinerlei Widersprüche oder Unstimmigkeiten auffindbar. Durch die starke Fokussierung auf quantitative Ergebnisse, welche dank standardisierter Dokumentationstechniken und Monte-Carlo-Simulationen statistisch reproduzierbar waren, konnte eine sehr hohe formale Richtigkeit erzielt werden. Die Produktivität wurde durch die hohe Nutzbarkeit der Ergebnisse, welche die aufgeworfenen Problemstellungen im erwarteten Maße abdeckten, im Industriekonsortium herausgestellt. Für eine verhältnismäßig leichte Anwendbarkeit und Interpretierbarkeit wurde auf Visualisierungen und kondensierte Darstellungen der Daten zurückgegriffen. Dennoch ist für die Handhabbarkeit ein grundlegendes technisches Verständnis vorausgesetzt. Erwartungsgemäß zeigte sich der Aufwand zur Anwendung der Methodik stark von verschiedenen Einflussgrößen abhängig. Um diesen grundsätzlich gering zu halten, wurde insbesondere im Gestaltungsmodul auf die ausführliche Durchführung zusätzlicher Methoden, welche zwar im realen Unternehmensumfeld hilfreich sein können, jedoch als etablierte Vorgehensweisen keinen Neuheits- bzw. Mehrwert für die Methodik darstellen, mit einem Hinweis auf ebendiese verzichtet. Generell lässt sich festhalten, dass mit der Komplexität der betrachteten Fertigung auch der Aufwand zur Identifikation von Fertigungstechnologien und zur Recherche von monetären und nicht-monetären Informationen auf Ebene der Fertigungsressourcen stark ansteigt. Beim realwirtschaftlichen Einsatz ist zudem die Rechenzeit der elektronischen Datenverarbeitung von Bedeutung. Die vollständigen Ergebnisse des Anwendungsbeispiels wurden mit dem für diese Arbeit implementierten Software-Tool in Matlab R2019b unter dem Betriebssystem macOS 10.13.6 auf einem Intel Core i5 mit 2,3 GHz Taktrate in insgesamt 2486 Sekunden berechnet. Diese Rechenzeit von deutlich unter einer Stunde ist im Verhältnis zur Gesamtplanung eines Produktionsvorhabens als vernachlässigbar einzuschätzen. Die Konzeption der Methodik unter Gesichtspunkten des Systems Engineering erwies sich als lösungsneutrale Herangehensweise, welche zwar mit Blick auf die Brennstoffzellenproduktion adaptiert wurde, jedoch bei analogem Handlungsbedarf aus der Praxis auch für andere Problemstellungen anwendbar ist. Hierzu sind insbesondere weitere elektrochemische Komponenten für emissionsfreie Fahrzeuge zu zählen, beispielsweise zukünftige Zellarchitekturen für die Traktionsbatterie. Somit ist eine hohe Allgemeingültigkeit gegeben.

Zusammenfassend kann die Validierung der Methodik anhand des Anwendungsbeispiels demnach als erfolgreich bezeichnet werden. Die an die Methodik gestellten inhaltlichen Anforderungen des Objekt- und Zielbereichs wurden umfassend erfüllt, während bezüglich der formalen Anforderungen ein guter Kompromiss aus Nutzen und Aufwand erzielt wurde. Die Methodik wird damit dem in Abschnitt 1.2 bzw. Abschnitt 3.2 formulierten Anspruch gerecht, eine Erweiterung des Forschungsfelds Technologieplanung mit einem Fokus auf der Rekonfigurierbarkeit und Skalierbarkeit von Produktionssystemen im Allgemeinen und des Schaffens eines integrativen Verständnisses der Produktion von Brennstoffzellen im Speziellen zu bieten. Über den Rahmen dieser Arbeit hinausgehend können je nach Fragestellungen Erweiterungen der Methodik hilfreiche Erkenntnisse liefern. Beispielsweise kann eine Sensitivitätsanalyse durchgeführt werden, um die Auswirkungen von Änderungen der unsicheren Eingangsdaten auf die Ergebnisse zu untersuchen. Auf übergreifender Ebene kann eine sinnvolle Einbettung in Unternehmensprozesse ergänzt werden, um einen standardisierten, unternehmensspezifischen Gestaltungs- und Bewertungsprozess zu etablieren.

7 Zusammenfassung

Neue, saubere Antriebstechnologien sind ein Schlüssel zur Reduktion der Treibhausgasemissionen im straßengebundenen Verkehr, welcher für insgesamt ca. 15% des globalen CO_2-Ausstoßes verantwortlich ist. Neben rein batterieelektrischen Antriebssträngen besitzen hierbei solche mit PEM-Brennstoffzellen als Energiewandler und Wasserstoff als Energieträger ein hohes Potenzial sowohl für eine nachhaltige Mobilität der Zukunft als auch zur Verbesserung der Luftqualität und Lärmemissionen in urbanen Räumen. Die mit Brennstoffzellenfahrzeugen verbundenen Vorteile wie hohe Reichweiten bei geringer Betankungszeit sind mit heutigen, funktional ausgereiften Produktdesigns realisierbar. Dennoch ist aufgrund verschiedener organisatorischer, ökonomischer und technologischer Hemmnisse bisher kein Marktdurchbruch der Brennstoffzellentechnologie vollzogen. Aus technologischer Perspektive ist dies zu einem relevanten Teil auf Herausforderungen in der Produktion zurückzuführen. Bisher ist in der Industrie und Forschung kein ausreichendes Wissen vorhanden, wie die Produktionstechnik für große Stückzahlen, welche bei steigender Nachfrage durch Skaleneffekten zu Kostendegressionen und damit zur Beschleunigung des Marktdurchbruchs führen kann, aussehen sollte. Daher müssen die Potenziale einer systematischen Gestaltung und Bewertung von skalierbaren Technologieketten für eine erleichterte Entscheidungsfindung zum Aufbau einer Großserienproduktion von Brennstoffzellen erkennbar und nutzbar gemacht werden.

Die tiefergehende Analyse der heutigen labor- und industrieseitigen Praxis zeigt, dass die Bedeutung der Brennstoffzelle in verschiedenen Anwendungsbereichen, insbesondere im Nutzfahrzeugsegment zunehmen wird, jedoch erhebliche Unsicherheiten bestehen, in welcher Größenordnung und in welcher Geschwindigkeit sich die Brennstoffzelle für diese Anwendungen tatsächlich durchsetzen wird. Im Unterschied zu etablierten Fahrzeugkomponenten existiert keine allgemeingültige Produktarchitektur von Brennstoffzellen, sondern verschiedene Möglichkeiten zur Realisierung der Gesamtfunktionalität aus den Einzelkomponenten. Aufgrund dieser erheblichen Komplexität muss eine große Anzahl an Komponenten mit gänzlich verschiedenen, nicht-trivialen Eigenschaften synchronisiert betrachtet werden. Damit eng verknüpft ist die Fertigung dieser Komponenten, bei der jedoch die Abfolge der Fertigungstechnologien weder in ihrer Auswahl noch in ihrer Reihenfolge fest etabliert ist. Dies führt trotz einer ausgeprägten Studienlandschaft zu den Material- und Produktionskosten von Brennstoffzellen dazu, dass ein direkter Rückschluss auf in der heutigen Industrie tatsächlich enstehende Kosten nicht oder nur bedingt möglich. Basierend auf Fertigungstechnologien, welche sich dabei bspw. aus Laboren in Forschungseinrichtungen durch „try-and-error“ als machbar für die Herstellung einer Brennstoffzelle herausgestellt haben, ist der Lösungsraum für die Großserienproduktion stark eingeschränkt.

Die Betrachtung der bisherigen wissenschaftlichen Erkenntnisse zum Forschungsfeld der Technologieplanung zeigt, dass verschiedene Möglichkeiten zur Bildung von Technologieketten untersucht wurden. Insbesondere im Kontext der Skalierbarkeit herrscht jedoch kein einheitliches wissenschaftliches Verständnis vor. So wird im bisherigen Stand der Forschung eine stückzahlskalierbare Serienproduktion nur unzureichend betrachtet. Auch ist im Hinblick auf eine Bewertung ein konsistenter Einbezug relevanter sowohl monetärer als auch nicht-monetärer Kriterien kaum gegeben. Auf Basis der aufgezeigten Handlungsbedarfe aus der Praxis und der Industrie ergibt sich die zentrale Forschungsfrage der Arbeit: Wie kann die Gestaltung und Bewertung von skalierbaren Technologieketten zur Herstellung des komplexen Produkts Brennstoffzelle methodisch durchgeführt werden?

Zur Beantwortung der Forschungsfrage wird eine Methodik entwickelt. Dafür wird die Modelltheorie als Fundament herangezogen, welche mit besonderem Fokus auf den indirekten Problemlösungprozess den wissenschaftstheoretischen Ordnungsrahmen der Methodikkonzeption bildet. Als Vorgehensmodell stellt das das Systems Engineering (SE) eine methodische Komponente für den Problemlösungsprozess dar, sodass die vier Grundprinzipien des SE-Vorgehensmodell Vorgehen vom Groben zum Detail, Denken in Varianten, Phasenablauf und Problemlösungszyklus für die Strukturierung der Problemstellung sowie den Problemlösungsprozess der Methodikkonzeption und -detaillierung genutzt werden. Auf inhaltlicher Ebene werden Skalierungsmechanismen, Gestaltungsgrundsätze und Bewertungskriteren hergeleitet. Die Konzeption mündet in eine Methodik, welche in die vier Module Initiierungsmodul, Gestaltungsmodul, Bewertungsmodul und Interpretationsmodul gegliedert ist. Diese werden in insgesamt neun Phasen weiter unterteilt.

Das Initiierungsmodul dient als vereinheitlichende Vorbereitung für die anschließende Gestaltung, Bewertung und Interpretation, in welcher der produkt- und produktionsseitige Informationsstand aufgearbeitet wird, sodass dieser für die folgende Modellbildung nutzbar ist. Kern des Moduls ist daher die Zerlegung der Herstellung des komplexen Produkts Brennstoffzelle in diskrete Fertigungsteilaufgaben mit realisierbaren Anforderungen. Unter Nutzung der Graphentheorie und weiteren Hilfsmitteln wie der Design Structure Matrix wird ein Fertigungsgraph aufgespannt sowie die Fertigungsteilaufgen mit Anforderungen genauer spezifiziert. Damit erfolgt im Initiierungsmodul die Abstraktion des Originalproblems im Sinne der Modelltheorie.

Das Gestaltungsmodul widmet sich der Identifikation und Verkettung von Fertigungstechnologien, welche für die Produktion des komplexen, nun modellbasiert beschriebenen Produkts Brennstoffzelle erforderlich sind. Über die Analyse von Fertigungsschritten werden mögliche Fertigungstechnologien gesucht und systematisch mithilfe von Steckbriefen dokumentiert. Durch die sequentielle Verknüpfung werden unter Berücksichtigung von Technologieinterdependenzen die Technologieketten in möglichst umfassender und zugleich handhabbarer Anzahl kombinatorisch gebildet. Daraus können deduktiv mögliche Fertigungsansätze abgeleitet werden. Mit Abschluss des Gestaltungsmoduls ist eine erste Lösung im Sinne der Modelltheorie erzielt.

Die aufgestellten Technologieketten dienen als Input für das Bewertungsmodul. Zur Vorkonfiguration der Bewertung wird zunächst unter Anwendung der Dempster-Shafer-Evidenztheorie die Verteilung der zu fertigenden Stückzahl modelliert. Anschließend werden mittels geeigneter

Bewertungskriterien die Technologieketten anhand ihrer Skalierbarkeit unter Berücksichtigung von Unsicherheiten bewertet. Dazu erfolgt eine monetäre und eine nicht-monetäre Bewertung separat voneinander mithilfe von Monte-Carlo-Simulationen. Die monetäre Bewertung, welche anhand der Kriterien Materialkosten, Investitionskosten, Personalkosten und Sonstige Kosten erfolgt, liefert eine wahrscheinlichkeitsbasierte Verteilung der monetären Kostenwerte je Technologiekette und schlussendlich die erwartete monetäre Skalierungseignung. Die nicht-monetäre Bewertung entlang der Kriterien Skalierungspotenzial, Veränderungsgrad, Reifegrad und Qualität hat eine wahrscheinlichkeitsbasierte Verteilung der nicht-monetären Nutzenwerte je Technologiekette zum Ergebnis. Zur Ermittlung der erwarteten nicht-monetären Skalierungseignung erfolgt eine Gewichtung nach dem Trade-off Verfahren. Die Bewertungsergebnisse werden als zweite Lösung der Methodik im Sinne der Modelltheorie bezeichnet.

Im Interpretationsmodul werden die Ergebnisse für die Anwendenden der Methodik für die vorliegende spezifische Aufgabenstellung selektiv nutzbar gemacht. Damit können diese zudem induktiv in Aussagen über die Eignung der Fertigungsansätze überführt werden. Die monetären und nicht-monetären Bewertungsergebnisse werden zu einem übergreifenden Eignungsgrad der Skalierbarkeit zusammengeführt. Somit kann eine Rangfolge der Technologieketten im Hinblick auf ihre Skalierungseignung aufgestellt werden, welche für die Anwendenden der Methodik als Entscheidungsgrundlage beim Aufbau einer skalierbaren Produktion von Brennstoffzellen dienen kann. Mithilfe eines modifizierten Dijkstra-Algorithmus wird zudem ein optimaler Fertigungsansatz für das zu fertigende Gesamtprodukt bestimmt. Im Interpretationsmodul, welches den Abschluss der Methodik bildet, erfolgt somit im Sinne der Modelltheorie die Überführung der Modelllösung in die Lösung des Originalproblems.

Zur Validierung der Methodik wurde diese anhand eines realen Praxisbeispiels angewendet. Betrachtet wurde dazu ein Ausschnitt der Herstellung eines Brennstoffzellenstacks aus einem im Jahr 2021 am Lehrstuhl dem der RWTH Aachen durchgeführten Konsortialprojekt mit insgesamt 13 beteiligten Unternehmen aus der Zuliefererindustrie sowie dem Maschinen- und Anlagenbau sowie einem Fahrzeughersteller. Die Umsetzung erfolgten in Teilen durch eine softwareseitige Implementierung, um den insbesondere im Bewertungsmodul erforderlichen komplexen Rechenoperationen mit großen Datenmengen gerecht zu werden. Die betrachtete Produktion umfasste zehn Fertigungsteilaufgaben, 20 Fertigungstechnologien und 36 Fertigungsressourcen, welche zu 16 Technologieketten in sechs Teilfertigungsansätzen kombiniert wurden. Mit den für die Industriepartner aussagekräftigen Ergebnissen sowie der Bestätigung der Adressierung der inhaltlichen und formalen Anforderungen an die Methodik kann die Validierung als erfolgreich bezeichnet werden.

Insgesamt leistet die Methodik damit einen Beitrag, die wissenschaftlichen Erkenntnisse zur Technologieplanung, konkret der Gestaltung und Bewertung von skalierbaren Technologieketten, zu erweitern. Zudem bieten die umfassende Analyse und Diskussion bisheriger Forschungsergebnisse sowie die Abgrenzung und definitorischen Präzisierungen der für diese Arbeit gültigen Annahmen einen wissenschaftlichen Mehrwert. Darauf aufbauend kann an verschiedenen Stellen weiterer Forschungsbedarf identifiziert werden. Auf der Ebene der Fertigungstechnologien sowie der Fertigungsressourcen können tiefergehende technische Untersuchungen hilfreich sein, um ein umfassenderes Verständnis der Wirkzusammenhänge und reziproken Einflüsse in der Brennstoffzellenproduktion zu erlangen. Insbesondere ist die Qualität des Gesamtprodukts von einer Vielzahl an Prozessschritten abhängig, sodass ein digitalisiertes, bspw. auf künstlicher Intelligenz basierendes Qualitätsmanagementsystem über die gesamte Fertigung hinweg als ein forschungswürdiges Instrument zur Steigerung der Qualität und langfristigen Senkung der Kosten erscheint. Darüberhinaus besteht weiterer Forschungsbedarf bei einigen Einzeltechnologien, für die stellvertretend das Einfahren bzw. Break-in des Brennstoffzellenstacks genannt sei. Detaillierte Kenntnisse der elektrochemischen Wirkmechanismen beim Break-in, welche aktuell noch weitgehend unerforscht sind, können für eine starke Reduktion der Einfahrzeit und damit verbunden geringeren Investitionskosten für die benötigen Prüfstände sorgen. So können durch sinkende Produktkosten wiederum weitere, preissensitivere Anwendungen zum wirtschaftlichen Betrieb mit Brennstoffzellen befähigt werden.

Literatur

Abele, E.; Reinhart, G. (Zukunft der Produktion)
Zukunft der Produktion: Herausforderungen, Forschungsfelder, Chancen. München: Carl Hanser Fachbuchverlag, 2011.

Adolf, J.; Balzer, C.; Louis, J.; Schabla, U.; Fischedick, M.; Arnold, K.; Pastowski, A.; Schüwer, D. (Energie der Zukunft)
Energie der Zukunft? Nachhaltige Mobilität durch Brennstoffzelle und H_2: Shell Wasserstoff-Studie. Hrsg. von Shell Deutschland Oil GmbH. Hamburg, 2017.

Agostini, A. (Reihenfolgeplanung)
Reihenfolgeplanung unter Berücksichtigung von Interaktionen. Zugl.: Karlsruhe, Univ., Diss., 2000. Karlsruhe: Inst. für Werkzeugmaschinen und Betriebstechnik, 2000.

Ahn, H. (Optimierung von Produktentwicklungsprozessen: Entscheidungsunterstützung)
Optimierung von Produktentwicklungsprozessen: Entscheidungsunterstützung bei der Umsetzung des Simultaneous Engineering. Dissertation. Aachen: RWTH Aachen, 1997.

Aires, R. F. d. F.; Ferreira, L. (The rank reversal problem)
The rank reversal problem in multi-criteria decision making: A literature review. In: *Pesquisa Operacional* 38.2, 2018, S. 331–362.

Baetge, J. (Betriebswirtschaftliche Systemtheorie)
Betriebswirtschaftliche Systemtheorie. Bd. 6 [vielm.] 7. Moderne Lehrtexte. Wirtschaftswissenschaften. Opladen: Westdt. Verl., 1974.

Bafahm, A.; Sun, M. (Conflicting Results in the AHP)
Some Conflicting Results in the Analytic Hierarchy Process. In: *International Journal of Information Technology & Decision Making* 17, 2018.

Bamberg, G.; Coenenberg, A. G.; Krapp, M. (Betriebswirtschaftliche Entscheidungslehre)
Betriebswirtschaftliche Entscheidungslehre. München: Vahlen, 2019.

Barnett, J. A. (Computational Methods)
Computational Methods for A Mathematical Theory of Evidence. In: *Classic Works of the Dempster-Shafer Theory of Belief Functions.* Hrsg. von R. R. Yager; L. Liu. Berlin, Heidelberg: Springer, 2008, S. 197–216.

Beck, S. M. (Ein Konzept zur automatischen Lösung)
Ein Konzept zur automatischen Lösung von Entscheidungsproblemen bei Unsicherheit mittels der Theorie der unscharfen Mengen und der Evidenztheorie. Dissertation. Karlsruhe: Universität Karlsruhe, 2005.

Bender, B.; Feldhusen, J.; Krause, D.; Beckmann, G.; Paetzold, K.; Hövel, A. (Grundlagen technischer Systeme)
Grundlagen technischer Systeme und des methodischen Vorgehens. In: *Dubbel.* Hrsg. von K.-H. Grote; B. Bender; D. Göhlich. Bd. 54. Berlin, Heidelberg: Springer Berlin Heidelberg, 2018, S. 372–411.

Binder, V. A.; Kantowsky, J. (Technologiepotentiale)
Technologiepotentiale: Neuausrichtung der Gestaltungsfelder des Strategischen Technologiemanagements. Wiesbaden: Deutscher Universitätsverlag, 1996.

Bodner, M.; García, H. R.; Steenberg, T.; Terkelsen, C.; Alfaro, S. M.; Avcioglu, G. S.; Vassiliev, A.; Primdahl, S.; Hjuler, H. A. (Enabling industrial production of electrodes)
Enabling industrial production of electrodes by use of slot-die coating for HT-PEM fuel cells. In: *International Journal of Hydrogen Energy* 44.25, 2019, S. 12793–12801.

Bollmann, O.; Neuhausen, J.; Stürmer, C.; Andre, F.; Kluschke, P. (From CO2 neutral fuels to emission-free driving)
From CO2 neutral fuels to emission-free driving: Alternative Fuels and Powertrains and their impact on the automotive transformation. Hrsg. von PricewaterhouseCoopers GmbH Wirtschaftsprüfungsgesellschaft. 2017.

Briskorn, D. (Operations Research)
Operations Research. Berlin, Heidelberg: Springer Berlin Heidelberg, 2020.

Browning, T. R. (Applying the design structure matrix)
Applying the design structure matrix to system decomposition and integration problems: A review and new directions. In: *IEEE Transactions on Engineering Management* 48.3, 2001, S. 292–306.

Browning, T. R. (Design Structure Matrix Extensions and Innovations)
Design Structure Matrix Extensions and Innovations: A Survey and New Opportunities. In: *IEEE Transactions on Engineering Management* 63.1, 2016, S. 27–52.

Bruijn, F. de. (The current status of fuel cell technology)
The current status of fuel cell technology for mobile and stationary applications. In: *Green Chemistry* 7.3, 2005, S. 132.

Bruton, G. D.; White, M. A. (Strategic management of technology and innovation)
Strategic management of technology and innovation. Second ed. International edition. Australia und Mexico: South-Western Cengage Learning, 2011.

Bullinger, H.-J.; Seidel, U. A. (Einführung in das Technologiemanagement)
Einführung in das Technologiemanagement: Modelle, Methoden, Praxisbeispiele. Technologiemanagement: wettbewerbsfähige Technologieentwicklung und Arbeitsgestaltung. Stuttgart: Teubner, 1994.

California Fuel Cell Partnership. (FCEV Sales)
FCEV Sales, FCEB, & Hydrogen Station Data: By The Numbers. Hrsg. von California Fuel Cell Partnership. West Sacramento, CA, 2021. URL: `https://cafcp.org/by_the_numbers` (besucht am 12. 05. 2021).

Chen, J.; Liu, H.; Huang, Y.; Yin, Z. (High-rate roll-to-roll stack and lamination)
High-rate roll-to-roll stack and lamination of multilayer structured membrane electrode assembly. In: *Journal of Manufacturing Processes* 23, 2016, S. 175–182.

Crone, K. P. (Slot Die Coating)
Slot Die Coating: Principle and Application: Firmenschrift. 2016.

Daimler AG. (Mobility of the Future)
Mobility of the Future: Connected-Autonomous-Shared-Electric. Paris, 2016.

Danilovic, M.; Browning, T. R. (Managing complex product development projects)
Managing complex product development projects with design structure matrices and domain mapping matrices. In: *International Journal of Project Management* 25.3, 2007, S. 300–314.

Dempster, A. P. (Upper and Lower Probabilities)
Upper and Lower Probabilities Induced by a Multivalued Mapping. In: *Annals of Mathematical Statistics* 38.2, 1967, S. 325–339.

Deutsches Institut für Normung. (DIN 8580: Fertigungsverfahren)
Fertigungsverfahren: Begriffe, Einteilung. Berlin, 2003.

Deutsches Institut für Normung. (DIN EN 17124: Wasserstoff als Kraftstoff)
Wasserstoff als Kraftstoff - Produktfestlegung und Qualitätssicherung: Protonenaustauschmembran(PEM)-Brennstoffzellenanwendungen für Straßenfahrzeuge. Berlin, 2019.

Dickie, H. F. (ABC Inventory Analysis)
ABC Inventory Analysis Shoots for Dollars, not Pennies. In: *Factory Management and Maintenance* 6.109, 1951, S. 92–94.

Dicks, A.; Rand, D. A. J. (Fuel Cell Systems Explained)
Fuel Cell Systems Explained. 3. Auflage. New York, NY: John Wiley & Sons und Wiley, 2018.

Döring, S. T. (Konfliktmanagement in der technischen Auftragsabwicklung)
Konfliktmanagement in der technischen Auftragsabwicklung im Werkzeugbau. Zugl.: Aachen, Techn. Hochsch., Diss., 2010. Aachen: Apprimus-Verl, 2010.

Dundar, F.; Dur, E.; Mahabunphachai, S.; Koç, M. (Corrosion resistance characteristics)
Corrosion resistance characteristics of stamped and hydroformed proton exchange membrane fuel cell metallic bipolar plates. In: *Journal of Power Sources* 195.11, 2010, S. 3546–3552.

Dur, E.; Cora, Ö. N.; Koç, M. (Effect of manufacturing process sequence)
Effect of manufacturing process sequence on the corrosion resistance characteristics of coated metallic bipolar plates. In: *Journal of Power Sources* 246, 2014, S. 788–799.

Edwards, P. P.; Kuznetsov, V. L.; David, W.; Brandon, N. P. (Hydrogen and fuel cells)
Hydrogen and fuel cells: Towards a sustainable energy future. In: *Energy Policy* 36.12, 2008, S. 4356–4362.

Eger, T.; Eckert, C.; Clarkson, P. J. (The Role of Design)
The Role of Design Freeze in Product Development. In: *International Conference on Engineering Design*, 2005.

Ehrlenspiel, K. (Integrierte Produktentwicklung)
Integrierte Produktentwicklung: Denkabläufe, Methodeneinsatz, Zusammenarbeit. 4., aktualisierte Aufl., [elektronische Ressource]. München: Hanser, 2009.

Eisenführ, F.; Weber, M.; Langer, T. (Rationales Entscheiden)
Rationales Entscheiden. Berlin, Heidelberg: Springer, 2010.

Ekdunge, P. (Towards zero emissions)
Towards zero emissions: Industrialisierte Produktion von PEM-Brennstoffzellen. Aachen, 2019.

ElMaraghy, H. A. (Flexible and reconfigurable manufacturing systems paradigms)
Flexible and reconfigurable manufacturing systems paradigms. In: *International Journal of Flexible Manufacturing Systems* 17.4, 2006, S. 261–276.

Elter, J. F. (Polymer Electrolyte Fuel Cell Systems)
Polymer Electrolyte Fuel Cell Systems. In: *Fuel cells and hydrogen production*. Hrsg. von T. E. Lipman; A. Z. Weber. Springer reference. New York, NY: Springer, 2019, S. 99–134.

Ernst, H.; Schmidt, J.; Beneken, G. (Grundkurs Informatik)
Grundkurs Informatik: Grundlagen und Konzepte für die erfolgreiche IT-Praxis – Eine umfassende, praxisorientierte Einführung. 7th ed. 2020. Wiesbaden: Springer Fachmedien Wiesbaden und Imprint: Springer Vieweg, 2020.

Eudy, L.; Post, M. (Fuel Cell Buses in U.S. Transit Fleets)
Fuel Cell Buses in U.S. Transit Fleets: Current Status 2018. Hrsg. von National Renewable Energy Laboratory. Golden, CO, 2018.

Eversheim, W. (Organisation in der Produktionstechnik)
Organisation in der Produktionstechnik: Band 1: Grundlagen. Dritte, neu bearbeitete und erweiterte Auflage. Studium und Praxis. Berlin, Heidelberg: Springer Berlin Heidelberg, Imprint und Springer, 1996.

Fallböhmer, M. (Generieren alternativer Technologieketten)
Generieren alternativer Technologieketten in frühen Phasen der Produktentwicklung. Bd. 23 /2000. Berichte aus der Produktionstechnik. Aachen: Shaker, 2000.

Fleischmann, A.; Oppl, S.; Schmidt, W.; Stary, C. (Ganzheitliche Digitalisierung von Prozessen)
Ganzheitliche Digitalisierung von Prozessen: Perspektivenwechsel – Design Thinking – Wertegeleitete Interaktion. 1. Auflage 2018. Wiesbaden: Springer Fachmedien Wiesbaden, 2018.

Förstmann, R. (Forschungs-Roadmap für die Industrialisierung)
Forschungs-Roadmap für die Industrialisierung der Brennstoffzelle. Aachen, 2019.

Foster, R. N. (Innovation)
Innovation: Die technologische Offensive. Wiesbaden: Gabler Verlag, 1986.

Frölich, K. (Der Decal-Prozess)
Der Decal-Prozess zur Herstellung katalysatorbeschichteter Membranen für PEM-Brennstoffzellen. Dissertation. Karlsruhe: Karlsruher Institut für Technologie, 2014.

Fuel Cells and Hydrogen 2 Joint Undertaking, Hrsg. (Hydrogen Roadmap Europe)
Hydrogen Roadmap Europe: A Sustainable Pathway for the European Energy Transition. Luxemburg, 2019.

Gartzen, T. (Diskrete Migration als Anlaufstrategie)
Diskrete Migration als Anlaufstrategie für Montagesysteme: Zugl.: Aachen, Techn. Hochsch., Diss., 2012. 1. Aufl. Bd. 31/2012. Edition Wissenschaft. Aachen: Apprimus-Verl., 2012.

Gausemeier, J.; Behmann, B. (Produkte und Produktionssysteme)
Produkte und Produktionssysteme integrativ konzipieren: Modellbildung und Analyse in der frühen Phase der Produktentstehung. 1. Aufl. München: Carl Hanser Verlag, 2012.

Gebert, M. (Benchmarking-Methodik für Komponenten)
Benchmarking-Methodik für Komponenten in Polymerelektrolyt-Brennstoffzellen. Bd. 30. Schriften des Forschungszentrums Jülich. Reihe Energietechnik / Energy Technology. Jülich: Forschungszentrum Jülich, 2004.

Gerpott, T. J. (Strategisches Technologie- und Innovationsmanagement)
Strategisches Technologie- und Innovationsmanagement. 2., überarb. und erw. Aufl. Bd. 162. Sammlung Poeschel. Stuttgart: Schäffer-Poeschel Verlag, 2005.

Gnann, T.; Wietschel, M.; Kühn, A.; Thielmann, A.; Sauer, A.; Plötz, P.; Moll, C.; Stütz, S.; Schellert, M.; Rüdiger, D.; Waßmuth, V.; Paufler-Mann, D. (Brennstoffzellen-Lkw)
Brennstoffzellen-Lkw: kritische Entwicklungshemmnisse, Forschungsbedarf und Marktpotential: Studie im Rahmen der wissenschaftlichen Beratung des BMVI zur Mobilitäts- und Kraftstoffstrategie der Bundesregierung. 2017.

Greitemann, J. (Methodik für die systematische Identifikation)
Methodik für die systematische Identifikation von Produktionstechnologien. Dissertation. München: Technische Universität München, 2016.

Grove, W. R. (On voltaic series)
XXIV. On voltaic series and the combination of gases by platinum. In: *The London, Edinburgh, and Dublin Philosophical Magazine and Journal of Science* 14.86-87, 1839, S. 127–130.

Haberfellner, R., Hrsg. (Systems Engineering)
Systems Engineering: Grundlagen und Anwendung. 14., überarbeitete Auflage. Zürich: Orell Füssli Verlag, 2018.

Hamacher, T. (Wasserstoff als strategischer Sekundärenergieträger)
Wasserstoff als strategischer Sekundärenergieträger. In: *Wasserstoff und Brennstoffzelle*. Hrsg. von J. Töpler. Springer Berlin Heidelberg, 2017, S. 1–23.

Han, J.; Pratt, M.; Regli, W. C. (Manufacturing feature recognition)
Manufacturing feature recognition from solid models: a status report. In: *IEEE Transactions on Robotics and Automation* 16.6, 2000, S. 782–796.

Hasegawa, T.; Fujieda, R. (Fuel cell and vehicle)
Fuel cell and vehicle including fuel cell. US2012219875 (A1). 2010.

Hees, A. (System zur Produktionsplanung)
System zur Produktionsplanung von rekonfigurierbaren Produktionssystemen. Dissertation. München: Technische Universität München, 2016.

Heeschen, D. (Kennzahlenbasierte Auswahl der Fertigungstechnologien)
Kennzahlenbasierte Auswahl der Fertigungstechnologien und -ressourcen im industriellen Werkzeugbau. 1. Aufl. Bd. 18/2015. Prozesstechnologie. Aachen: Apprimus-Verl., 2015.

Heimes, H. H. (Methodik zur Auswahl von Fertigungsressourcen)
Methodik zur Auswahl von Fertigungsressourcen in der Batterieproduktion. Dissertation. Aachen: RWTH Aachen University, 2014.

Heinen, T.; Rimpau, C.; Wörn, A. (Wandlungsfähigkeit)
Wandlungsfähigkeit als Ziel der Produktionssystemgestaltung. In: *Wandlungsfähige Produktionssysteme.* Hrsg. von P. Nyhuis. Hannover und Garbsen: Technische Informationsbibliothek u. Universitätsbibliothek und PZH Produktionstechnisches Zentrum, 2008, S. 19–32.

Helton, J. C.; Johnson, J. D.; Operkampf, W. L. (An exploration of alternative approaches)
An exploration of alternative approaches to the representation of uncertainty in model predictions. In: *Reliability Engineering and System Safety* 85, 2004, S. 39–71.

Hernández Morales, R. (Systematik der Wandlungsfähigkeit)
Systematik der Wandlungsfähigkeit in der Fabrikplanung. Als Ms. gedr. Bd. 149. Fortschritt-Berichte VDI Reihe 16, Technik und Wirtschaft. Düsseldorf: VDI-Verl., 2003.

Hougardy, S.; Vygen, J. (Algorithmische Mathematik)
Algorithmische Mathematik. Berlin, Heidelberg: Springer Berlin Heidelberg, 2018.

Hwang, C.-L.; Yoon, K. (Multiple Attribute Decision Making)
Multiple Attribute Decision Making: Methods and Applications A State-of-the-Art Survey. Berlin, Heidelberg: Springer, 1981.

Hydrogen and Fuel Cell Strategy Council. (Strategic Road Map)
The Strategic Road Map for Hydrogen and Fuel Cells. 2019.

Iverson, E. J.; Pierpont, D. M.; Yandrasits, M. A.; Hamrock, S. J.; Obradovich, S. J.; Peterson, D. G. (Fuel Cell Subassemblies)
Fuel Cell Subassemblies incorporating subgasketed thrifted membranes. US 10,446,868 B2. 2016.

James, B. (Fuel Cell Vehicle and Bus Cost Analysis)
Fuel Cell Vehicle and Bus Cost Analysis: 2016 DOE Hydrogen and Fuel Cells Program Review. 2016.

James, B. D. (Fuel Cell Systems Analysis)
Fuel Cell Systems Analysis: 2019 DOE Hydrogen and Fuel Cells Program Review Presentation. 2019.

James, B. D.; Huya-Kouadio, J. M.; Houchins, C.; DeSantis, D. A. (Mass Production Cost Estimation)
Mass Production Cost Estimation of Direct H2 PEM Fuel Cell Systems for Transportation Applications: 2016 Update. Hrsg. von Strategic Analysis Inc. 2016.

James, B. D.; Huya-Kouadio, J. M.; Houchins, C.; DeSantis, D. A. (Mass Production Cost Estimation)
Mass Production Cost Estimation of Direct H2 PEM Fuel Cell Systems for Transportation Applications: 2017 Update. Hrsg. von Strategic Analysis Inc. 2017.

James, B. D.; Huya-Kouadio, J. M.; Houchins, C.; DeSantis, D. A. (Mass Production Cost Estimation)
Mass Production Cost Estimation of Direct H2 PEM Fuel Cell Systems for Transportation Applications: 2018 Update. Hrsg. von Strategic Analysis Inc. Arlington, VA, 2018.

Jentzsch, A.; Janda, J.; Xu, G.; Wiedenhoff, P.; Girisch, A. (The Future of Commercial Vehicles)
The Future of Commercial Vehicles: How New Technologies are Tranforming the Industry. 2019.

Jia, Q.; Caldwell, K.; Strickland, K.; Ziegelbauer, J. M.; Liu, Z.; Yu, Z.; Ramaker, D. E.; Mukerjee, S. (Improved Oxygen Reduction Activity)
Improved Oxygen Reduction Activity and Durability of Dealloyed PtCo x Catalysts for Proton Exchange Membrane Fuel Cells: Strain, Ligand, and Particle Size Effects. In: *ACS catalysis* 5.1, 2015, S. 176–186.

Kampker, A.; Ayvaz, P.; Schön, C.; Karstedt, J.; Förstmann, R.; Welker, F. (Challenges towards large-scale fuel cell production)
Challenges towards large-scale fuel cell production: Results of an expert assessment study. In: *International Journal of Hydrogen Energy* 45.53, 2020, S. 29288–29296.

Kampker, A. (Elektromobilproduktion)
Elektromobilproduktion. Berlin, Heidelberg: Springer Berlin Heidelberg, 2014.

Kampker, A.; Ayvaz, P.; Schön, C.; Reims, P.; Krieger, G. (Produktion von Brennstoffzellenkomponenten)
Produktion von Brennstoffzellenkomponenten. 1. Aufl. Aachen: PEM der RWTH Aachen und VDMA Eigendruck, 2020.

Kampker, A.; Ayvaz, P.; Schön, C.; Reims, P.; Krieger, G. (Produktion von Brennstoffzellensystemen)
Produktion von Brennstoffzellensystemen. 1. Aufl. Aachen: PEM der RWTH Aachen und VDMA Eigendruck, 2020.

Kampker, A.; Heimes, H. H.; Sesterheim, C.; Schmidt, M. (Conception of Technology Chains)
Conception of Technology Chains in Battery Production. In: *Advances in Production Management Systems. Sustainable Production and Service Supply Chains.* Hrsg. von V. Prabhu; M. Taisch; D. Kiritsis. Bd. 414. IFIP Advances in Information and Communication Technology. Berlin, Heidelberg: Springer Berlin Heidelberg, 2013, S. 199–209.

Kampker, A.; Vallée, D.; Schnettler, A., Hrsg. (Elektromobilität)
Elektromobilität: Grundlagen einer Zukunftstechnologie. 2. Auflage. Berlin: Springer Vieweg, 2018.

Kim, J.; Luo, G.; Wang, C.-Y. (Modeling two-phase flow)
Modeling two-phase flow in three-dimensional complex flow-fields of proton exchange membrane fuel cells. In: *Journal of Power Sources* 365, 2017, S. 419–429.

Kim, M. S.; Song, J. H.; Kim, D. K. (Development of Optimal Conditioning Method)
Development of Optimal Conditioning Method to Improve Economic Efficiency of Polymer Electrolyte Membrane (PEM) Fuel Cells. In: *Energies* 13.11, 2020, S. 2831.

Klocke, F. (Production Technology in High-Wage Countries)
Production Technology in High-Wage Countries – From Ideas of Today to Products of Tomorrow. In: *Industrial Engineering and Ergonomics*. Hrsg. von C. M. Schlick. s.l.: Springer-Verlag, 2009, S. 13–30.

Knight, F. H. (Risk, uncertainty and profit)
Risk, uncertainty and profit. Reprint. Reprints of economic classics. New York: Sentry Press, 1964.

Knoche, K. (Generisches Modell)
Generisches Modell zur Beschreibung von Fertigungstechnologien. Bd. 5/2005. Berichte aus der Produktionstechnik. Aachen: Shaker, 2005.

Koch, S. (Methodik zur Steigerung der Wandlungsfähigkeit)
Methodik zur Steigerung der Wandlungsfähigkeit von Fabriken im Maschinen- und Anlagenbau. Zugl.: Aachen, Techn. Hochsch., Diss., 2011. Aachen: Apprimus-Verl, 2011.

Kolmogoroff, A. (Grundbegriffe der Wahrscheinlichkeitsrechnung)
Grundbegriffe der Wahrscheinlichkeitsrechnung. Bd. 2. Ergebnisse der Mathematik und Ihrer Grenzgebiete. Berlin, Heidelberg: Springer, 1933.

Koren, Y. (General RMS Characteristics)
General RMS Characteristics: Comparison with Dedicated and Flexible Systems. In: *Reconfigurable Manufacturing Systems and Transformable Factories*. Hrsg. von A. I. Dashchenko. Dordrecht: Springer, 2006, S. 27–45.

Koren, Y.; Heisel, U.; Jovane, F.; Moriwaki, T.; Pritschow, G.; Ulsoy, G.; van Brussel, H. (Reconfigurable Manufacturing Systems)
Reconfigurable Manufacturing Systems. In: *CIRP Annals* 48.2, 1999, S. 527–540.

Koren, Y.; Gu, X.; Guo, W. (Reconfigurable manufacturing systems)
Reconfigurable manufacturing systems: Principles, design, and future trends. In: *Frontiers of Mechanical Engineering* 13.2, 2018, S. 121–136.

Koren, Y.; Wang, W.; Gu, X. (Value creation)
Value creation through design for scalability of reconfigurable manufacturing systems. In: *International Journal of Production Research* 55.5, 2016, S. 1227–1242.

Kozielski, S. A. (Integratives Kennzahlensystem)
Integratives Kennzahlensystem für den Werkzeugbau. Zugl.: Aachen, Techn. Hochsch., Diss., 2010. Aachen: Apprimus-Verl, 2010.

Krause, D.; Gebhardt, N. (Methodische Entwicklung Modularer Produktfamilien)
Methodische Entwicklung Modularer Produktfamilien: Hohe Produktvielfalt Beherrschbar Entwickeln. Berlin, Heidelberg: Vieweg, 2018.

Kubicek, H. (Heuristische Bezugsrahmen)
Heuristische Bezugsrahmen und heuristisch angelegte Forschungsdesign als Elemente einer Konstruktionsstrategie empirischer Forschung. In: *Empirische und handlungstheoretische Forschungskonzeptionen in der Betriebswirtschaftslehre*. Hrsg. von R. Köhler. Bd. Nr. 16. Stuttgart: Poeschel, 1977, S. 3–36.

Kuhn, T. S. (Structure of scientific revolutions)
The structure of scientific revolutions. 2. ed., enlarged. Bd. 411. A Phoenix book. Chicago: The Univ. of Chicago Press, 1970.

Kunze-Liebhäuser, J.; Paschos, O.; Pethaiah, S. S.; Stimming, U. (Fuel Cell Comparison)
Fuel Cell Comparison to Alternate Technologies. In: *Fuel cells and hydrogen production*. Hrsg. von T. E. Lipman; A. Z. Weber. Springer reference. New York, NY: Springer, 2019, S. 11–26.

Kurzweil, P., Hrsg. (Brennstoffzellentechnik)
Brennstoffzellentechnik: Grundlagen, Materialien, Anwendungen, Gaserzeugung. 3., überarbeitete und aktualisierte Auflage. Wiesbaden: Springer Vieweg, 2016.

Lai, Y.-H.; Miller, D. P.; Ji, C.; Trabold, T. A. (Stack Compression)
Stack Compression of PEM Fuel Cells. In: *The 2nd International Conference on Fuel Cell Science, Engineering and Technology*. Hrsg. von American Society of Mechanical Engineers. Rochester, NY, 2004, S. 567–571.

las Heras, A. de; Vivas, F. J.; Segura, F.; Andújar, J. M. (From the cell to the stack)
From the cell to the stack: A chronological walk through the techniques to manufacture the PEFCs core. In: *Renewable and Sustainable Energy Reviews* 96, 2018, S. 29–45.

Lässig, R.; Eisenhut, M.; Mathias, A.; Schulte, R.; Peters, F.; Kühmann, T.; Waldmann, T.; Begemann, W. (Serienproduktion von hochfesten Faserverbundbauteilen)
Serienproduktion von hochfesten Faserverbundbauteilen: Perspektiven für den deutschen Maschinen- und Anlagenbau. Hrsg. von Roland Berger. 2012.

Laube, T. (Methodik des interorganisationalen Technologietransfers)
Methodik des interorganisationalen Technologietransfers: Ein Technologie-Roadmap-basiertes Verfahren für kleine und mittlere technologieorientierte Unternehmen: Zugl.: Stuttgart, Univ., Diss. Bd. 483. IPA-IAO Forschung und Praxis. Heimsheim: Jost-Jetter, 2009.

Lee, D.-Y.; Elgowainy, A.; Kotz, A.; Vijayagopal, R.; Marcinkoski, J. (Life-cycle implications)
Life-cycle implications of hydrogen fuel cell electric vehicle technology for medium- and heavy-duty trucks. In: *Journal of Power Sources* 393, 2018, S. 217–229.

Lichtenthaler, E. R. V. (Organisation der Technology Intelligence)
Organisation der Technology Intelligence: Eine empirische Untersuchung in technologieintensiven, international tätigen Grossunternehmen. Dissertation. ETH Zurich, 2000.

Lindemann, U.; Maurer, M.; Braun, T. (Structural Complexity Management)
Structural Complexity Management: An Approach for the Field of Product Design. Berlin, Heidelberg: Springer Berlin Heidelberg, 2009.

Liu, L.; Yager, R. R. (Classic Works of the Dempster-Shafer Theory)
Classic Works of the Dempster-Shafer Theory of Belief Functions: An Introduction. In: *Classic Works of the Dempster-Shafer Theory of Belief Functions.* Hrsg. von R. R. Yager; L. Liu. Berlin, Heidelberg: Springer, 2008, S. 1–34.

Luft, T.; Le Cardinal, J.; Wartzack, S. (Methoden der Entscheidungsfindung)
Methoden der Entscheidungsfindung. In: *Handbuch Produktentwicklung.* Hrsg. von U. Lindemann. Bd. 7. München: Carl Hanser, 2016, S. 759–803.

MacCharles, A.; Lin, C.; Xu, A.; Berdichevskiy, A.; Pocard, N.; Wong, A.; DeWoskin, K. (Fueling the Future of Mobility)
Fueling the Future of Mobility: Hydrogen and fuel cell solutions for transportation. Hrsg. von Deloitte China. 2020.

Maurer, M. (Structural awareness)
Structural awareness in complex product design: Zugl.: München, Techn. Univ., Diss, 2007. 1. Aufl. Produktentwicklung. München: Verlag Dr. Hut, 2007.

Mehta, V.; Cooper, J. S. (Review and analysis)
Review and analysis of PEM fuel cell design and manufacturing. In: *Journal of Power Sources* 114.1, 2003, S. 32–53.

Milberg, J.; Möller, N. (Valuation of changeable production systems)
Valuation of changeable production systems. In: *Production Engineering* 2.4, 2008, S. 417–424.

Minsky, M. (Matter, Mind and Models)
Matter, Mind and Models. Bd. no. 77. Artificial Intelligence Memo. [Cambridge, Mass.]: Massachusetts Institute of Technology, Project MAC, 1965.

Miotti, M.; Hofer, J.; Bauer, C. (Integrated environmental and economic assessment)
Integrated environmental and economic assessment of current and future fuel cell vehicles. In: *The International Journal of Life Cycle Assessment* 22.1, 2017, S. 94–110.

Mo, J.; Dehoff, R. R.; Peter, W. H.; Toops, T. J.; Green, J. B.; Zhang, F.-Y. (Additive manufacturing)
Additive manufacturing of liquid/gas diffusion layers for low-cost and high-efficiency hy-

drogen production. In: *International Journal of Hydrogen Energy* 41.4, 2016, S. 3128–3135.

Mohr, P. (Optimierung von Brennstoffzellen-Bipolarplatten)
Optimierung von Brennstoffzellen-Bipolarplatten für die automobile Anwendung. Dissertation. Duisburg: Universität Duisburg-Essen, 2018.

Mohrdieck, C.; Venturi, M.; Breitrück, K. (Mobile Anwendungen)
Mobile Anwendungen. In: *Wasserstoff und Brennstoffzelle.* Hrsg. von J. Töpler. Springer Berlin Heidelberg, 2017, S. 59–113.

Müller, S. (Methodik)
Methodik für die entwicklungs- und planungsbegleitende Generierung und Bewertung von Produktionsalternativen. Dissertation. München: Technische Universität München, 2007.

Müller, W. (Risiko und Ungewißheit)
Risiko und Ungewißheit. In: *Enzyklopädie der Betriebswirtschaftslehre.* Hrsg. von W. Wittmann. Bd. 3. Handwörterbuch der Betriebswirtschaft. Stuttgart: Schäffer-Poeschel, 1993, S. 3813–3825.

Mustata, R.; Valiño, L.; Barreras, F.; Gil, M. I.; Lozano, A. (Distribution of air flow)
Study of the distribution of air flow in a proton exchange membrane fuel cell stack. In: *Journal of Power Sources* 192.1, 2009, S. 185–189.

N.N. (Road Map to a US Hydrogen Economy)
Road Map to a US Hydrogen Economy: Reducing emissions and driving growth across the nation. Hrsg. von Fuel Cell and Hydrogen Energy Association.

N.N. (Serienfertigung)
Serienfertigung. Hrsg. von vioproto. 2021. URL: `https://vioproto.de/serienfertigung` (besucht am 01.08.2021).

N.N. (Serienfertigung)
Serienfertigung: Eine Begriffserklärung. Hrsg. von Rechnungswesen-verstehen.de. 2019. URL: `https://www.rechnungswesen-verstehen.de/bwl-vwl/bwl/serienfertigung.php` (besucht am 01.08.2021).

Napoleone, A.; Pozzetti, A.; Macchi, M. (Framework to manage reconfigurability)
A framework to manage reconfigurability in manufacturing. In: *International Journal of Production Research* 56.11, 2018, S. 3815–3837.

Nase, A.; Wittler, M.; Krüger, K.; Raßmann, A.; Rauen, H. (Impact of Fuel Cell Technology)
Impact of Fuel Cell Technology: On the Automotive and Supplier Industry. Hrsg. von FEV Consulting GmbH & VDMA e.V. 2020.

Nau, B. (Anlauforientierte Technologieplanung)
Anlauforientierte Technologieplanung zur Auswahl von Fertigungstechnologien. 1. Aufl. Bd. 10/2012. Technologie der Fertigungsverfahren. Aachen: Apprimus-Verl., 2012.

Nebel, M.; Wild, S. (Entwurf und Analyse von Algorithmen)
Entwurf und Analyse von Algorithmen. Wiesbaden: Springer Fachmedien Wiesbaden, 2018.

Nelissen, G. (Formed Metal Fuel Cell Bipolar Plates)
Formed Metal Fuel Cell Bipolar Plates. In: *ECS Transactions* 80.8, 2017, S. 435–444.

Neuhausen, J.; Andre, F.; Assmann, J.; Stürmer, C.; Jin, J.; Jiang, S. (Staying profitable in the)
Staying profitable in the new era of electrification: Powertrain study 2020. Hrsg. von Strategy&. 2020.

Neuhausen, J.; Foltz, C.; Rose, P.; Andre, F. (Zero-emission trucking)
Making zero-emission trucking a reality: Truck Study 2020: Routes to decarbonizing commercial vehicles. 2020.

Nitzsch, R. von. (Entscheidungslehre)
Entscheidungslehre: Wie Menschen entscheiden und wie sie entscheiden sollten. 10. Aufl. Aachen: Verlag Mainz, 2019.

Nowacki, C. R. (Szenariobasierte Konfiguration der Produktmixflexibilität)
Szenariobasierte Konfiguration der Produktmixflexibilität am Beispiel der Fertigung einer Lithium-Ionen-Batteriezelle (Dissertation). Dissertation. Aachen: RWTH Aachen University, 2015.

Nyhuis, P.; Heinen, T.; Reinhart, G.; Rinpau, C.; Abele, E.; Wörn, A. (Wandlungsfähige Produktionssysteme)
Wandlungsfähige Produktionssysteme: Theoretischer Hintergrund zur Wandlungsfähigkeit von Produktionssystemen. In: *wt Werkstattstechnik online* 1/2, 2008, S. 85–91.

Pakmanesh, M. R.; Shamanian, M. (Effects of Process Parameters)
Effects of Process Parameters on the Tensile-Shear Strength of Pulsed Laser Welded Thin 316L Stainless Steel Foils. In: *Transactions of the Indian Institute of Metals* 70.9, 2017, S. 2389–2398.

Patwa, R.; Herfurth, H.; Heinemann, S.; Pantsar, H.; Regaard, B. (Laser Welding)
Laser Welding and Process Monitoring Applications for Advanced Manufacturing of Batteries and Fuel Cells. In: *Sheet Metal Welding Conference XIV*, 2010.

Patzak, G. (Systemtechnik)
Systemtechnik - Planung komplexer innovativer Systeme. Berlin, Heidelberg: Springer, 1982.

Pohl, J. (Adaption von Produktionsstrukturen)
Adaption von Produktionsstrukturen unter Berücksichtigung von Lebenszyklen. Dissertation. München: Technische Universität München, 2013.

Pollet, B. G.; Staffell, I.; Shang, J. L. (Current status)
Current status of hybrid, battery and fuel cell electric vehicles: From electrochemistry to market prospects. In: *Electrochimica Acta* 84, 2012, S. 235–249.

Porstmann, S.; Wannemacher, T.; Richter, T. (Overcoming the Challenges)
Overcoming the Challenges for a Mass Manufacturing Machine for the Assembly of PEMFC Stacks. In: *Machines* 7.4, 2019, S. 66.

Pratt, M. J.; Wilson, P. R. (Support of form features)
Requirements for support of form features in a solid modelling system. Arlington, TX, 1985.

Presser, G. (Dempster-Shafer Evidenztheorie)
Dempster-Shafer Evidenztheorie: Versuch einer anschaulichen Einführung. In: *19. Workshop Interdisziplinäre Methoden in der Informatik*. Forschungsberichte des Fachbereichs Informatik der Universität Dortmund. Dortmund: Dekanat Informatik, Univ, 2000, S. 19–24.

Ripperda, S. (Methodische Unterstützung)
Methodische Unterstützung zur kostenbasierten Auswahl modularer Produktstrukturen. Berlin, Heidelberg: Springer Berlin Heidelberg, 2019.

Ritchie, H. (CO2 emissions from transport)
Cars, planes, trains: where do CO2 emissions from transport come from? 2020. URL: `https://ourworldindata.org/co2-emissions-from-transport` (besucht am 05. 06. 2021).

Ruf, Y.; Baum, M.; Zorn, T.; Menzel, A.; Rehberger, J. (Fuel Cells Hydrogen Trucks)
Fuel Cells Hydrogen Trucks: Heavy-Duty's High Performance Green Solution. 2020.

Salchenegger, S. (Emissionen von Wasserstofffahrzeugen)
Emissionen von Wasserstofffahrzeugen: Abschätzung der Emissionen von wasserstoff- und brennstoffzellenbetriebenen Fahrzeugen. Hrsg. von Umweltbundesamt GmbH. Wien, 2006.

Sarovic, N. (Gestaltung variantenrobuster Produkt-Produktionssysteme)
Gestaltung variantenrobuster Produkt-Produktionssysteme am Beispiel des Lithium-Ionen-Batteriemoduls: Designing flexible product-production-systems using the lithium-ion battery module as an example. 1. Auflage. Bd. 3. Ergebnisse aus der Elektromobilproduktion. Aachen: Apprimus Verlag, 2018.

Schedl, S. (Integration von Anforderungsmanagement)
Integration von Anforderungsmanagement in den mechatronischen Entwicklungsprozess. 1. Aufl. s.l.: Herbert Utz Verlag, 2009.

Schell, H. (Bewertung alternativer Handhabungs- und Fertigungsfolgen)
Bewertung alternativer Handhabungs- und Fertigungsfolgen. Als Ms. gedr. Bd. 3/1997. Berichte aus der Produktionstechnik. Aachen: Shaker, 1997.

Schienmann, B. (Kontinuierliches Anforderungsmanagement)
Kontinuierliches Anforderungsmanagement: Prozesse - Techniken - Werkzeuge. 1. Aufl. Programmer's Choice. München: Pearson Deutschland und Addison-Wesley, 2001.

Schimpf, S. (Social software supported technology monitoring)
Social software supported technology monitoring for custom built products. Dissertation. Universität Stuttgart, 2010.

Schindler, S. (Strategische Planung von Technologieketten)
Strategische Planung von Technologieketten für die Produktion. Dissertation. München: Technische Universität München, 2014.

Schmitz, W. J. (Methodik zur strategischen Planung)
Methodik zur strategischen Planung von Fertigungstechnologien: Ein Beitrag zur Identifizierung und Nutzung von Innovationspotentialen. Bd. 1/1996. Berichte aus der Produktionstechnik. Aachen: Shaker, 1996.

Schön, C. (Technology trends)
Cost competitive in 2023? – Technology trends for an industrialized fuel cell production. Frankfurt am Main, 2019.

Schuh, G.; Gottschalk, S. (Skalierbare Produktionslinien)
Skalierbare Produktionslinien in der Automobilindustrie. In: *Zeitschrift für wirtschaftlichen Fabrikbetrieb* 99.7-8, 2004, S. 376–380.

Schuh, G.; Klappert, S., Hrsg. (Technologiemanagement)
Technologiemanagement. 2., vollst. neu bearb. und erw. Auflage. Bd. 2. Handbuch Produktion und Management. Berlin: Springer, 2011.

Schulte-Zurhausen, M. (Organisation)
Organisation. 5., überarb. und aktualisierte Aufl. Vahlens Handbücher der Wirtschafts- und Sozialwissenschaften. München: Vahlen, 2010.

Schumacher, M. (Proaktive Resequenzierung)
Proaktive Resequenzierung zur Reduzierung von Modell-Mix-Verlusten in der Fahrzeugendmontage. Dissertation. Aachen: Apprimus Verlag und IIF - Institut für Industriekommunikation und Fachmedien GmbH, 2019.

Schweiss, R. (Kohlenstofftechnologie für Gasdiffusionsschichten)
Kohlenstofftechnologie für Gasdiffusionsschichten: Von der Herstellung zur Anwendung. Frankfurt am Main, 2018.

Shafer, G. (A Mathematical Theory of Evidence)
A Mathematical Theory of Evidence. Princeton: Princeton University Press, 1976.

Smets, P. (Imperfect information)
Imperfect information: Imprecision and uncertainty. In: *Uncertainty management in information systems*, 1997, S. 225–254.

Society of Automotive Engineers of China. (Hydrogen Fuel Cell Vehicle Technology Roadmap)
Hydrogen Fuel Cell Vehicle Technology Roadmap. Hrsg. von Strategy Advisory Committee of the Technology Roadmap for Energy Saving and New Energy Vehicles. 2018.

Song, Y.; Zhang, C.; Ling, C.-Y.; Han, M.; Yong, R.-Y.; Sun, D.; Chen, J. (Review on current research)
Review on current research of materials, fabrication and application for bipolar plate in proton exchange membrane fuel cell. In: *International Journal of Hydrogen Energy* 45.54, 2020, S. 29832–29847.

Stachowiak, H. (Allgemeine Modelltheorie)
Allgemeine Modelltheorie. Wien: Springer, 1973.

Staffell, I.; Scamman, D.; Velazquez Abad, A.; Balcombe, P.; Dodds, P. E.; Ekins, P.; Shah, N.; Ward, K. R. (The role of hydrogen)
The role of hydrogen and fuel cells in the global energy system. In: *Energy & Environmental Science* 12.2, 2019, S. 463–491.

State of California - Air Resources Board, Hrsg. (Technology Assessment)
Technology Assessment: Medium- and heavy-duty fuel cell electric vehicles. 2015.

Suseendiran, S. R.; Pearn-Rowe, S.; Rengaswamy, R. (Development of cylindrical PEM fuel cells)
Development of cylindrical PEM fuel cells with semi-cylindrical cathode current collectors. In: *International Journal of Hydrogen Energy* 45.17, 2020, S. 10549–10558.

Swiler, L.; Paez, T.; Mayes, R. (Epistemic Uncertainty Quantification Tutorial)
Epistemic Uncertainty Quantification Tutorial. In: *Conference Proceedings of the Society for Experimental Mechanics Series* 294, 2009.

Thompson, S. T.; James, B. D.; Huya-Kouadio, J. M.; Houchins, C.; DeSantis, D. A.; Ahluwalia, R.; Wilson, A. R.; Kleen, G.; Papageorgopoulos, D. (Direct hydrogen fuel cell electric vehicle cost analysis)
Direct hydrogen fuel cell electric vehicle cost analysis: System and high-volume manufacturing description, validation, and outlook. In: *Journal of Power Sources* 399, 2018, S. 304–313.

Torkavannejad, A.; Sadeghifar, H.; Pourmahmoud, N.; Ramin, F. (Novel architectures)
Novel architectures of polymer electrolyte membrane fuel cells: Efficiency enhancement and cost reduction. In: *International Journal of Hydrogen Energy* 40.36, 2015, S. 12466–12477.

Toupin, M.; Malek, K.; Mokrini, A. (Techno-Economics)
Techno-Economics of a New High Throughput Process for Proton Exchange Membranes Manufacturing. In: *World Electric Vehicle Journal* 8.2, 2016, S. 431–442.

Tröger, P. (Unsicherheit und Uneindeutigkeit)
Unsicherheit und Uneindeutigkeit in Verlässlichkeitsmodellen. Wiesbaden: Springer, 2018.

Trommer, G. (Methodik)
Methodik zur konstruktionsbegleitenden Generierung und Bewertung alternativer Fertigungsfolgen. Bd. 15/2001. Berichte aus der Produktionstechnik. Aachen: Shaker, 2001.

Tschöke, H., Hrsg. (Die Elektrifizierung des Antriebsstrangs)
Die Elektrifizierung des Antriebsstrangs. Wiesbaden: Springer Fachmedien Wiesbaden, 2015.

Tsuchiya, H.; Kobayashi, O. (Mass Production Cost)
Mass Production Cost of PEM Fuel Cell by Learning Curve. In: *International Journal of Hydrogen Energy* 29.10, 2004.

Tzeng, G. H.; Huang Jih Jeng. (Multi Attribute Decision Making)
Multi Attribute Decision Making: Methods and Applications. Boca Raton: CRC Press, 2011.

Ulrich, H.; Dyllick, T.; Probst, G. J. B. (Management)
Management. Bd. 13. Schriftenreihe Unternehmung und Unternehmungsführung. Bern & Stuttgart: Haupt, 1984.

Ulrich, P.; Hill, W. (Wissenschaftstheoretische Grundlagen)
Wissenschaftstheoretische Grundlagen der Betriebswirtschaftslehre. In: *Wirtschaftswissenschaftliches Studium* 7, 1976, S. 304–309.

Ulsh, M. (Development of Real-Time Characterization Tools)
Development of Real-Time Characterization Tools and Associated Efforts to Assist Membrane Electrode Assembly Manufacturing Scale-Up. 2018.

Vajna, S.; Weber, C.; Zeman, K.; Hehenberger, P.; Gerhard, D.; Wartzack, S. (CAx für Ingenieure)
CAx für Ingenieure: Eine praxisbezogene Einführung. 3., vollständig neu bearbeitete Auflage. Berlin, Germany: Springer Vieweg, 2018.

van Asselt, M. B.; Renn, O. (Risk governance)
Risk governance. In: *Journal of Risk Research* 14.4, 2011, S. 431–449.

Verein Deutscher Ingenieure - Fachbereich Produktentwicklung und Mechatronik. (VDI 2221 Blatt 1: Entwicklung)
VDI 2221 Blatt 1: Entwicklung technischer Produkte und Systeme - Modell der Produktentwicklung. VDI-Richtlinien. Berlin: Beuth Verlag GmbH, 2019.

Verein Deutscher Ingenieure - Gesellschaft Produkt- und Prozessgestaltung. (VDI 2803 Blatt 1: Funktionenanalyse)
VDI 2803 Blatt 1: Funktionenanalyse - Grundlagen und Methode. VDI-Richtlinien. Berlin: Beuth Verlag GmbH, 2019.

Voegele, A.; Sommer, L. (Kosten- und Wirtschaftlichkeitsrechnung für Ingenieure)
Kosten- und Wirtschaftlichkeitsrechnung für Ingenieure: Kostenmanagement im Engineering ; mit 166 Tabellen. München: Hanser, 2012.

Voet, H. A. (Baukastensysteme für die Fabrikplanung)
Baukastensysteme für die Fabrikplanung in kleinen und mittleren Unternehmen. Dissertation. Aachen: RWTH Aachen.

Vollmer, M.; Schmitz, M.; Warschat, J. (Function analysis of manufacturing processes)
How function analysis of manufacturing processes can stimulate technology intelligence processes. In: *Proceedings of PICMET '13: Technology Management in the IT-Driven Services*, 2013, S. 2141–2146.

Wälder, K.; Wälder, O. (Methoden zur Risikomodellierung)
Methoden zur Risikomodellierung und des Risikomanagements. Wiesbaden: Springer, 2017.

Wang, C. (Development of Low Cost PEMFC)
Development of Low Cost PEMFC Metal Bipolar Plate: Fuel Cell Seminar. Orlando, FL, 2011.

Wang, G.; Yu, Y.; Liu, H.; Gong, C.; Wen, S.; Wang, X.; Tu, Z. (Progress on design and development)
Progress on design and development of polymer electrolyte membrane fuel cell systems for vehicle applications: A review. In: *Fuel Processing Technology* 179, 2018, S. 203–228.

Wang, J. (Barriers of scaling-up fuel cells)
Barriers of scaling-up fuel cells: Cost, durability and reliability. In: *Energy* 80, 2015, S. 509–521.

Wang, W.; Koren, Y. (Scalability planning)
Scalability planning for reconfigurable manufacturing systems. In: *Journal of Manufacturing Systems* 31.2, 2012, S. 83–91.

Wehrhahn, J. (Kosten von Brennstoffzellensystemen)
Kosten von Brennstoffzellensystemen auf Massenbasis in Abhängigkeit von der Absatzmenge. Dissertation. Aachen: RWTH Aachen University, 2008.

Wei, M.; Mayyas, A.; Lipman, T. E.; Breunig, H.; Scataglini, R.; Chan, S. H.; Chien, J.; Gosselin, D.; Saggiorato, N. (Fuel Cell Systems)
Fuel Cell Systems: Total Cost of Ownership. In: *Fuel cells and hydrogen production.* Hrsg. von T. E. Lipman; A. Z. Weber. Springer reference. New York, NY: Springer, 2019, S. 27–82.

Wellensiek, M.; Schuh, G.; Hacker, P. A.; Saxler, J. (Technologiefrüherkennung)
Technologiefrüherkennung. In: *Technologiemanagement.* Hrsg. von G. Schuh; S. Klappert. Handbuch Produktion und Management. Berlin: Springer, 2011, S. 89–170.

Westermeier, M. (Qualitätsorientierte Analyse komplexer Prozessketten)
Qualitätsorientierte Analyse komplexer Prozessketten am Beispiel der Herstellung von Batteriezellen. Dissertation. Herbert Utz Verlag GmbH, 2016.

Wiendahl, H.-P.; ElMaraghy, H. A.; Nyhuis, P.; Zäh, M. F.; Wiendahl, H.-H.; Duffie, N.; Brieke, M. (Changeable Manufacturing)
Changeable Manufacturing - Classification, Design and Operation. In: *CIRP Annals* 56.2, 2007, S. 783–809.

Willms, H. (Methodisches System zur Auslegung)
Methodisches System zur Auslegung von kostenoptimalen und prozessstabilen Fertigungsverkettungen. Dissertation. Aachen: Rheinisch-Westfälischen Technischen Hochschule Aachen, 2008.

Yang, Y. (PEM Fuel Cell System)
PEM Fuel Cell System Manufacturing Cost Analysis for Automotive Applications. 2015.

Yuan, X.-Z.; Zhang, S.; Sun, J. C.; Wang, H. (A review of accelerated conditioning)
A review of accelerated conditioning for a polymer electrolyte membrane fuel cell. In: *Journal of Power Sources* 196.22, 2011, S. 9097–9106.

Zadeh, L. A. (Fuzzy Sets)
Fuzzy Sets. In: *Information and Control* 8, 1965, S. 338–353.

Zäh, M. F.; Möller, N.; Vogl, W. (Symbiosis of Changeable and Virtual Production)
Symbiosis of Changeable and Virtual Production – The Emperor's New Clothes or Key Factor for Future Success? In: *International Conference on Changeable, Agile, Reconfigurable and Virtual Production*, 2005, S. 1–8.

Zimmermann, H.-J.; Gutsche, L. (Multi-Criteria Analyse: Einführung in)
Multi-Criteria Analyse: Einführung in die Theorie der Entscheidungen bei Mehrfachzielsetzungen. Berlin, Heidelberg: Springer, 1991.

Zwicky, F. (Entdecken, Erfinden, Forschen)
Entdecken, Erfinden, Forschen im morphologischen Weltbild. München und Zürich: Droemer/Knaur, 1966.

In der Reihe **Ergebnisse aus der Elektromobilproduktion** zuletzt erschienen:

Schön, Christoph:
Gestaltung und Bewertung von skalierbaren Technologieketten für die Großserienproduktion von Brennstoffzellen
ISBN 978-3-98555-056-2
Erscheinungsdatum: 23.03.2022

Lutz, Nicolas Johannes:
Integration virtueller Methoden in das Anlaufmanagement skalierbarer Fertigungssysteme
ISBN 978-3-98555-035-7
Erscheinungsdatum: 31.01.2022

Diekmann, Tobias:
Montagegerechte Standardisierung von Bauteilschnittstellen für die variantenreiche Automobilproduktion
ISBN 978-3-98555-016-6
Erscheinungsdatum: 25.11.2021

Ayvaz, Peter:
Methode zur merkmalbasierten Gesamtkostenermittlung für polymer-additiv gefertigte Spritzgießwerkzeuge
ISBN 978-3-86359-999-7
Erscheinungsdatum: 20.09.2021

Hehl, Martin:

Lösungsraum-Management für die Produktionsplanung im Disruptiven Umfeld

ISBN 978-3-86359-974-4
Erscheinungsdatum: 10.06.2021

Haunreiter, Andreas:

Unsicherheitsmanagement von Produktanforderungen in der Entwicklung von Hochvolt-Batteriesystemen

ISBN: 978-3-86359-955-3
Erscheinungsdatum: 07.05.2021

Mohsseni, Ahmad:

Gestaltung von lebenszyklusrobusten Produktarchitekturen am Beispiel des Lithium-Ionen-Batteriesystems

ISBN: 978-3-86359-961-4
Erscheinungsdatum: 19.04.2021

Wessel, Saskia:

Gestaltung des Prüfprozesses zur Effizienzsteigerung im Entwicklungsprozess der Lithium-Ionen-Batterie

ISBN: 978-3-86359-909-6
Erscheinungsdatum: 10.11.2020

FSC
www.fsc.org
MIX
Papier | Fördert
gute Waldnutzung
FSC® C083411

Kolibri 360 GmbH
Ferdinand-Jühlke-Straße 7
99095 Erfurt, Deutschland
produktsicherheit@kolibri360.de